中等职业教育课程改革国家规划新教材
全国中等职业教育教材审定委员会审定

电工技术基础与技能

第3版

主　编　王兆义　史映红
副主编　崔　岳　张　郑
参　编　刘学普　何胜颖

机械工业出版社

本书是在中等职业教育课程改革国家规划新教材《电工技术基础与技能》第2版的基础上，在教育部印发的《职业院校教材管理办法》的指导下进行修订的。本次修订突出了理论、工程应用和实际操作三个教学环节的有机衔接，贯彻了学以致用的教育方针，优化了教学内容，更加贴近职业教育的内涵。

本书将理论、应用、实验、实训融为一体，分9章进行讲述，主要内容有认识实训室与安全用电、电路的基本概念、直流电路分析、静电场与电容、磁路与电感应用技术、单相正弦交流电路、三相交流电路、非正弦周期电量的应用、低压电器与控制电路。本书内容贴近实际生产、生活，版式生动活泼，适合中等职业学校学生的学习。

本书可作为中等职业学校电类各专业教材，也可作为电工等工种的岗位培训教材及工程技术人员的参考用书。

本书是新形态教材，配套有PPT课件、电子教案、操作视频等教学资源。选择本书作为授课教材的教师可登录http://www.cmpedu.com 网站，注册、免费下载。

图书在版编目（CIP）数据

电工技术基础与技能/王兆义，史映红主编. —3版. —北京：机械工业出版社，2021.4（2025.6重印）
中等职业教育课程改革国家规划新教材　全国中等职业教育教材审定委员会审定
ISBN 978-7-111-67941-7

Ⅰ.①电⋯　Ⅱ.①王⋯　②史⋯　Ⅲ.①电工技术-中等专业学校-教材　Ⅳ.①TM

中国版本图书馆CIP数据核字（2021）第060475号

机械工业出版社（北京市百万庄大街22号　邮政编码100037）
策划编辑：赵红梅　　责任编辑：赵红梅　　王　宁
责任校对：张　薇　　封面设计：马精明
责任印制：单爱军
保定市中画美凯印刷有限公司印刷
2025年6月第3版第10次印刷
184mm×260mm・15.5印张・379千字
标准书号：ISBN 978-7-111-67941-7
定价：49.00元

电话服务　　　　　　　　　网络服务
客服电话：010-88361066　　机　工　官　网：www.cmpbook.com
　　　　　010-88379833　　机　工　官　博：weibo.com/cmp1952
　　　　　010-68326294　　金　书　网：www.golden-book.com
封底无防伪标均为盗版　　　机工教育服务网：www.cmpedu.com

前　言

本书是在中等职业教育课程改革国家规划新教材《电工技术基础与技能》第2版的基础上，在教育部印发的《职业院校教材管理办法》的指导下进行修订的。本书自2010年出版至今，伴随着我国的职业教育走过了十多年。在这期间，我国国民经济发生了很大变化，由粗放型向精细型、由低端产品向高端产品迈进，我国的职业教育也随之发生了深刻的变化，由数量型向质量型转变，由一般劳动者向有一技之长、大国工匠方向发展。本次再版就是为了适应当前的国民经济建设和新时期教育形式的需要而进行的。

编者通过对教育部《职业院校教材管理办法》的学习和理解，将其文件精神贯彻到本次修订的过程中。在修订前，编者对职业学校毕业生进行了职业跟踪调研，发现很多学生因为基础知识欠佳限制了其职业的发展。国家要求培养技能型人才，真正的技能是理论和实践的结合，抛弃了理论学习，单纯地学习实践技能，在以后的工作中会因理论薄弱而面临困难。本书主要体现以下特色：

1. 理论联系实际

按照职业院校学生的学习规律，采取理论紧跟实际、实际后面紧跟实操的学习模式。这种编排方法形成了一个完整的知识链，方便教与学。

2. 更新部分内容

对书中有些偏难的理论内容做了删减处理，替换、改写了部分偏深的工程应用案例。

3. 内容通俗、实用

（1）通俗性　保证内容通俗易懂，图文并茂。能用图说明的问题就不用公式，如电感中电流和电压有90°相位差，历来是教师讲课的难点，用公式表示太抽象，用波形图表示直观易懂，物理意义清楚，便于学生理解。在工程应用案例中，都配有图片，有效帮助学生对知识的理解。

（2）实用性　主要体现在两个方面，一是在讲完公式后，便以应用举例进行巩固。如欧姆定律，由3个字母组成，好学好记，且在工程上是一个应用率非常高的公式。用欧姆定律可以进行故障设备的诊断、设备设计的计算等，当赋予了它这些工程应用时，这个抽象的公式就变得鲜活了。二是本书有大量的工程案例，每个工程案例都对应着工程中的实体电器。以案例的形式对这些实体电器进行了理论和用途的分析，为学生以后工作打下基础。

4. 学习内容和方法的先进性

（1）学习方法的先进性　学习必须与时俱进，一个故事可以用文字来表达，可以由说书艺人来说唱，可以由演员来表演，不同的表达方式传递的信息量是不同的。本书提供大量的"形象教学"插图、讲课用的PPT课件、操作视频等，组成立体化数字教学资源包，供教学选用，呈现教材的"新形态"。

（2）内容的先进性　所选案例都是现在企业正在应用的设备，已经淘汰和临近淘汰的设备不作为案例讲授。

电工技术基础与技能 第3版

（3）体现课程思政 书中"话题引入""小知识""活学活用"环节融入职业素养、安全意识、节能环保意识、工匠精神等内容，突出职业教育教材的特色。

5. 对学习的几点建议

1）电工知识是一门既实用又有一定难度的专业基础课，由于比较抽象，理解起来比较困难。为此，书中插入了很多课堂小实验，一块万用表、几只电阻和几节电池就可以做测量实验，对学习很有帮助，提倡自备学习资源进行实验。

2）在实验、实训过程中，必须精力集中。测量时仪表、工量具的档位要准确，养成认真严谨的工作作风。

3）现在已经进入智能化信息时代，电工技术是最基本、最基础的课程，学好该课程，积极面对未来。

本书由王兆义、史映红担任主编，崔岳、张郑担任副主编，刘学普、何胜颖参编。具体编写分工如下：王兆义编写第1章、第7章和第9章；史映红编写第2章和第3章；崔岳编写第5章，张郑编写第8章，刘学普编写第6章，何胜颖编写第4章。在修订过程中，参考了最近几年出版的教材和专著，在此对原书编著者表示衷心的感谢。本书修订过程中得到了廊坊职业技术学院机电系老师的大力支持，在此一并表示感谢。

由于编者水平所限，书中疏漏和不妥之处在所难免，敬请广大读者批评指正。

编　者

二维码索引

页码	名称	二维码	页码	名称	二维码
19	电阻的额定值		150	电容的频率特性	
23	电路的组成		154	电阻、电感串联电路	
43	电阻串联电路		163	电容、电感串联电路	
44	电阻并联电路		166	电感、电容并联电路	
99	磁场的极性		225	行程开关应用	
100	磁通集中在线圈的内部		226	断路器	
108	铁磁材料可增加磁感应强度		226	断路器原理	
112	电磁力可以做功		226	熔断器的安装	
115	电磁感应		227	接触器工作原理	
136	交流电的测量		229	热继电器工作原理	

目 录

前言
二维码索引
第1章 认识实训室与安全用电 1
1.1 学习"电工技术基础与技能"课程的目的 1
1.2 电工实验与实训室及仪器 3
1.3 安全用电 5
习题 8

第2章 电路的基本概念 10
2.1 电路的组成 10
2.2 电路的物理量 12
2.3 电阻 17
2.4 欧姆定律 22
2.5 电功与电功率 28
2.6 认识实验 33
习题 40

第3章 直流电路分析 42
3.1 电阻的串并联 42
3.2 电池 51
3.3 电压源、电流源及其应用 55
3.4 基尔霍夫定律与支路电流法 59
实验一 电阻串并联实验 63
实验二 基尔霍夫定律验证 64
实训一 电阻电路故障检查 65
实训二 导线的连接 71
习题 76

第4章 静电场与电容 79
4.1 静电与静电场 79
4.2 电容器与电容 87
实验 电容器充放电实验 96
习题 98

第5章 磁路与电感应用技术 99
5.1 电磁场与电磁基本物理量 99
5.2 铁磁材料的磁化及磁性材料分类 107
5.3 磁路与电磁铁 111
5.4 电磁感应 114
5.5 自感应与电感元件 121
5.6 互感应 124
习题 128

第6章 单相正弦交流电路 130
6.1 正弦交流电及正弦交流电的产生 130
6.2 正弦交流电的基本物理量 135
6.3 相位与相位差 139
6.4 交流电的矢量表示及同频率正弦量的加减运算 142
6.5 电阻、电感、电容在交流电路中的特性 144
6.6 RL 串、并联电路 153
6.7 RLC 串联电路 161
6.8 LC 并联电路 165
6.9 交流电路的电功率 166
实验一 电阻、电容、电感 U-I 特性测量 174
实验二 LC 并联电路实验 178
实训 荧光灯电路的安装与功率因数的测量 180
习题 185

第7章 三相交流电路 189
7.1 三相交流电的产生及三相电源的连接 189
7.2 三相负载的连接 194
7.3 保护接地与安全用电 201
实验 三相负载的星形联结 205
实训 照明电路的安装 206
习题 213

第8章 非正弦周期电量的应用 214
8.1 谐波的概念 214
8.2 谐波的工程应用 219
习题 222

第9章 低压电器与控制电路 223
9.1 常用低压电器 223
9.2 保护电器和时控电器 228
9.3 低压控制电路 230
9.4 综合实训——电动机正反转控制电路的安装 234
习题 237

参考文献 239

第1章 认识实训室与安全用电

电工技术基础与技能

 本章导读

知识目标

1. 了解"电工技术基础与技能"课程的教学目的与意义。
2. 了解电工实训室的电源配置、基本设施以及实训工具和仪器仪表。
3. 了解电工的操作规范和职业道德。
4. 了解安全用电和电气事故的处理方法。

技能目标

1. 掌握各种常用工具的使用方法。
2. 掌握触电急救的方法。

1.1 学习"电工技术基础与技能"课程的目的

 **话题引入**

如果我们提出这样一个问题：让你举出哪一种职业和电没有关系，你可能很难举出，而如果让你举出和电有关的职业，你会举出很多。目前，我们已经进入电气化和信息化时代，各行各业都与电紧密相连。电气化和信息化技术改变着人们的生产和生活，把人们从过去繁重的体力劳动中解放出来，智能控制取代了人的劳动，无人车间、无人操作流水线在制造业中已经普及。人们在享受"电"带来的种种好处的同时，必须要掌握电的基本知识。如果是一个"电盲"，在现今社会中，个人的职业发展会受到很大的制约，生活中也会遇到诸多不便，会与时代脱节。

1.1.1 本课程是从事各种职业的基础

同学们以后要从事各种职业，在各种工作中都会与电打交道。在制造业中，大部分制造设备都已自动化，这些设备都是以计算机为控制核心、由电动设备作为执行机构来完成工作的。如数控机床，将过去的手工操作变为机床的自动程序控制；自动化生产流水线、柔性加工系统等，这里的工作人员主要从事设备的管理和维护。

在交通运输业中，各种运输机械都不同程度地安装有电气控制系统。如高速铁路上运行的电动机车具有节省能源、运输能力大、运输成本低、维修少、机车车辆周转快、污染与噪声小、劳动条件好等优点。在汽车领域，电动汽车和混合动力汽车是今后的发展方向。在汽车的控制上，电的应用早已超出了过去灯光和点火控制，汽车音响、卫星定位、智能控制等正在普及。飞机、轮船、起吊设备以及车站、机场、港口等的电气化程度都已经达到非常高的水平。

在农业的生产和加工中，电气化程度越来越高，自动灌溉，农作物的收割加工，恒温、恒湿自动控制农业生产工业园等都和电有着密切的联系；现代化的养鸡场，从饲料加工，到鸡的喂养，以及鸡蛋的分装、鸡粪制沼气发电，整个"绿色"农业产品流水线采用了工业车间的生产模式，电气控制起到了关键的作用。因为农业用电量越来越大，农业电气化的发展水平也越来越高，对高水平电工、电气控制方面的人才需求倍增。

在医学领域，疾病的诊断与治疗已经脱离了靠医生经验诊治的时代，病人到医院就诊，要通过化验、透视、B超、CT扫描成像等一系列电子仪器设备检查，确诊病情。在治疗时，有现在最先进的治疗方法如微创手术，在电子仪器的支持下，在身体上开一个小孔，就可以把体内的病灶去除，使病人的治疗痛苦大大减轻。这些医学电子仪器设备的使用，都要用到电工的基本知识。

在建筑领域，建筑物的质量和科技含量不断提高。在老式建筑物中，电路主要是解决照明，现在的一般建筑物，除了照明之外，还要有电气设备接口、电话线、网线、电梯等电路、电气设施。在智能化建筑中，引进了大量的现代控制技术，奥运会场馆"鸟巢""水立方"等在灯光、消防、自动控制等方面达到了很高的水平。一座智能化大厦，内设电梯、通信网络、报警系统、恒温控制、自动采光，太阳能发电等设施，大厦的建设者必须具备电工的基本知识。建筑电器的生产、安装已经形成一个很大的产业群，有相当数量的中职学生在该领域就业。

在石油、化工、冶金、纺织、电子等各行各业，电气设备都在普遍使用，作为一线的技能型人才，无不和各种电气设备、仪表、控制技术打交道，掌握一定的电工知识是胜任工作的基本条件。

1.1.2 电工知识是现代人必备的生活常识

现在已经进入到数字信息时代，电器产品渗透到人们周围的各个领域，不懂电的知识，会感到非常不方便。我们做饭使用的电饭锅、电磁炉、微波炉是工作原理不同的电器灶具，没有一定的电工知识，就不能正确地使用；人们通过手机进行信息传递，手机的功能有强有弱，什么是4G网、5G网，手机的充电电压是几伏，雷雨天气时不要在室外打电话等，这都包含着丰富的电工知识；出行驾驶电动环保汽车，汽车的电量有多少，充一次电行驶多少千米，汽车内的电动机、可充电电池、逆变电路等电器环节的正确使用与保养，都需要电工知识；工作中用的计算机、打印机、传真机等每一件都是电器产品；生产中用的数控机床、自动生产线、自动加工设备等都是智能化的机械和电器的组合体，这些设备工作中需要调试

第1章 认识实训室与安全用电

或参数设置,都需要电的基础知识。总之,作为现代社会中的一员,要享受信息时代给我们带来的种种好处,其前提条件就是掌握必需的电工基础知识,和时代的发展同步。没有文化、没有一定专业知识的现代人会在生活中到处碰壁,很难找到理想的工作。

1.2 电工实验与实训室及仪器

 话题引入

"电工技术基础与技能"是一门理论和实践结合非常紧密的课程,我们在学习理论的同时,必须要进行实验实训。实验通过电工电路验证理论的正确性,加深对理论的理解;实训训练动手操作能力,进行技能培养,为我们以后进入职业领域打好基础。要想学好电工知识,实验和实训是必不可少的两个重要环节。

1.2.1 电工实验与实训室介绍

1. 台式电工实验室

台式电工实验室的主要设备为安装好的台式电工实验台,每个实验台接有220V或380V交流电,操作面板上安装有控制开关、电压及电流指示仪表、各种电工单元控制电路等。每个实验台可安排两名同学进行电路的连接、调试、测量等基本实验工作,再配以电压、电流、功率等测量仪表,示波器等测量仪器,即可完成常规电工实验工作。

图1-1所示为台式电工实验台的一种,实验元器件安装在实验台上,实验时只需连接上适当的导线即可。台式电工实验台主要是进行理论的验证,学习仪表的测量和调试。

2. 网孔板式安装实训室

图1-2所示为网孔板式安装实训台,该实训台可以将实训元器件由学生安装在网孔板上,然后连接导线,组成实际控制电路。该实训台的实训元器件都是电路的实际元器件,连接导线也是

图1-1 台式电工实验台

按照电工的操作规范,对线头进行剥削处理、弯曲、旋紧,导线走线槽与工程实际安装非常接近。故网孔板式安装实训台既可训练学生的安装技能,又可训练学生的测量、调试能力。

3. 安装板式实训室

图1-3所示为电工安装实训室,该实训室有实训桌、安装板、安装工具和测量仪器仪表。实训桌上配备单相和三相电源,供学生试机时使用。该实训室更接近于实际工作现场,在安装板上可以采取和工程控制柜上相同的安装工艺,训练学生的电器安装技能。通过这些

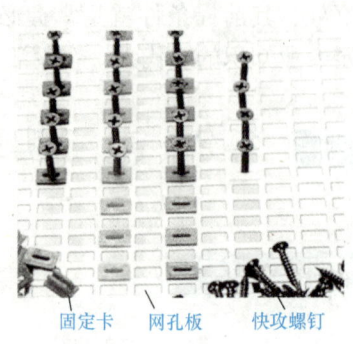

图 1-2 网孔板式安装实训台
a) 网孔板式安装实训台　b) 网孔安装图

近似实际操作的练习，最大限度地提高了学生的动手能力，巩固了所学知识。

1.2.2 电工实验与实训

1. 电工实验

电工实验是学习电工理论知识的有效手段。通过实验，观察电工物理量的变化过程及各物理量之间的关系，对所学理论知识有一个直观的印象，加深对理论知识的理解。实验可提高学生的理论知识水平和操作技能。

因为实验是以验证所学理论为主，提高动手能力为辅，所以实验室可采用连接好的实验台，以节省实验时间。

图 1-3 电工安装实训室

2. 电工实训

电工实训是训练学生操作技能的有效手段。技能是个人通过动手、操作练习所获得的能力，教师教给学生获得技能的方法，任何一种技能的养成，必须通过一定时间的训练。中职学生的岗位群主要是从事一线的技能性工作，获得电工的相关操作技能是本课程的一项重要任务。

电工实训是模拟电工的工作现场，练习电工工具的正确使用、导线的连接、电气元器件的安装；练习电气电路的安装调试；练习常用电工仪器仪表的使用等。学生具备了这些电工操作的基本技能，可为以后的工作奠定基础。

本书在编写过程中，参考了"电工"国家职业技能标准，内容涵盖了中级工的知识技能点。理论面向应用，实训课题来自实践。通过本课程理论与实践技能的学习，使学生具有一定的学习、理解、观察、判断、推理和计算的能力；手指、手臂灵活，动作协调，达到中级"电工"的理论水平和初级"电工"的技能水平。在课程结束后考取相应的国家职业资格证书，从而从事电工工作。

第1章 认识实训室与安全用电

1.3 安全用电

 话题引入

学习电工课程,为我们今后在工作中解决与电有关的问题或直接从事电工工作打下基础。在我们的学习过程中,必须掌握电工的理论知识和操作技能,养成良好的电工职业习惯,在电工作业中能避免对人体造成伤害,一旦出现电气火灾或有人出现触电事故,知道怎样处理。

1.3.1 安全用电常识

1. 施工规程

在电力施工中,必须按操作规程操作,才能保证施工安全。不同的施工现场,有不同的施工要求,在室内、室外配线安装中,应按以下规程施工:

(1) 室内、室外配线施工的一般要求

1) 室内、室外配线应采用耐压不低于500V的绝缘导线。

2) 重要场所、有易燃易爆危险品的场所应采用金属管配线。

3) 腐蚀性场所应采用硬塑料管配线,且管接头处应密封。

4) 重要控制回路、移动用的导线、特别潮湿的场所和严重腐蚀性场所、有剧烈振动的用电设备及有特殊规定的场所应采用铜线。

(2) 低压带电作业的一般规则

1) 低压带电作业应设专人监护。工作时,戴绝缘手套和安全帽,使用有绝缘柄的工具,站在干燥的绝缘物上进行操作。必须穿长袖衣服工作,严禁使用锉刀、金属尺和带有金属物的毛刷、毛掸等工具。

2) 高低压同杆架设、在低压带电线路上工作时,应先检查与高压线的距离(不小于1.2m),采取防止误碰带电高压设备的措施。在低压带电导线未采取绝缘措施时,工作人员不得穿越。在带电的低压配电装置上工作时,应采取防止相间短路和单相接地的绝缘隔离措施。

2. 安全用电与触电急救

(1) 安全用电的注意事项

1) 不可用铜丝、铁丝代替熔丝。因铜丝、铁丝的熔点比熔丝的熔点高,当发生短路等事故时,铜丝、铁丝不能熔断,失去了对电路的保护作用。

2) 不要移动处于工作状态中的用电器,应在切断电源的情况下移动。防止电路中用电器的总功率负荷过大,导线中电流超过导线所允许通过的最大正常工作电流而引起导线发热,烧毁导线绝缘层,损坏用电设备。

3) 发现导线绝缘层破损时,应及时用电工绝缘胶布(专用胶布)包扎,不可使用白色医用胶布及一般塑料胶带包扎。

4) 用电器发生异常或有焦煳味等现象时,应迅速切断电源,防止情况恶化、酿成火

5

灾。同时，立即通知专业电工进行维修。

5）从安全角度考虑，床头灯尽量不用灯头上的开关控制，应选用拉线或电子遥控开关控制。

（2）触电后的急救　当发生人体触电事故后，应及时抢救，不可延误时间。首先应迅速切断电源，然后进行现场抢救等待医院救护或将伤者直接送往医院。

1）在切断电源过程中，应注意以下事项：绝对不允许直接用手去拉触电者，以防止救护人员触电；要特别防止高处触电者脱离电源后摔伤；如采用人为短路的办法，使前级熔断器熔断或使断路器跳闸，则应考虑到不知情者再次送电的可能性，要迅速采取适当措施，使触电者脱离电源。

2）当触电者脱离电源后，可根据受伤者的不同情况采取以下抢救措施：

① 如果触电者神志清醒但乏力、心慌、头昏时，应使其就地安静休息，并及时请医生救治或送医院治疗。

② 如果触电者神志不清、失去知觉，但还有呼吸、心跳时，应使其处于空气流通环境，并解开其上衣，以利于其呼吸，然后迅速请医生救治或送医院抢救。

③ 如果触电者神志不清且呼吸、心跳停止时，应毫不迟疑地在现场进行人工呼吸和心肺复苏，进行紧急抢救，同时向医院或急救中心求救。

3）产生触电死亡的主要原因是电流流过人的心脏，造成心脏出现纤维性颤动，颤动时心跳幅度很小，当心脏每分钟颤动 1000 次以上时，心脏会失去供血功能，呼吸麻痹至终止，血压下降为 0，数秒钟或数分钟后转入生物学死亡。图 1-4a 是心电图和血压图，当触电电流达到 500mA 时，在 1 个心脏跳动周期之内即出现纤维性颤动，心脏泵血停止，血压下降为 0，呼吸停止。图 1-4b 是室颤电流和心跳周期关系图，由图中可见，50mA 以下为安全电流，超过 50mA 就是危险电流。

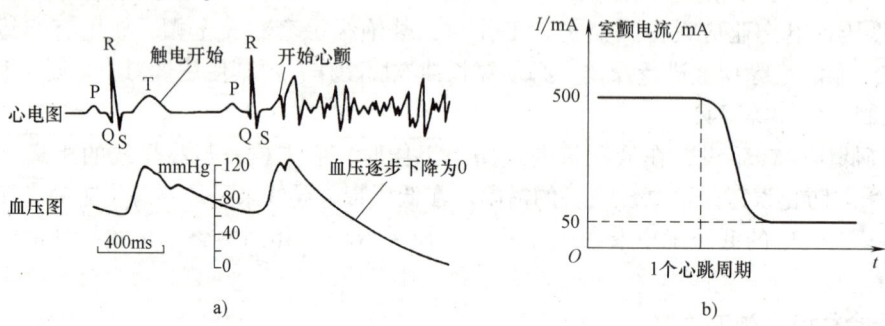

图 1-4　触电引起心颤和血压变化图
a）心电图和血压图　b）室颤电流和心跳周期关系图

触电者发生心脏纤维性颤动时，要立即进行抢救，图 1-5 所示为抢救步骤，先检查有无心跳，然后进行人工呼吸和心肺复苏。

① 心肺复苏时选择胸骨中 1/3 与下 1/3 的交点为按压点，按压的频率至少为 120 次/分，按压的深度至少为 5cm。

② 如果有除颤的仪器和设备如除颤仪，需要立即进行电除颤，除颤越早，抢救成功的概率就会越大。在抢救的任何阶段都可以进行电除颤，每拖延 1min，抢救成功率下降约 10%。

第1章 认识实训室与安全用电

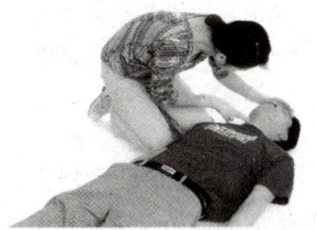
① 检查心脏是否跳动(摸静脉)

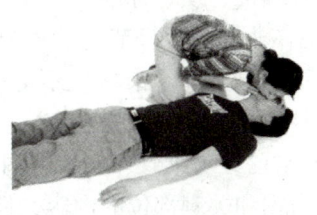
② 人工呼吸

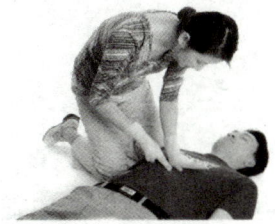
③ 确定心肺复苏的位置

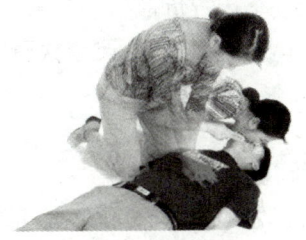
④ 心肺复苏和人工呼吸同时进行

图1-5 抢救步骤

③ 心肺复苏和人工呼吸要同时进行。

（3）电气火灾的消防知识

1）电气设备发生火灾时要尽快地切断电源（如拉开电源开关或拔下电源的插头）。如果电源开关离触电地点较远，可以用有绝缘手柄的钢丝钳把两根电线一先一后剪断。

2）灭火时，灭火人员不可使身体或手持的灭火工具触及导线及电气设备，以防触电。

3）发生电气火灾时应迅速切断电源，之后按普通火灾的扑救方法紧急处理。在特殊情况下需要带电灭火时，不可使用水或泡沫灭火器灭火，应使用黄砂、干粉灭火器或四氯化碳灭火器等材质不导电的灭火器材灭火，同时拨打"119"报警。若用导电的灭火器灭火，由于其灭火液导电，故既有触电危险，又会损坏电气设备。

1.3.2 电工职业道德规范

电工工作有它的特殊性和重要性。电工工作做得好，会给人们带来光明和快乐；否则会造成各类故障，严重的会造成人员伤亡。当你走上电工这个重要的工作岗位时，应该做到以下几点：

1）热爱本职工作，对电工技术精益求精、一丝不苟，在实践中不断学习进取，提高技术能力，在理论上要不断充实自己。

2）对工作认真负责、一丝不苟，对所从事的电工作业，必须做到测试和接线准确无误，连接可靠。当工作中遇到问题时，应该虚心向他人求教或查看资料。

3）电工作业要干净利落、美观整洁，作业完毕后要清理现场，及时将遗留杂物清理干净，避免污染环境、妨碍他人或运行。

4）任何时候、任何地点、任何情况下，电工作业必须遵守安全操作规程，设置安全措施，保证设备、线路和人员安全，时刻做到质量在我手中，安全在我心中。

5）在运行、维护、保养及修理的过程中，必须"严"字当头，严格执行操作规程、试验标准、作业标准、质量标准、管理制度及各种规程、规范及标准，严禁敷衍了事。

6）电工作业中要厉行节约，珍惜每一米导线、每一颗螺钉、每一个垫片、每一条胶布。严禁大手大脚，杜绝浪费。不得以任何形式将电气设备及其附件、材料、元器件、工具、电器配件赠予他人或归为己有。

7）凡经自己参与维修、安装、调试的较大项目，应建立相应的技术档案，记录工作过程中相关的数据和关键部位的内容，做到心中有数，并按周期回访、掌握设备的动态。

8）认真学习电气工程安全知识，并将其贯彻于维修、安装、调试中去，对用户、对设备、对线路的安全运行负责。

9）电工作业前和作业中严禁饮酒。

习　题

1-1　判断题

1. 有人说现在是电气化、信息化时代，学好电工课对以后的职业发展很有帮助。（　　）

2. 本课程为"电工技术基础与技能"，目的是培养学生既有一定的理论知识，又有一定的动手操作技能。有人认为只要天天在实训室操作，就可以掌握该课程的全部内容。（　　）

3. 听老师课堂讲授是学习本课程理论知识的一种有效方法。（　　）

4. 技能培养唯一的方法就是亲自动手操作。（　　）

5. 电工实训要求学生在操作中养成一丝不苟、精益求精、严谨规范的工作作风，是因为在电工操作中一旦出错，往往会造成重大损失。（　　）

6. 有人说，实验、实训台是供学生实验实训用的，内部设置了完善的保护功能，导线随便连接也不会短路，人触及220V或380V电压也不会触电，因此，可以不按要求进行操作。（　　）

1-2　选择题

1. 当发现有人触电，不正确的处理方法是（　　）。

A. 不接触触电者，立即使触电者脱离电源进行抢救

B. 马上联系电工，给电路停电，再将触电者脱离电源抢救

C. 当触电者休克时，立即进行人工呼吸和心肺复苏，同时联系医院派救护车送医院进行抢救

D. 当触电者失去知觉，但有呼吸、心跳，使其处于空气流通环境，解开上衣，并迅速请医生治疗

2. 当线路的熔丝熔断时，首先要排除短路故障，然后正确的处理方法为（　　）。

A. 将线路直接短路

B. 用铜丝或铁丝代替熔丝

C. 用同型号的熔丝绕在安装螺钉上

D. 用同型号的熔丝压紧在安装螺钉上

1-3　问答题

1. 在实习老师的指导下，参观本校的电工实训室，了解实训室的电源配置，认识交、直流电源，认识电工常用工具及仪器仪表。

第 1 章　认识实训室与安全用电

2. 为什么说电工是受人尊敬的一种职业？
3. 你认为不懂电的基本知识，会给你以后的职业发展带来哪些障碍？
4. 电工操作为什么要按规范进行？当线路因维修拉闸断电，在没有得到合闸许可时，别人能随便合闸吗？如果有人不经允许合闸，会造成什么后果？
5. 如果发生电气火灾，你怎样扑救？
6. 有人触电，你怎样处理？
7. 为了保证自己和他人的人身安全，你在电工操作中应该怎样做？

第 2 章 电路的基本概念

电工技术基础与技能

 本章导读

知识目标

1. 了解电流、电压、电动势的基本概念，掌握其单位及单位的换算。
2. 了解电阻的概念和电阻与温度的关系。
3. 掌握欧姆定律，熟练应用欧姆定律进行计算。
4. 理解电能和电功率的概念，掌握焦耳定律，掌握电能、电功率的计算。

技能目标

1. 会使用直流电压表、电流表。
2. 会用万用表测量直流电压、直流电流和电阻。

2.1 电路的组成

 **话题引入**

电路是电流流通的路径，电能转化为其他形式的能要通过闭合电路来完成。因此，为了利用电能，必须组成各种形式的电路。电路由电源、导线、开关和负载 4 大部分组成。图 2-1 是直流电动机控制电路，当开关闭合时，电池给电动机供电，电动机转动，将电能转换为机械能；当开关断开时，电流不能形成回路，电动机停止转动。

图 2-1 直流电动机控制电路

【电源】 电源是电路中电能的源泉，它将其他形式的能转换为电能。现在常用的电源有：各种电池电源、太阳能电源、风力发电电源、火力发电电源、水力发电电源、核能发

第 2 章 电路的基本概念

电源等。

图 2-2a 是风力发电机，风叶在风力的推动下转动，通过传动机构带动发电机转动产生电能；图 2-2b 是太阳能电池，在阳光的照射下电池板的"+""-"电极两端产生直流电压，输出电能；图 2-2c 是电源的电气符号。

图 2-2　电源
a) 风力发电机　b) 太阳能电池　c) 电气符号

【导线】　导线构成电路的通路。因为用途不同，导线的外形及结构也不同，图 2-3a 是电力多股电缆线，主要在电力系统中用作输电导线；图 2-3b 是用于低压电器的电源导线；图 2-3c 是电气设备上的各种导线，有多股塑料绝缘导线、屏蔽导线、屏蔽绞线等。

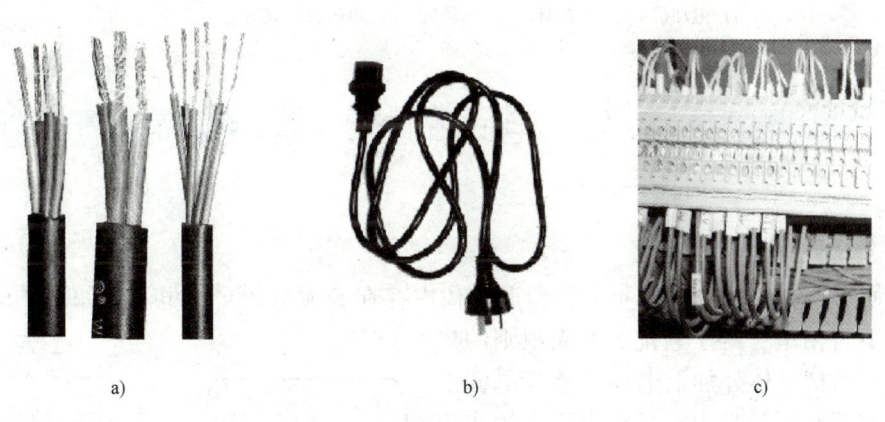

图 2-3　导线
a) 电力多股电缆线　b) 电源导线　c) 电气设备上的各种导线

【开关】　开关是控制电路通、断的电器（设备）。根据用途不同，其体积、形状差别很大，有用在电子仪器、小型设备上的微型开关；用在电力设备上的耐高压、大电流的高压开关；用在运动设备上的接近开关；用在一般设备上的刀开关、断路器和接触器等。常见开关及电气符号如图 2-4 所示。

【负载】　负载是电能转化或消耗的设备。电流通过负载，将电源的电能转化为热能、机械能、光能等其他形式的能，为人们所用。电路常用的负载有将电能转化为机械能的电动机；将电能转化为热能的电炉、电热器、电吹风、电烙铁等；将电能转化为光能的各种电光

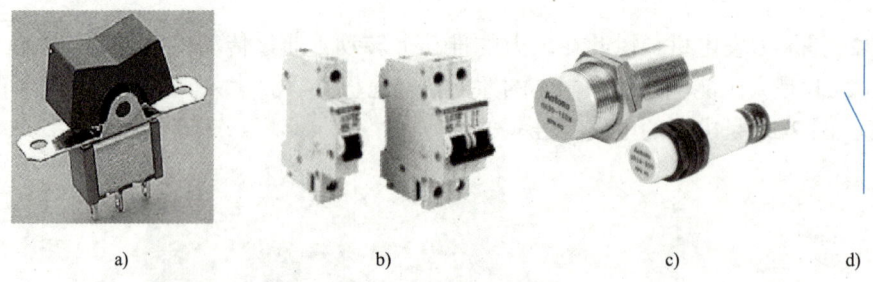

图 2-4 常见开关及电气符号

a) 翘板开关　b) 断路器　c) 电子接近开关　d) 电气符号

源；在电子电路中用于消耗电能的各种耗能器件、发射装置等。电路负载如图 2-5 所示，对于只将电能转化成热能的电阻类负载用图 2-5d 所示的电气符号表示。

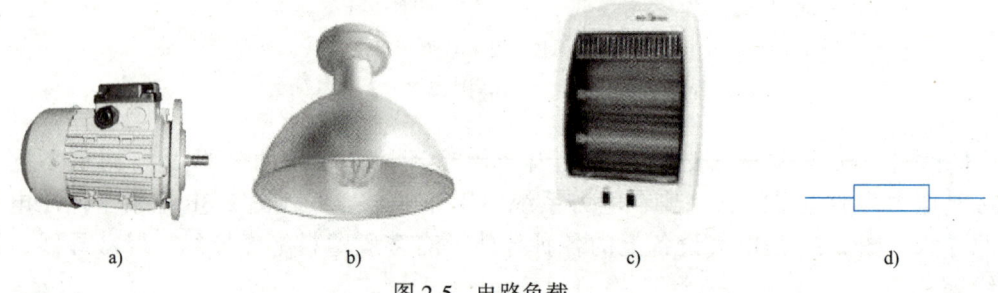

图 2-5　电路负载

a) 电动机　b) 节能灯　c) 电暖气　d) 电阻类负载的电气符号

2.2　电路的物理量

2.2.1　电流

【**电流的形成**】　由物理学可知，金属导体中存在着大量的自由电子，如图 2-6a 所示，通常情况下自由电子处于紊乱的、无规则的热运动状态。当把导体外加上电场（接到电源上形成闭合回路）时，自由电子在电场力的作用下做定向移动，如图 2-6b 所示，电荷在电场力作用下的有规则的定向移动就形成了电流。

可见，在导体中形成电流的条件是：有可以移动的电荷和维持电荷做定向移动的电场。

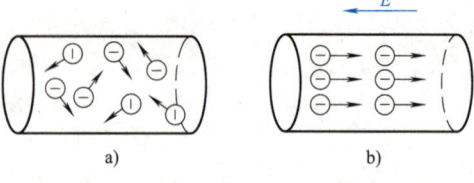

图 2-6　电流的形成

a) 未通电状态　b) 通电状态

【**电流**】　电荷在导体中做定向移动就称为电流，单位时间内通过导体横截面电荷量的多少称为电流强度，它是表征电流大小的物理量。设在 Δt 时间内，流过截面积 S 的电荷量为 ΔQ，则电流为

$$i = \frac{\Delta Q}{\Delta t} \tag{2-1}$$

【电流的单位】 如果电流的大小和方向都不随时间的变化而变化，则称为稳恒直流电流，简称直流电。其数学表达式为

$$I = \frac{Q}{t} \tag{2-2}$$

式中　Q——电荷量，单位为 C（库仑）；
　　　t——时间，单位为 s（秒）；
　　　I——电流，单位为 A（安培）。当 Q 为 1C，t 为 1s 时，I 为 1A，A 是电流的基本单位。

电流的单位还有 kA（千安）、mA（毫安）和 μA（微安），它们之间的换算关系为
　　　1kA = 1000A；　　1A = 1000mA；　　1mA = 1000μA

【电流的正方向】 电流既然是电荷的定向流动，就存在流动的方向问题。由于历史的原因，人们起初认为电流是由正电荷的定向流动形成的，因此规定：正电荷的运动方向为电流的正方向。可后来发现，在金属导体中，电流是由负电荷（电子）的定向流动形成的，即电子的流动方向与规定的电流正方向相反，如图 2-7 所示。但这与电流正方向的规定也并不矛盾，根据运动的相对性，如果将电子看作不动，则正电荷即沿着与电子运动方向相反的方向运动，符合电流正方向的规定。

在电路的计算中，电流的实际方向有时不好确定，为了计算方便，可先假定一个电流的正方向，这个假定的电流正方向称为参考方向，并在电路中用箭头标出，如图 2-8 所示。通过计算后，如果计算值为正，则电流的实际正方向与假定的参考方向相同；如果计算值为负，则电流的实际正方向与假定的参考方向相反。在图 2-8 中，实线箭头表示电流的参考方向，虚线箭头表示电流的实际方向。

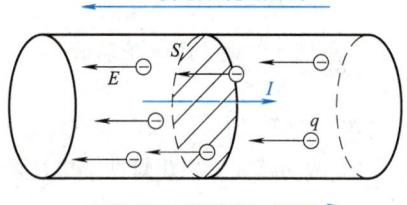

图 2-7　电流的方向

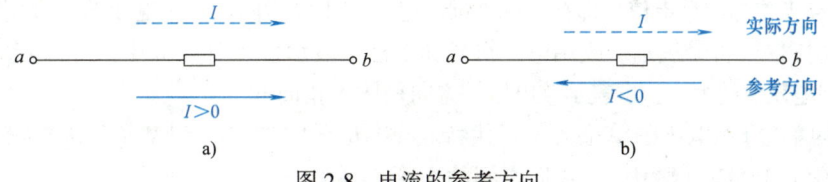

图 2-8　电流的参考方向
a) 参考方向与实际方向相同　b) 参考方向与实际方向相反

2.2.2　电压、电位、电动势

电荷处于微观世界，肉眼看不见，分析很抽象，但它又是物质的一种存在形式。从做功的角度分析，电流和水流极其相似，下面用有形物质水流来说明微观物质电流的做功过程。图 2-9 所示为水的循环流动示意图。水流动要建立水位差，电荷流动要建立电位差，建立水位差用水泵，建立电位差用电源。

1. 电压

电流和水流有着相似的规律，如图 2-10 所示，要想形成图中电流，必须在白炽灯两端加上电场，使其存在电位差（类似水槽的水位差）。图中电位差的形成原理为：

极板 A 带正电荷，极板 B 带负电荷，则 A、B 极板上因为有电荷的堆积，在极板间形成电位差（类似水位差），在电位差的作用下电流流过白炽灯。A、B 极板之间的电位差称为 A、B 两点之间的电压 U_{AB}。

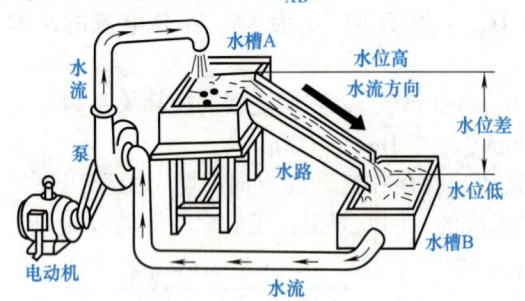

图 2-9 水的循环流动示意图

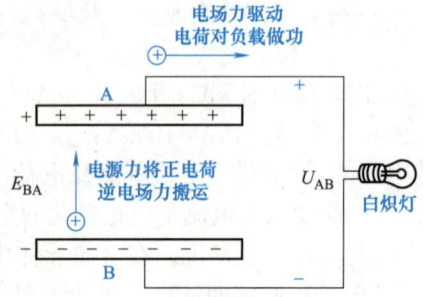

图 2-10 电动势、电压说明图

【电压的定义】 因为电荷在电压的作用下流过白炽灯，使白炽灯发光做功，白炽灯发光越强，电流做功越大，白炽灯两端电压就越高，所以就用电荷做功的大小定义电压。其定义式为

$$U = \frac{W}{Q} \tag{2-3}$$

式中 W——电荷所做的功，单位为 J（焦耳）；

Q——电荷量，单位为 C（库仑）；

U——电压，单位电荷所做的功，单位为 V（伏特）。当电荷为 1C，做的功为 1J 时，电压为 1V。

电压由高电位指向低电位，即在电源外部从电源的正极指向负极。电压的正极用"+"符号表示；负极用"-"符号表示。或用电压符号加下标来表示，如图 2-10 中，符号 U_{AB} 不仅表示 A、B 两点间电压值的大小，也表示该电压的方向是从 A 指向 B。

【电压的单位】 电压的单位为 V（伏特），电压较大的单位有 kV（千伏），较小的单位有 mV（毫伏）和 μV（微伏），它们之间的换算关系为

$$1kV = 1000V；1V = 1000mV；1mV = 1000μV$$

2. 电位

在分析水槽中水的流动时，用到了水位的概念。水槽中的高水位是相对于水槽中的低水位而言，没有参考水位来谈高水位或低水位是没有意义的。在电路中也经常用到电位的概念。电位也是在规定了参考点的情况下才有意义。

【电位的定义】 取电路中任一点作为参考点，并规定为零电位，电路中任一点到参考点之间的电压，就称为该点的电位。

【电位的方向】 当某点到参考点的电压为正时，则该点的电位为正；当某点到参考点的电压为负时，则该点的电位为负。电位用符号"V"来表示。

在图 2-10 中，若设 $U_{AB}=10V$，并设 B 点为参考点，则 A 点的电位为 10V；若设 A 点为参考点，则 B 点的电位为 -10V。

第2章 电路的基本概念

电压是电路中的两点电位之差，电路中任意两点间的电压大小，仅取决于这两点电位的差值，与电位参考点的选择无关。电位的单位与电压的单位相同。

3. 电动势

在图2-9中，要想保持水的循环流动，水泵必须不停地将水从低水位泵到高水位，电动机通过水泵给水做功。在图2-10中，要想保持电荷的流动，要有电源向电荷做功。

【电动势的定义】 同样的道理，在图2-10中，正电荷在电场力的作用下，从高电位（极板A）经过负载（白炽灯）向低电位（极板B）移动，形成电流I。正电荷由极板A移到极板B后，就要与极板B上的负电荷中和，使两极板上的电荷量逐渐减少，两极板间的电场强度也逐步减弱，相应的电流也将逐渐减小直到零。为了使电路中的电流能够持续流动，在两极板A、B之间就必须有一种局外力（类似于水循环流动中的水泵），将正电荷从低电位（极板B）逆电场力不断地推向高电位（极板A），使两电极A、B间的电场强度始终维持在一定的数值。这个局外力是由电源提供的（电池中化学能转化为电能、风力发电机中风能转化为电能、火力发电厂中汽轮机的热能转为电能等），因此局外力又称为电源力。电动势就是表征电源力对电荷做功能力的物理量。其定义式为

$$E = \frac{W}{Q} \tag{2-4}$$

式中 W——电源力驱动电荷所做的功，单位为J（焦耳）；

Q——电荷量，单位为C（库仑）；

E——电动势，单位为V（伏特）。局外力对1C的电荷做功1J，电动势为1V。

电动势是电源力对电荷做功，将电荷从低电位向高电位搬运；电压使电荷从高电位向低电位移动，电荷释放能量，对负载做功。水从高水位流到低水位也是做功，如水电站。

【电动势的方向】 电动势的方向规定为由电源的负极指向正极，用"+""-"号来表示，如图2-10所示。

常见电量的数量级

维持人体生物电流的电压	约0.1mV
干电池	1.5V
充电电池	1.2V
手机充电电压	5V
对人体安全的电压	24~36V
家用电器交流电源	220V
三相动力电源	380V
触电安全电流	50mA以下
发生闪电时的云层间电压	1000kV

2.2.3 电流、电压的测量

当需要知道电路中的电流或电压的大小或高低时，就要对其进行测量。测量电流用电流表；测量电压用电压表。

【电流的测量】 图 2-11 是用指针式电流表测量电流接线图。测量时，将表的两个接线端串联在电路中（千万不可并联在电路上），表的"+"端为电流的流入端；表的"-"端为电流的流出端。根据表针所指示的刻度，读出电流的大小。如果测量时发现表针反偏（应尽可能避免此种情况的发生），则表示电流表接线端子的极性与电路中电流的方向相反，应交换接线端子重测。

【电压的测量】 电压的测量用电压表。测量时将表的两个接线端并联在被测电路的两端。图 2-12 是指针式电压表测量电压接线图，测量时表的"+"接线端接被测电压的高电位，"-"接线端接被测电压的低电位。根据表针所指示的刻度，读出电压的数值。如果测量时发现表针反偏，则表示接线端子的极性与电路中电压的方向相反，应交换接线端子重测。

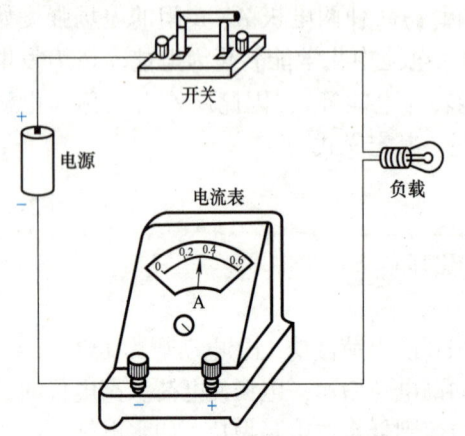

图 2-11 指针式电流表测量电流接线图

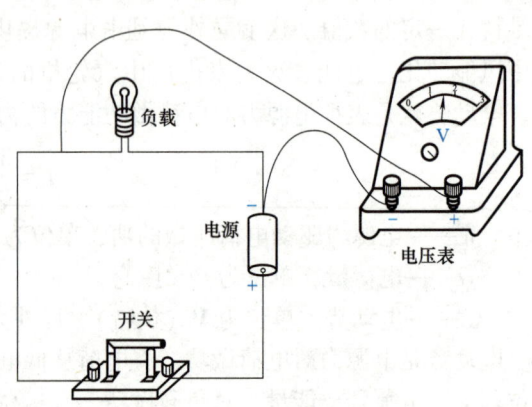

图 2-12 指针式电压表测量电压接线图

课堂实验 电路物理量的测量

【实验器材】 指针式万用表或数字式万用表 1 块，1.5V 干电池 1 节，1/8W、100~200Ω 电阻 2 只。

【实验内容】 如图 2-13 所示连接电路，测量电流、电压和电位。

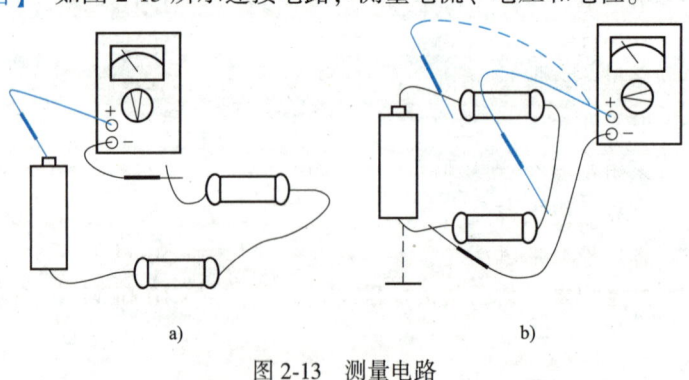

a)　　　　　　　　　b)

图 2-13 测量电路

a) 测量电流　b) 测量电压、电位

【实验要求】 两个同学一组，协同操作，将测量值进行记录，进行分析讨论。

2.3 电 阻

2.3.1 导体的电阻

图 2-14 所示为电子在导体中流动示意图。由于导体中存在杂质或原子团，对电子的移动形成障碍，电子在移动中和这些障碍物碰撞发热，消耗电子的动能。将电子碰撞消耗电能发热的现象称为"电阻"。图 2-14a 和图 2-14b 是不同的两种导体材料，材料内的原子结构不同，导体对电子流动呈现出的"阻力"不同；图 2-14c 是同一种导体材料，由于材料的截面积不同，导体对电子流动呈现出的"阻力"不同。

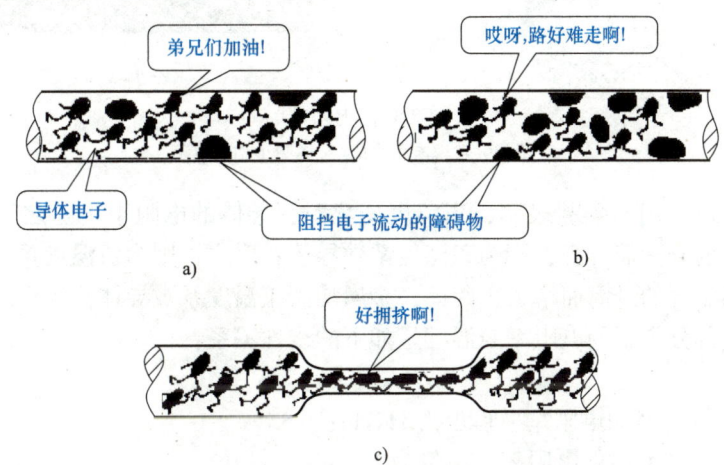

图 2-14 电子在导体中流动示意图

a) 导体中"障碍物"少 b) 导体中"障碍物"多 c) 导体截面积不同电子所受阻力不同

【电阻的定义】 导体对电流的阻碍作用称为导体的电阻，用符号"R"来表示，其基本单位为欧姆（Ω）。较大的单位有千欧（kΩ）和兆欧（MΩ），其换算关系为

$$1\text{k}\Omega = 1000\Omega；1\text{M}\Omega = 1000\text{k}\Omega$$

【导体的电阻率】 由图 2-14 可知，导体材料不同，对电子流动产生的"阻力"不同，即电阻率不同；同一种材料，截面积不同，对电子流动产生的"阻力"亦不同；导体材料越长，对电子流动的"阻力"越大。

导体电阻的大小与导体的电阻率 ρ 和导体长度 l 成正比，与导体的截面积 S 成反比，用公式表示为

$$R = \rho \frac{l}{S} \tag{2-5}$$

式中 l——导体长度，单位为 m；

S——导体截面积,单位为 m^2;

ρ——比例系数,称为导体的电阻率,与导体的材料和温度有关,单位为 $\Omega \cdot m$。

在工程上,导体有两种应用,一种是组成电路回路的导线,电阻率越小越好,常用的有银、铜、铝等;另一种应用是在电路回路中作为阻碍电流流动的电阻器,铁、铝、镍、铬等的合金电阻率较大,常将其合金做成电阻丝,用于电炉、绕线电阻器等;熔凝石英的电阻率很大,不导电,是很好的绝缘材料。图 2-15 是电阻器,电阻的体积不同,耗散功率不同。

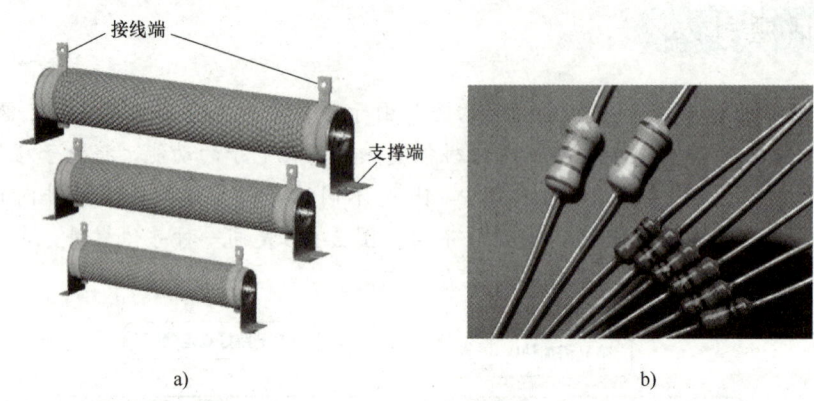

图 2-15 电阻器
a) 绕线大功率电阻　b) 金属膜小功率电阻

【导体的温度系数】 实验表明,当温度变化时,导体的电阻率也随之变化。如果导体的电阻率随温度的升高而升高,则为正温度系数导体;反之,则为负温度系数导体。所有金属的电阻率都随温度的升高而增大,因此,金属均为正温度系数导体。当温度在 0~100℃ 范围内变化时,大部分金属的电阻率与温度呈如下的线性关系:

$$\rho = \rho_0(1+\alpha t) \tag{2-6}$$

式中　ρ——温度为 t 时的电阻率,单位为 $\Omega \cdot m$;

ρ_0——温度为 0℃ 时的电阻率,单位为 $\Omega \cdot m$;

α——电阻的温度系数,单位为 $℃^{-1}$;

t——温度,单位为 ℃。

表 2-1 给出了几种常用金属材料在 0℃ 时的电阻率和电阻的温度系数。导体材料的电阻率和电阻温度系数,看起来就是一张表格,实际上是电工技术的源泉和发祥地。电工技术就是在一百多年中通过对电工材料特性的研究,逐渐发展为现在的巨大电工技术产业群的。由

表 2-1　几种常用金属材料的电阻率和电阻的温度系数（0℃）

材料	0℃时的电阻率 /($\Omega \cdot m$)	电阻的温度系数 /$℃^{-1}$	材料	0℃时的电阻率 /($\Omega \cdot m$)	电阻的温度系数 /$℃^{-1}$
银	1.5×10^{-8}	4.0×10^{-3}	汞	94×10^{-8}	8.8×10^{-4}
铜	1.6×10^{-8}	4.3×10^{-3}	碳	3500×10^{-8}	-5×10^{-4}
铝	2.5×10^{-8}	4.7×10^{-3}	镍铬合金	110×10^{-8}	1.6×10^{-4}
钨	5.5×10^{-8}	4.6×10^{-3}	镍铜合金	50×10^{-8}	4.0×10^{-5}
铁	8.7×10^{-8}	5.0×10^{-3}	锰铜合金	48×10^{-8}	1.0×10^{-5}
铂	9.8×10^{-8}	3.9×10^{-3}	铁铬铝合金	140×10^{-8}	—

表中可以看出,金属材料的电阻温度系数都是正值,它们的阻值随着温度的上升而增

加。利用导体的这一温度特性可以制作金属温度计，如用铂、铜制成的电阻温度计分别适用于 $-200\sim500℃$ 和 $-50\sim150℃$ 范围内的温度测量。有些合金如康铜（镍铜合金）和锰铜的电阻温度系数很小，常用来制作标准电阻。

例 2-1 长度为 1km、截面积为 $10mm^2$ 的一条铝导线和一条铜导线，试计算它们在 0℃ 时和在 20℃ 时的电阻各为多少？

解： ① 从表 2-1 中查得 $\rho_{0铜}=1.6\times10^{-8}\Omega\cdot m$，$\rho_{0铝}=2.5\times10^{-8}\Omega\cdot m$，代入式（2-5）得

$$R_{0铜}=\rho_{0铜}\frac{l}{S}=\frac{1.6\times10^{-8}\times10^3}{10\times10^{-6}}\Omega=1.6\Omega$$

$$R_{0铝}=\rho_{0铝}\frac{l}{S}=\frac{2.5\times10^{-8}\times10^3}{10\times10^{-6}}\Omega=2.5\Omega$$

② 从表 2-1 中查得铜的温度系数 $\alpha=4.3\times10^{-3}℃^{-1}$，铝的温度系数 $\alpha=4.7\times10^{-3}℃^{-1}$，代入式（2-6）和式（2-5）得

$$R_{20铜}=R_{0铜}(1+4.3\times10^{-3}\times20)=1.6\times(1+0.086)\Omega=1.74\Omega$$

$$R_{20铝}=R_{0铝}(1+4.7\times10^{-3}\times20)=2.5\times(1+0.094)\Omega=2.74\Omega$$

由上述计算可知，同一条导线，在不同的温度下，其电阻值是不同的。这种特性称为温敏特性。温敏特性有很多特殊应用：做温度计要选用温度系数 α 线性度好，耐高温的材料；做标准电阻用的金属丝要选择温度系数 α 小的材料。图 2-16 为铂金属丝制造的温度检测仪，可以检测 1000℃ 以下的温度。

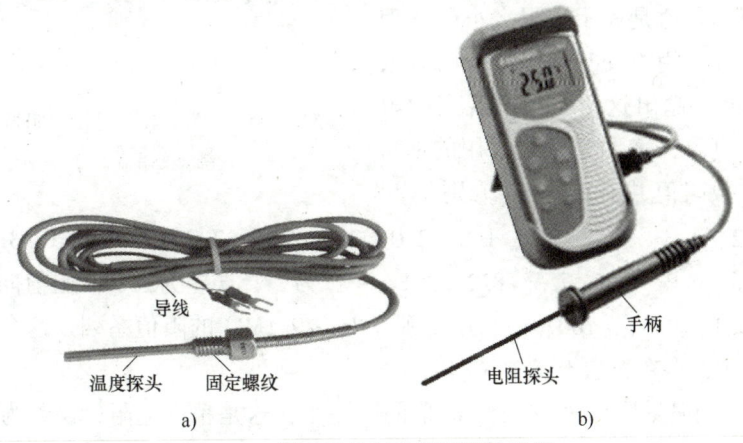

图 2-16 铂金属丝制造的温度检测仪
a) 温度探头 b) 温度检测仪

2.3.2 电阻器

1. 电阻器的作用和分类

电阻器是应用具有一定电阻率且温度系数小的导电材料制成的电路元件。<u>电阻器亦简称为电阻</u>，是工程技术中用量最大的电路元件之一。

电阻的额定值

为了适应不同电路和不同工作条件的需要，电阻器的品种规格繁多，按外形结构可分为固定式和可变式两大类。

图 2-15 是固定电阻器，在工作中电阻的阻值是固定的。功率较大的电阻一般采用绕线式结构，如图 2-15a 所示。工作电流和功率较小的电阻一般采用碳膜或金属膜结构，如图 2-15b 所示。

图 2-17a 是用金属氧化物制造的热敏电阻，温度系数很大，利用其热敏特性来控制电路中的电流。图 2-17b 是专门用于过电流保护的热敏电阻，也称正温度系数（Positive temperature coefficient，PTC）热敏电阻，当电阻处于冷态时，阻值很小，相当于短路；当温度达到一定值时，阻值会急剧增大，相当于开路。PTC 热敏电阻在电路中一般作为温度开关用。

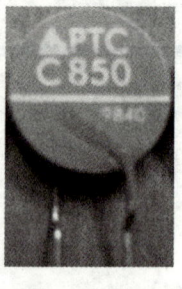

a)   b)

图 2-17　热敏电阻
a）热敏电阻　b）PTC 热敏电阻

图 2-18 是可调电阻器，改变电阻动触点的位置，即可改变输出电压的大小。在大功率电路中，一般用于改变电路中的电流大小；在电子电路中，用于调整电路中的电位高低，故又称为可调电位器。

2. 电阻参数

电阻有两个重要参数，一个是电阻的阻值，一个是电阻的耗散功率。

（1）阻值　阻值是表示电阻大小的物理量。为了制造和选用方便，电阻分为两大系列：E24 和 E96。超出这两个系列规定的阻值，称为非标电阻，需要定做。常用的 E24 系列的电阻基数阻值共有 24 个，分别是：

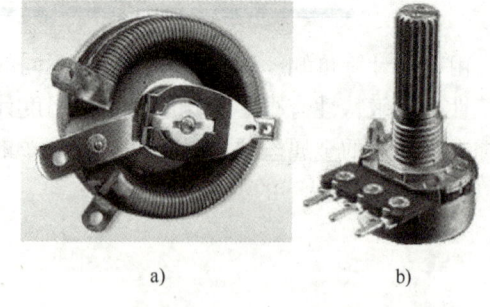

a)   b)

图 2-18　可调电阻器
a）绕线变阻器　b）手柄电位器

1.0、1.1、1.2、1.3、1.5、1.6、1.8、2.0、2.2、2.4、2.7、3.0、3.3、3.6、3.9、4.3、4.7、5.1、5.6、6.2、6.8、7.5、8.2、9.1，单位为 Ω，误差为±5%。阻值向下延伸或向上延伸，分别×0.1、×10、×100、…，可得到 0.1Ω~9.1MΩ 的阻值系列。这个系列的电阻在市场上用量最大，多在普通设备中应用。

E96 系列电阻基数阻值为 96 个，阻值间隔更小，这是精密电阻，误差为±1%，多在仪器设备中应用。

（2）耗散功率　金属膜电阻的常用功率范围为 1/16~2W，分别为 1/16W、1/8W、1/4W、1/2W、1W、2W。

绕线电阻的常用功率范围为 1/20~500W，分别为 1/20W、1/8W、1/4W、1/2W、1W、2W、4W、8W、10W、16W、25W、40W、50W、75W、100W、150W、250W、500W。

电阻在较大电流的场合应用时，使用时一定要核算一下电阻的功率是否足够，否则工作中会过热损坏。

3. 电阻元件模型及电路符号

实际电路中的电阻器、白炽灯、电炉、电烙铁等电路器件，在电路中表现出来的都是电阻的特性，为了分析方便，就不考虑它们的结构、形状等次要因素，只考虑它的电阻，这个电阻就称为实际电路器件的电阻元件模型。电阻元件模型也简称为电阻，其电路符号如图 2-19 所示。电阻是耗能元件，它将电能不可逆地转换为热能。

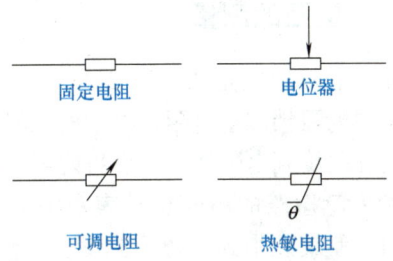

图 2-19　电阻元件的电路符号

超导现象

各种金属导体中均存在着电阻，电流流过电阻时要产生电能损耗。为了降低电阻引起的电能损耗，人们希望新的低电阻率的材料出现。20 世纪初，科学家发现，某些物质在很低的温度时（如铝在 -272.76℃ 以下，铅在 -265.95℃ 以下），电阻就变为了零。导体的这种现象称为超导现象。具有超导现象的材料称为超导材料。目前已经开发出一些"高温"超导材料，它们在 -173℃ 左右电阻就能降为零。

如果把超导材料应用于实际，会给人类带来很大的好处。在电厂发电、电力输送、电力存储等方面若能采用超导材料，就可以大大降低由于电阻引起的电能损耗。如果用超导材料制造电子元器件，因为电阻为零，就不必考虑散热问题，元器件尺寸可以大大缩小，有利于进一步实现电子设备的微型化。

1. 长度相同的铜线和铝线，如果它们的电阻相同，那么谁要细一些？
2. 有甲、乙、丙三根同种材料制成的导线，甲和乙导线长为 1m，乙导线的截面积较大；乙和丙导线截面积相同，丙导线长为 0.5m。三根导线的电阻由大到小排列应是：_____。

4. 结论

1) 导体中存在电阻是一种自然现象。
2) 电流在导体中流动时要受到电阻的阻碍，把电流的电能变为热能。
3) 在导线中存在的电阻称为分布电阻，分布电阻同样消耗电能引起导线发热。
4) 电阻元件是为了满足电路的需要而制造的，根据电路的需要来选择电阻的材料。当电路中需要阻值非常稳定的电阻时，必须选择温度系数非常小的材料制造，如表 2-1 中的锰铜合金、镍铜合金，用它们做成金属丝或金属膜；碳的温度系数小，又好加工，可做一般应用的碳膜电阻；当电路中需要温度敏感电阻时，就要选用温度系数非常大的材料制造；广泛应用于压力传感器和称重设备上的压敏电阻，选用的是温度系数非常小、且受压时阻值会发生变化、具有压敏特性的材料。

2.3.3 电阻的测量

测量电阻用电阻表。图 2-20 是用指针式万用表的电阻档测量电阻，测量前先将万用表的旋转开关旋到电阻档，然后将两表笔短路调零（两表笔短路的同时旋转表盘上的调零可调电阻，使表针指到右边零刻度）。测量时两表笔搭在被测电阻的两端，表针指示的刻度即是被测电阻的阻值。如果被测电阻连接在电路中，测量时必须将电阻与电路断开，不允许电路带电测量。

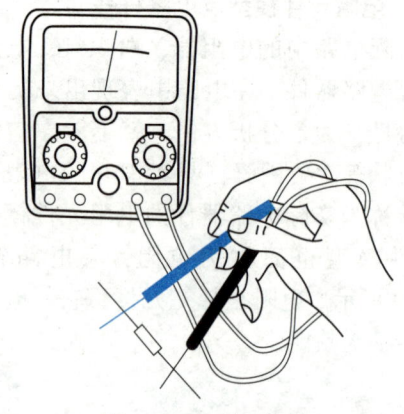

图 2-20　电阻的测量

2.4　欧姆定律

根据电能做功的概念定义了电压、电流、电阻三个电工物理量，它们三者之间是什么关系？家用电器损坏了，是什么原因造成的？用电设备不能正常工作，故障在什么地方？一台电动机，电源线过长，工作无力；一把电烙铁，达不到应有的温度，是什么原因？凡此种种，用什么方法去解决？用欧姆定律的理论去分析，可以得到解决。

类比实验

我们生活中有这样的经验：当我们打开水龙头时，如果水管中的压力大，水流就大；如果水管中的压力小，水流就小。在同一条水管中，水管中水的压力大，水的流速大，反之，水的流速小。在广场的音乐喷泉中，喷出的水柱高度随着音乐的节奏跳跃变化：水柱高时水泵的出口压力高；水柱低时水泵的出口压力低。

在电阻电路中，电压和电流也有着类似的规律：即加在电阻上的电压高，电阻中的电流大，反之，电流小。

2.4.1 部分电路欧姆定律

一段只含有电阻而不含有电源的电路，称为部分电路，如图 2-21 所示。

【部分电路的欧姆定律】　流经电阻的电流与加在电阻两端的电压成正比，与电阻的阻值成反比，其表达式为

$$I = \frac{U}{R}$$

或

$$U = IR \qquad (2\text{-}7)$$

在式（2-7）中，电压与电流的正方向设定为一致，称为关联参考方向，如图 2-21a 所示；如果电压与电流的正方向设定为相反，如图 2-21b 所示，则称为非关联参考

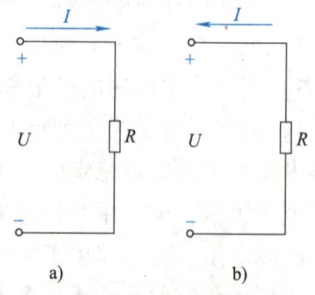

图 2-21　部分电路
a) 关联参考方向　b) 非关联参考方向

方向，非关联参考方向时部分电路的欧姆定律的表达式为

$$U = -IR \tag{2-8}$$

在以后的电路分析中，如不加特别说明，电压、电流均为关联参考方向。

欧姆定律只适用于线性电阻电路，即当电压和电流变化时，电阻的阻值不变。图 2-22a 是线性电阻的伏安特性曲线。某些电阻元件，如半导体二极管的正向电阻、白炽灯的灯丝电阻，它们不遵循欧姆定律，伏安特性曲线是一条曲线，这种电阻称为非线性电阻，它的阻值随工作电压的变化而变化，如图 2-22b 所示。

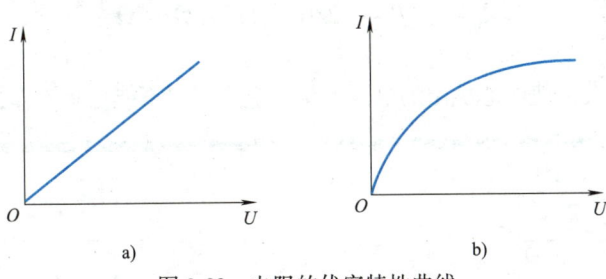

图 2-22　电阻的伏安特性曲线
a) 线性电阻的伏安特性　b) 非线性电阻的伏安特性

2.4.2　全电路欧姆定律

由含有内阻的电源和负载电阻组成的闭合回路称为全电路。简单的全电路如图 2-23 所示，图中，E 为电动势，R_0 为电动势的内阻，R 为外电路负载电阻。

电路的组成

1. 全电路的欧姆定律

通过全电路的电流与电源的电动势成正比，与电路中的总电阻成反比，其表达式为

$$I = \frac{E}{R+R_0}$$

或

$$E = IR + IR_0 \tag{2-9}$$

由式（2-9）可见，IR 为外电路电阻上的电压，令 $U_{外} = IR$；IR_0 为内电路内阻上的电压，令 $U_{内} = IR_0$，则有

$$E = U_{外} + U_{内} \tag{2-10}$$

此式称为全电路电压平衡方程式，它说明在一个闭合电路中，电压升（电动势 E）等于电压降（$U_{外}+U_{内}$）。该式是能量守恒的具体体现，即电源输出的电能等于回路电阻消耗的电能。

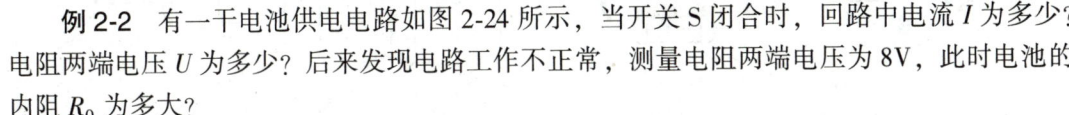

例 2-2　有一干电池供电电路如图 2-24 所示，当开关 S 闭合时，回路中电流 I 为多少？电阻两端电压 U 为多少？后来发现电路工作不正常，测量电阻两端电压为 8V，此时电池的内阻 R_0 为多大？

解：根据全电路欧姆定律，得

$$I = \frac{E}{R+R_0} = \frac{12}{10+0.2}\text{A} = 1.18\text{A}$$

电阻 R 两端的电压 U 根据部分电路欧姆定律 $U=IR$，得

$$U = 1.18 \times 10V = 11.8V$$

根据测得的电阻电压值，又根据部分电阻电路的欧姆定律，求得电路电流为

$$I = U/R = (8/10)A = 0.8A$$

根据全电路欧姆定律，求得电池内阻为

$$R_0 = \frac{E}{I} - R = (12/0.8)\Omega - 10\Omega = 5\Omega$$

因为电池内阻增大，使电池供出的电流不足，造成电路不能正常工作，所以要更换电池。

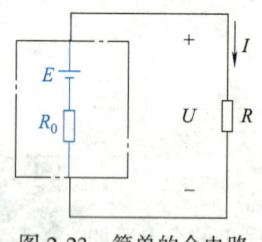

图 2-23　简单的全电路

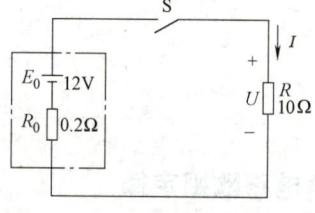

图 2-24　例 2-2 图

课堂实验　电路物理量的测量

【实验器材】　数字式万用表 1 块，1.5V 干电池 1 节，100Ω、200Ω（1/8W）电阻各一只。

【实验内容】　学习电阻的测量，验证欧姆定律，计算电功率。

【实验要求】　测量电路如图 2-25 所示。首先学习电阻的测量和读数；然后通过对电阻、电流、电压三个参数的测量，将测量值代入式（2-7），以验证欧姆定律的正确性。

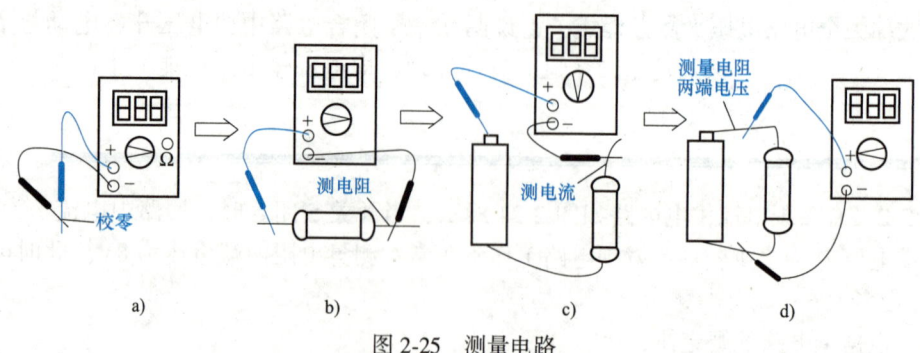

图 2-25　测量电路
a) 万用表校零　b) 测电阻　c) 测量电阻中电流　d) 测量电阻两端电压

2. 欧姆定律总结

1) 欧姆定律是根据能量守恒原理总结出来的电工基本规律。

2) 欧姆定律表达了电工的三个基本物理量 U、I、R 之间的关系,只要知道了其中的两个物理量,就可以求出第三个物理量。在一切电工设备中,都离不开这三个物理量,我们可以应用欧姆定律进行电路的设计计算、进行电路的维护测量。该公式被电工奉为万能公式,对工作很有帮助。

活学活用

欧姆定律的应用并不是简单的套用公式,而往往是要分析解决实际问题。

3. 确定电路工作状态

在工程中,电路正常工作的条件为

1) 电路中这三个物理量全都存在。

2) 这三个物理量必须都在设定值上。

条件1)给出了判断设备不工作的方法。即用电设备不加电不工作,加上电压电路断路也不工作。条件2)给出了判断设备工作不正常的方法。根据欧姆定律,测量电路的三个物理量,将测量值和正常值比较,哪个值偏离了正常值,电路就不能正常工作。

【案例1——电器通电不工作】

案例叙述

一台电饭锅插上电源插头不工作。图 2-26a 是测量图,图 2-26b 是电路原理图。

根据电器正常工作的条件分析:电源插座坏,没电;电源线坏,不通;电饭锅内部电阻丝损坏,不发热。

案例分析

将万用表拨至×100Ω 电阻档,闭合电饭锅的外部开关 S,测量电源线插头上的 a、b 接插针两端电阻,表针不动,电路不通;将电源线从电饭锅上拔掉,测量电饭锅上的输入接插针,电阻为 40Ω 左右,正常。判断故障原因为电源线内部开路,更换一条新电源线,电饭锅恢复正常。

该例是欧姆定律的概念应用,并没有进行具体计算。

4. 电路参数发生了变化,使电路工作不正常

【案例2——电烙铁发热量不足】

案例叙述

某电气维修工使用的一把电烙铁(见图 2-27)发热量不足,不知是什么原因。电烙铁的正常工作参数如下:电压为 220V,电流为 90mA。

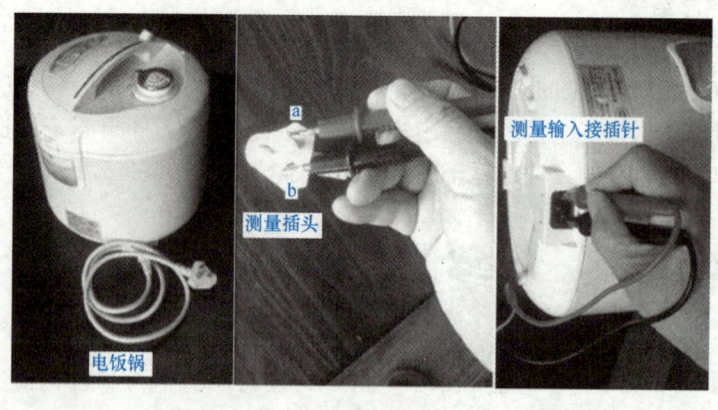

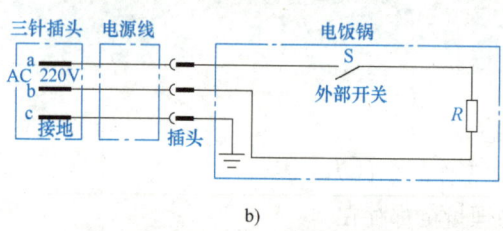

图 2-26 电饭锅通电不工作
a) 测量图　b) 电路原理图

案例分析

电烙铁的发热体就是一个用铁铬铝合金电阻丝绕制的电阻，电烙铁外形如图 2-27a 所示，等效电路如图 2-27b 所示。发热量不足一是外加电压低于 220V；二是电烙铁的工作电流小于正常值。

用电压表测量 220V 电源电压，为正常值；断开电源后，用万用表（电阻档）测量电烙铁的发热体电阻，阻值为 3.1kΩ。

根据欧姆定律，计算电烙铁的实际电流为

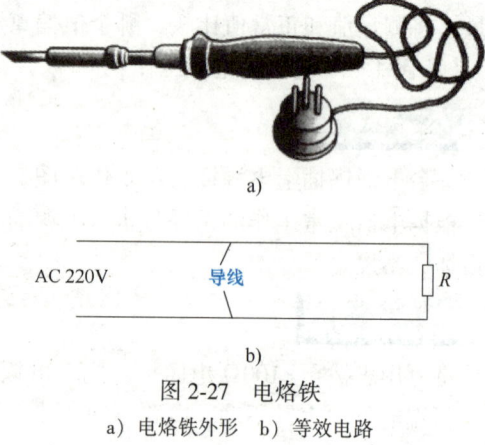

图 2-27 电烙铁
a) 电烙铁外形　b) 等效电路

$$I = U/R = (220/3.1)\,\text{mA} \approx 71\,\text{mA}$$

由于 71mA<90mA，电烙铁的发热量不足。其原因为发热体老化，阻值变大所致。

【案例 3——电阻率地下探测仪】

案例叙述

地下探矿、找水、考古等勘探中，因为地下物质不同，电阻率不同，通过地下电阻率的测量，可知地下不同的物质结构，达到勘探目的。图 2-28a 是电极连接图，由 a-a、b-b、…、h-h 组成竖向测量电极；由 A-A、B-B、…、H-H 组成横向测量电极。给每对电极

第 2 章 电路的基本概念

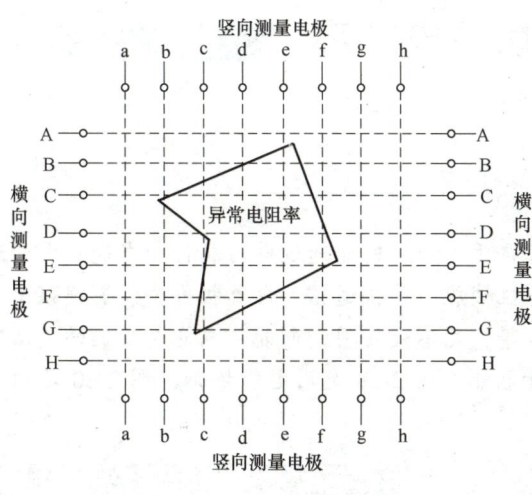

图 2-28 电阻率勘探仪
a）电极连接图 b）测量仪外形

通上直流电压 U，检测电极之间电流的大小。如果两个电极之间有空洞，测出的电阻就大；如果两个电极之间有电阻率低的金属矿石，测出的电阻就小。因为是多个电极正交测量，可以根据每对电极之间电阻的大小，在计算机的显示屏上显示出电阻率异常区域的图形，测量仪外形如图 2-28b 所示，根据电极之间距离的大小，可以换算出异常电阻率区域的面积。如果是找水，异常电阻率部分的电阻率小，含水量大；如果是考古，异常电阻率部分就是不同的地质结构；如果是找矿，异常电阻率部分的电阻率小，就是要找的金属矿石。

案例分析

该例应用了不同物质电阻率不同的概念，通过两个电极，给电极两端加上固定电压 U，检测两个电极之间的电流 I，根据欧姆定律，两个电极之间的电阻 $R = U/I$，根据不同检测点之间测出的电阻不同，可绘出异常电阻率的区域范围。

由该例可见，电阻率的概念和欧姆定律并不深奥，我们可根据简单的理论发明神奇的仪器，这就是电工学的魅力！

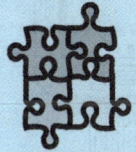

电源短路的后果

电路中具有电位差的两点之间不通过负载而由导线直接连接，称为短路。因为导线的电阻远比负载的电阻小，所以短路电流会非常大。如蓄电池短路时，回路电阻基本上就是电池的内阻，很大的短路电流引起内阻发热，会使蓄电池发生爆炸；如果家庭用的 220V 电源操作时短路，会把操作者烧伤；更为严重的是，因为短路电流太大，会使导线的温度升高，造成火灾，造成很大的经济损失甚至人员伤亡。

因此，要防止电路出现短路故障。

2.5 电功与电功率

 话题引入

在当今社会中，人们消耗的能源主要来自于电力，电能通过电灯转化为光能；电能通过电热器转化为热能；电能通过电动机转化为机械能；手机通信、计算机办公、影视娱乐、电能炼钢、电动机车、电动汽车、电动自行车等，无不处处用到电能。电能在我们的生活中已是无处不在，我们的生活每时每刻都离不开电能。图 2-29 是用电能炼钢，图 2-30 是用电能驱动的高速电动机车。

图 2-29 用电能炼钢

图 2-30 用电能驱动的高速电动机车

2.5.1 电功

【电功的定义】 电流在电路中流动，通过负载时要对负载做功。如电流流入电动机的绕组，则电动机输出转矩，拖动机械负载运动做功，电能通过电动机将电能转化为机械能。

电能通过负载做的功，<u>与流过负载的电流 I、负载两端的电压 U 以及通电时间 t 成正比</u>，其数学表达式为

$$W = UIt \quad (2\text{-}11)$$

对于电阻电路，根据欧姆定律 $U = IR$，式（2-11）可改写为

$$W = I^2 R t \quad (2\text{-}12)$$

或

$$W = \frac{U^2}{R} t \quad (2\text{-}13)$$

式中 W——电功，单位为<u>焦耳</u>，简称<u>焦</u>，符号为 <u>J</u>。

【工程表述】 在工程上电功又称电能，常用 kW·h（千瓦时）表示，1kW·h 就是通常说的 1 度电。它与焦耳之间

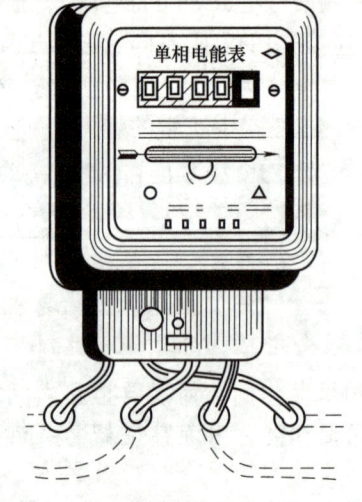

图 2-31 单相交流电能表的外形图

的换算关系为

$$1kW·h = 1000W×3600s = 3.6×10^6 J$$

在工程上电能是用电能表进行测量的，电能表俗称电度表，图 2-31 是传统的单相交流电能表的外形图。这种电能表在测量过程中是通过表内的转动机构带动字轮，字轮的转动速度和电路电压、电流的乘积成正比，转动的周数和通电时间成正比，由字轮上的数字指示出电路消耗的电能。

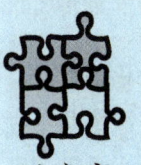

一度电的作用

一度电可以炼钢 1.25~1.5kg，织布 8.7~10m，加工面粉 16kg，灌溉小麦 0.14 亩，制造啤酒 15 瓶，采煤 27kg，生产化肥 22kg，供电动自行车行驶 86km，25W 的白炽灯泡连续点亮 40h，家用电冰箱运行一天，普通电风扇连续运行 15h，1 匹空调器连续开机 1.5h，烧开 8kg 的水。

我国目前能源利用效率与发达国家相比还有较大的差距，我国能源利用效率仅为 36.3% 左右，比世界先进水平低 10%；能耗/产值比也是世界上最高的，高出世界平均水平 2 倍多，是德国的 10 倍。

节约用电，提高我国电能的利用率，是我们每个国民的责任和义务。节约用电，从我做起，养成良好的节约习惯，使我国走向繁荣富强。

2.5.2 电功率

话题引入

电功可表示电流做功的多少，但不能表示电流做功的快慢。例如一台电动车的电动机工作 1h，电流做功 720000J；一辆公共电车的电动机工作 2s，电流做功 120000J。因为 720000J>120000J，显然电流通过电动车的电动机做功多。从做功的快慢看，电动车的电动机电流每秒钟做功为 720000J/3600=200J；公共电车的电动机电流每秒钟做功为 120000J/2=60000J。显然电流通过公共电车的电动机比通过电动车的电动机做功快得多。

由此可见，在日常生活或工程中，不仅要了解电流做功的多少，还要知道电流做功的快慢。电流做功的快慢是用"电功率"来表示的。

【电功率的定义】 电流在单位时间内所做的功称为电功率，用 P 来表示，其表达式为

$$P = \frac{W}{t} = \frac{UIt}{t} = UI \tag{2-14}$$

对于电阻电路，根据欧姆定律 $U=IR$，有

$$P = I^2 R \tag{2-15}$$

或

$$P = \frac{U^2}{R} \tag{2-16}$$

【电功率的单位】 电功率的基本单位为 W（瓦），还有 kW（千瓦）和 mW（毫瓦），它们之间的换算关系为

$$1kW = 1000W；1W = 1000mW$$

【额定功率的定义】 为了使电器能安全、可靠地工作，对电器的工作电压和电流都有一个规定值，电器在规定值下可以长期工作而不被烧毁。这个规定值就称为电器的额定电压和额定电流。对电阻电路，额定电压和额定电流的乘积，称为电器的额定功率。额定电压、电流、电功率统称为用电器的额定值，用电器的额定值都在铭牌上标出。

在应用时，用电器所加电压和电流不能高于或低于额定值。如所加电压偏高，会影响用电器的使用寿命，严重时还可能将用电器烧坏；当所加电压低于额定电压时，用电器的输出功率达不到额定值，不能正常工作。在调试或维修电器时，都要以电器的额定值为依据。

【实际功率】 用电器在实际电压下工作时所消耗的功率为实际功率。对电阻电路，用电器实际消耗的功率 $P=UI$，U、I 分别为用电器两端实际电压和通过用电器的实际电流。

2.5.3 电流的热效应

电流在通过导体时，导体要消耗电能而发热，这种现象称为电流的热效应。电流的热效应在电气设备中得到广泛的应用，电烙铁、电烤箱、电能炼钢等都是利用电流的热效应工作的。电流的热效应也有其不利的一面，它使工作中的电气设备发热，这不但消耗了电能，还会造成电气设备过早老化，如果温升超过允许值，还会烧坏电器设备，因此，常用给电气设备吹风降温的方法来减少电流的热效应造成的危害。

例 2-3 有一家用电冰箱（见图 2-32a），已知电动机的功率为 120W，工作电压为 220V，电动机工作/停机时间比为 1∶1，请计算电冰箱电动机的工作电流、工作电阻和一天的耗电量。

解：根据功率公式 $P=UI$、$P=I^2R$，计算得

$I = P/U = (120/220)\text{A} = 0.55\text{A}$

$R = P/I^2 = (120/0.55^2)\Omega = 400\Omega$

或 $R = U/I = (220/0.55)\Omega = 400\Omega$

电冰箱一天的耗电量为

$W = Pt = 120\text{W} \times 12\text{h} = 1440\text{W} \cdot \text{h}$
$\quad = 1.44\text{kW} \cdot \text{h}$

图 2-32 例 2-3、例 2-4 图
a) 电冰箱 b) 电阻丝取暖器

例 2-4 有一电阻丝取暖器（见图 2-32b），工作额定电压为 220V，额定功率为 1000W。工作中因为电压经常达到 250V，取暖器工作了一个月电阻丝烧断，请从理论上分析损坏原因。

解：取暖器的额定工作电流为

$I = (1000/220)\text{A} = 4.55\text{A}$

取暖器的工作电阻为

$R = (220/4.55)\Omega = 48.4\Omega$

取暖器工作在 250V 时的电功率为

第 2 章 电路的基本概念

$$P = \frac{U^2}{R} = \frac{250^2}{48.4}\text{W} = 1291\text{W}$$

由计算可知，当加在电阻性负载上的电压变化时，功率和电压是二次方的关系，该例电压增加了 14%，功率增加了 29%，故取暖器工作了一个月电阻丝烧断。所以电器设备在工作中，应防止工作电压出现较大的变化。国家规定，220V 电压的工作范围为 –10% ~ 7%，即电压保持在 198~235.4V 范围内。

有人说：
1. 功率越大的电气设备其消耗的电能也越大；
2. 工作在同一电压下的用电器，流过的电流越大，用电器的功率越大；
3. 工作在同一电流的用电器，其电阻越大，用电器的功率越大；
4. 用电器的电阻相同，所加电压相同，其功率和其消耗的电能也一定相同。

你是否同意以上说法？

活 学 活 用

电参量不仅仅是衡量用电设备的性能的标准，还关乎我们的生产生活安全。

1. 电参数测算

【案例1——电热水器电线容量计算】

案例叙述

有一家庭需安装一台额定电压为 220V、额定功率为 1200W 的电热水器（见图 2-33），请核算墙体内的电源线容量是否能满足需要。已知墙体电线为塑料绝缘铜导线，线截面积为 2.5mm²，安全载流量为 6A/mm²。

案例分析

1）墙体内电源线电流容量为
  单位截面积电流容量×导线总截面积 = 6A×2.5 = 15A
2）电热水器总电流为

$$I = \frac{P}{U} = \frac{1200}{220}\text{A} = 5.45\text{A}$$

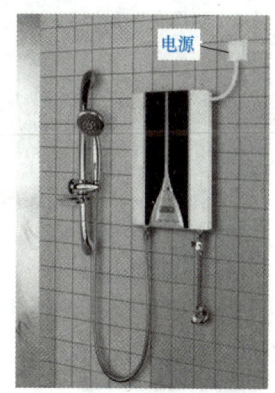

图 2-33 电热水器安装图

因为 5.45A<15A，即电热水器的电流比电源线的电流容量小，因此墙体内的电源线容量可以满足需要，电热水器可以安全工作。

2. 功率与体积

【案例 2——电阻器体积与耗散功率】

案例叙述

阻值相同、功率不同的电阻器体积是否相同？

案例分析

电阻器是耗能元件，电能通过电阻器转化为热能。电阻器的应用有两个方面：一个是以发热为目的的电阻器，如电烙铁、电炉丝、电饭锅、电暖器、电气设备专用的耗能电阻、企业加热用的电阻炉等；另一个是以满足电路功能需要为目的的电阻器，该类电阻器已经标准化、系列化，其体积随着电阻器的耗散功率的增大而增大。

电阻器的本质是消耗电能，消耗电能就要发热，发热就要散热，散热就要有一定的体积。因此，一般来说，电阻器的体积与电阻器耗散功率成正比。

电阻器除了标明其阻值的大小之外，还要标明电阻器的耗散功率。电阻器的体积和阻值没有关系，因其用途不同，消耗的功率不同，同一阻值的电阻器因其耗散功率不同，其体积不同。所以选择电阻器时必须要有两个参数：阻值和耗散功率。图 2-34a 为电力电阻，耗散功率大，体积也很大；图 2-34b 为 1/8W 碳膜电阻，功率很小，体积也很小；图 2-34c 为安装在电子电路板上的贴片电阻，因流过的电流很小（功率很小），所以体积更小。

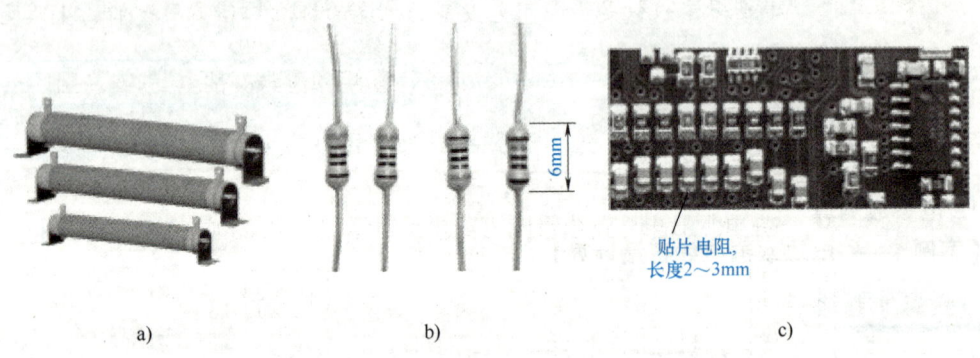

图 2-34 不同功率体积的电阻
a) 电力电阻 b) 1/8W 碳膜电阻 c) 安装在电子电路板上的贴片电阻

【案例 3——电气设备的体积与功率】

案例叙述

各种电气设备，其输出功率不同，体积是否也不同？

案例分析

在电气设备中，一般规律是输出功率越大，设备的体积越大。以电动机为例，电动机的输出功率大，输出转矩大，转子、机轴的直径就大，相应的体积就大。另一方面，电气设备的输出功率大，其本身的损耗大，为了散热，其体积也大。很多电器为了充分散热，还安装冷却风扇。

在电子设备中，决定体积的因素有：一是器件的制作水平；二是使用方便；三是散热情况。对于低能耗的电子设备，影响设备体积的主要原因是器件的制作水平和使用要求；高能耗的电子设备影响设备体积的主要因素是散热情况。

早期的电子管计算机，计算功能非常有限，但体积和耗电量大得惊人，需要几个房间才能装得下。现在的计算机因为有了更加先进的低能耗电子器件，使计算机的体积大大减小，功能大大增强。现在的台式计算机耗电功率为 200W 左右，笔记本式计算机耗电功率为 50W 左右。这都归功于科学的进步。

家用电器的电功率

如果家里添置了新的大功率用电器（如电热水器、空调器等），就要用功率的计算公式计算一下它的电流，注意不要让电流超过家里供电线路和电能表所允许的最大值。即使每个用电器的功率不算很大，如果很多用电器同时使用，它们的总功率也会相当可观，电路中的总电流也可能超过安全值。因此电路中同时使用的用电器不能太多，否则容易烧坏熔丝，甚至引起火灾。

2.6 认识实验

【实验目的】
1. 学会使用电流表、电压表。
2. 学会用指针式万用表测量电压和电阻。
3. 学会使用稳压电源。
4. 学会使用绝缘电阻表测量绝缘电阻。
5. 验证线性电阻欧姆定律。

【实验仪器与设备】
直流电压、电流表各 1 块，数字式、指针式万用表各 1 块，直流稳压电源 1 台，绝缘电阻表 1 块，被测电动机或变压器 1 台，50Ω/3W 线性电阻 1 只。

【实验指导】
1. MF47 型指针式万用表

万用表是一种多用途测量仪表。万用表种类很多，根据其显示方式不同，分为指针式和数字式两大类。前者的主要部件是指针式模拟电流表，测量结果用指针刻度显示；后者主要应用了数字器件，测量的结果用数字显示。

万用表通过转换开关可以测量电阻、电流、电压及晶体管电流放大系数等多种电量和参数，还可直接或间接地检测多种元器件的好坏、检测调试多种电气设备等。它使用灵活、携带方便、用途广泛，是最实用的测量工具。

（1）万用表面板图　MF47 型指针式万用表如图 2-35 所示。

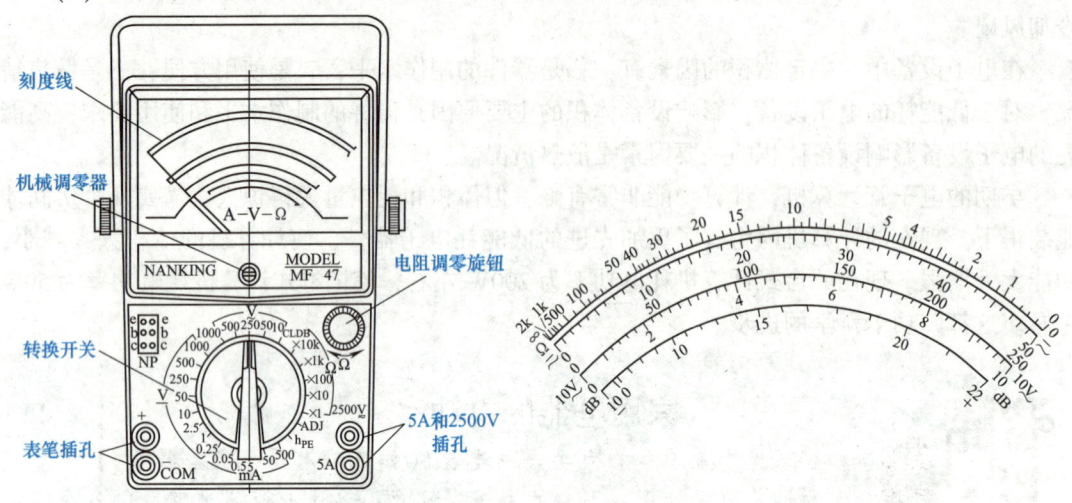

图 2-35　MF47 型指针式万用表

1）表盘刻度：该表盘共有 6 条刻度线，应用最多的有两条。最上面的 1 条为电阻刻度线；下面第 2 条为直流电流、直流电压、交流电压共用刻度线；其余 4 条为专用刻度线。

2）转换开关：该表的所有功能、量程均由一个面板转换开关控制。转动此开关，可将万用表置于所需的档位。

3）电阻调零旋钮：电阻档专用调零旋钮，由此旋钮进行测电阻时调零。

4）"+" "-" 表笔插孔：测量时将表笔的红插头插入 "+" 插孔，黑插头插入 "-" 插孔，不得插反，因为在测量直流量时，两表笔代表正负极性。

5）高电压、大电流（5A、2500V）插孔：在测量 500mA 以上的直流电流时，将红表笔插入 "5A" 插孔中，转换开关旋到 500mA 电流档，满量程为 5A；在测量 1000V 以上交流或直流电压时，将红表笔插入 "2500V" 插孔中，测交流电压时将转换开关旋到交流 1000V 档，测直流电压时将转换开关旋到直流 1000V 档，满量程为 2500V。

（2）使用方法　在使用前应先检查指针是否指在机械零位上，如不指在机械零位上可旋转表盖上的机械调零器，使指针指在机械零位上，再将红、黑表笔分别插入 "+" "-" 插孔中。

1）直流电流的测量：测量 0.05~500mA 直流电流时，转动转换开关至所需档位；测量 5A 电流时，将转换开关放在 500mA 直流档上，红表笔插头插入 "5A" 插孔，而后将表笔串接于电路中。

2）交流和直流电压的测量：测量交流 10~1000V 电压时，转动转换开关旋至所需的交流档位；测量直流 0.25~1000V 电压时，转动转换开关旋至所需的直流档位，而后将两表笔跨接于被测电路两端进行测量。

3）电阻的测量：转动转换开关至所需测量的电阻档，将两表笔短接，调节电阻调零旋钮，使指针对准电阻刻度线 "0" 位，然后再进行测量。测量电路中的电阻时，应先断电并将电阻与电路断开，如电路中有电容器，则应先行放电。

4）指针式万用表是模拟万用表，内部电路按照欧姆定律进行设计，测量时表笔中有较大电流通过,测量精度低于数字式万用表,而且怕摔怕振,如非必要,一般选择数字式万用表。

(3) 注意事项

1) 遵守使用规程:万用表虽有保护装置,但使用时仍应遵守规程,以避免意外损坏。测量高电压、大电流时,为避免烧坏开关,应在切断电流情况下,变换档位;测量未知电压或电流时,应先选择最高档位,待第一次读数完毕后,根据被测量值的实际大小,再转换到合适档位。

2) 测量高电压注意安全:测量高电压时,要站在干燥的绝缘板上并穿戴电工绝缘鞋和手套后再操作,防止意外事故发生。

3) 不要旋错档位:测量时要注意档位是否正确,特别是测量高电压时要认真核对,以防旋错档位而将表烧坏或发生安全事故。

2. DT-830 型数字式万用表

数字式万用表是一种多功能、多量程的数字显示仪表,种类繁多,与指针式万用表相比,具有测量准确度高、分辨率高、抗干扰能力强、功能齐全、操作方便以及读数迅速准确等优点。数字式万用表主要由液晶显示屏、电子测量线路、转换开关等组成。在测量时,由于变换器电路不同,所以也不允许拨错档位,以避免造成万用表损坏。DT-830 型数字式万用表面板如图 2-36 所示。

(1) 主要技术性能

1) 位数:4 位数字,满码为 1999 或 −1999(因最高位只能显示 1,故称为三位半数字表)。

2) 极性:正负极性自动变换显示。

3) 归零调整:具有自动归零调整功能,输入过量时显示 "1" 或 "−1"。

4) 电源:9V 干电池。

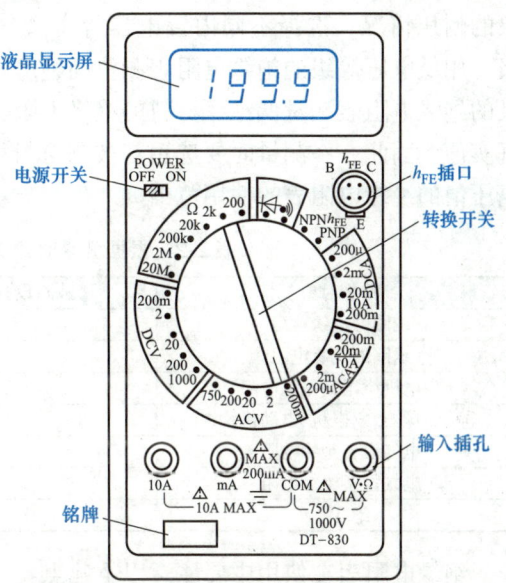

图 2-36 DT-830 型数字式万用表面板

(2) 测量范围

1) 直流电压 DCV:分为 200mV、2V、20V、200V、1000V 五个档位,输入阻抗为 10MΩ。

2) 交流电压 ACV:分为 200mV、2V、20V、200V、750V 五个档位,输入阻抗 10MΩ,并联电容小于 100pF。

3) 直流电流 DCA:分为 200μA、2mA、20mA、200mA、10A 五个档位,满量程仪表电压降为 250mV。

4) 交流电流 ACA:分为 200μA、2mA、20mA、200mA、10A 五个档位,满量程仪表电压降为 250mV。

5) 电阻 Ω:分为 200Ω、2kΩ、20kΩ、200kΩ、2MΩ、20MΩ 六个档位。

6) 晶体管放大倍数 h_{FE} 测试条件:NPN 型或 PNP 型晶体管、$U_{CE}=2.8$ V,$I_B=10$μA。

(3) 使用方法 使用时,将黑表笔插入 "COM" 插孔,红表笔在测量电压或电阻时插入"V·Ω"插孔；测量小电流时插入"mA"插孔；测量大电流时插入"10A"插孔。根据被测量的性质和大小，把转换开关旋到适当的档位，将电源开关置于"ON"位置，即可进行测量。测完，不要忘记把电源开关置于"OFF"位置。

3. 绝缘电阻表

绝缘电阻表俗称兆欧表或摇表，是专门用来测量电气设备、供电线路绝缘电阻的一种便携式仪表，其外形如图 2-37 所示。绝缘电阻表是测量 MΩ 数量级电阻的仪表，为了适应不同的测量对象，绝缘电阻表的内置电源有 250V、500V、1000V、2500V 等多种电压等级。在测量时根据被测对象的耐压情况，选择不同内置电压等级。用低电压等级的绝缘电阻表测量高绝缘材料的绝缘电阻，测量不出真实值；用高电压等级的绝缘电阻表测量低绝缘材料的绝缘电阻，有可能将绝缘材料击穿，也测不出绝缘电阻的真实值。因此，在测量时要选用与被测材料相应的绝缘电阻表。表 2-2 给出了不同内置电源电压值的绝缘电阻表的使用范围。

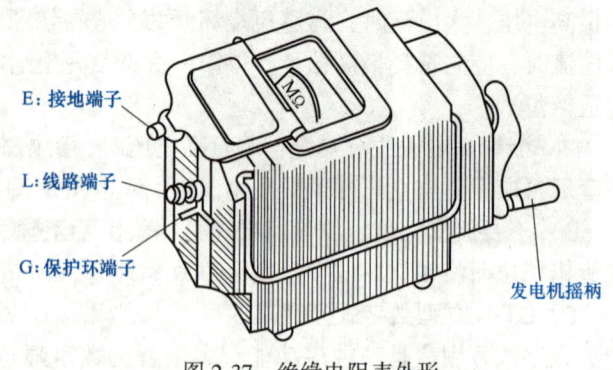

图 2-37 绝缘电阻表外形

表 2-2 根据测量对象选用绝缘电阻表的额定电压

测量对象	被测设备的额定电压/V	绝缘电阻表额定电压/V
线圈的绝缘电阻	≤500	500
线圈的绝缘电阻	>500	1000
发电机绕组的绝缘电阻	≤500	1000
电力变压器、发电机、电动机绕组	>500	1000~2500
电气设备绝缘电阻	≤500	500~1000
电气设备绝缘电阻	>500	2500
绝缘子		2500~5000

绝缘电阻表在使用中要注意以下几点：

1）接线端子：有三个接线端子，分别为线路端子"L"，接地端子"E"和保护环端子"G"。测量时，将被测物体接于 L、E 两端，G 端一般不用，只有在测量电缆或有表面漏电的物体时才使用。

2）测量方法：摇动发电机摇柄应由慢渐快，如发现指针已经指零，说明被测物体已经短路，停止摇动摇柄。摇柄摇动速度要均匀，不要忽快忽慢，通常以 120r/min 为宜。测量时，一般应在指针稳定 1min 后读取数据，必要时还要记录测试时的温度、湿度和吸收比⊖等，以便对测量结果进行分析。

4. 稳压电源的使用

直流稳压电源是用来提供可调直流电压的电源设备。它可将交流电压转换成负载所要求的直流电压，在电网电压或负载变化时，能使输出电压保持稳定不变。从这个意义上讲，其内阻是很小的，可近似地看作理想直流电压源。

⊖ 吸收比是指测量设备对地绝缘时 60s 与 15s 两个时刻绝缘电阻值之比。

第2章 电路的基本概念

直流稳压电源的型号众多，但它们的结构原理和使用方法基本相同，现以 SH1724 型晶体管直流稳压电源为例做简单介绍。

SH1724 型晶体管直流稳压电源具有体积小、性能稳定、工作可靠等优点，并具有短路和过载保护功能，使用方便。

（1）技术性能

1) 输出电压：两路输出，每路 0~30V，连续可调。

2) 输出电流：每路 0~5A。

3) 保护性能：输出短路或过载时，自动保护，故障排除后，可进行复位重新起动。

（2）使用方法　SH1724 型晶体管直流稳压电源的面板如图 2-38 所示，使用方法如下：

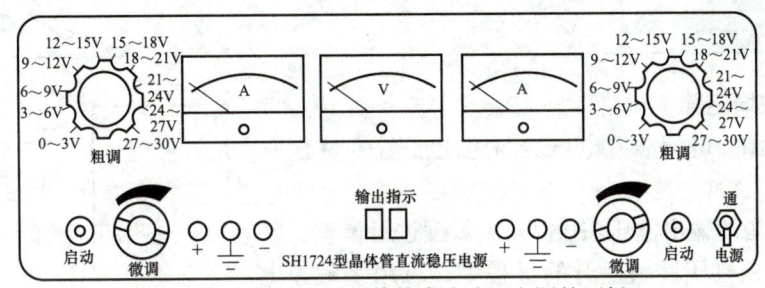

图 2-38　SH1724 型晶体管直流稳压电源的面板

1) 接通电源开关：当仪器接入 220V 交流电源后，将电源开关扳到"通"的位置，电源指示灯亮，表示交流电源已经接通。

2) 仪表指示切换：面板上方中间的电压表为两路共用的输出电压指示仪表，通过电压表下面的"输出指示"按键开关可进行Ⅰ路或Ⅱ路的输出电压指示的切换。

3) 旋钮调节：使用时先调节粗调旋钮，然后再调节微调旋钮，使输出电压为所需要的电压值。

4) 保护启动开关：当由于外电路故障使电源出现过载或短路时，输出电压下降为零，处于保护状态。当故障排除后，按动"启动"开关，电源即恢复工作。

（3）注意事项

1) 正负接线端子不要接错：要注意输出电压接线端的"+""−"区别，不要接反。

2) 输出端不要短路：虽然电源具有短路保护功能，但在使用中注意不要带电将两输出端短路。

3) 稳压电源不能吸收功率：稳压电源只能工作在输出功率的情况下，不允许从电源的输出端吸收电功率，做叠加原理时注意电流的方向（与蓄电池有本质区别）。

4) 输出电压以外接仪表测量为准：面板上的电流表和电压表只作监视用，在实验时准确的电流或电压值要通过外接仪表进行测量。

【实验内容与步骤】

1. 学习万用表的使用

1) 用万用表电阻档测量电阻。将万用表的"转换开关"拨到相应的电阻档，先进行欧姆调零然后才可对电阻进行测量。调零方法：将两表笔短接，转动"电阻调零旋钮"，使表针指到电阻刻度线的零刻度。在测量时如指针的偏转角过大或过小，要变换档位，使指针指在接近刻度的中间位置，这时的测量值既准确又便于读数。应注意：变换档位后，要重新调零。

2) 用万用表测量直流电压。接通稳压电源，将电源的输出电压调整为5V（由稳压电源上的指示表头读数）；将万用表的"转换开关"拨到直流电压档，档位的选择要大于5V，然后对稳压电源的输出电压进行测量。稳压电源的输出电压按表2-3依次调整，每给定一个电压值，用万用表测量一次，并将测量值填入表2-3中，以检查稳压电源的指示表头是否准确（有的稳压电源表头指示值和实际输出值误差较大）。

表2-3 万用表测量电压

稳压电源输出电压值/V	5	7	9	11	13	15
万用表测量值/V						

2. 验证欧姆定律

将稳压电源、电流表、电压表与电阻按图2-39所示进行连接。

将稳压电源的输出电压按表2-4中数据进行调整，并记录电流值。在电压逐渐上升的过程中，可用手触摸电阻，电阻的温度应随电压的上升而上升（电阻将电能转化为热能，并随着电能的增加，热能亦增加）。

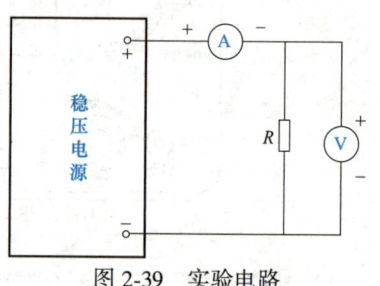

图2-39 实验电路

表2-4 电压电流测量值

	电压给定值/V	1	3	6	9	12
$R=50\Omega$	电流测量值/mA					
	电阻计算值/Ω					
	电阻平均值/Ω					
	电功率计算值/mW					

3. 用绝缘电阻表测量绝缘电阻

用绝缘电阻表测量单相变压器各绕组之间以及绕组对铁心之间的绝缘电阻，实际上也是检查变压器各绕组在较高工作电压下的耐压及绝缘情况。测量一般的低压变压器需用500V绝缘电阻表。测出的绝缘电阻要求在0.5MΩ以上。若测出的电阻太低，说明绝缘不良或有严重的漏电故障。变压器绝缘电阻的测量方法如图2-40所示，将绝缘电阻表的L、E端子分

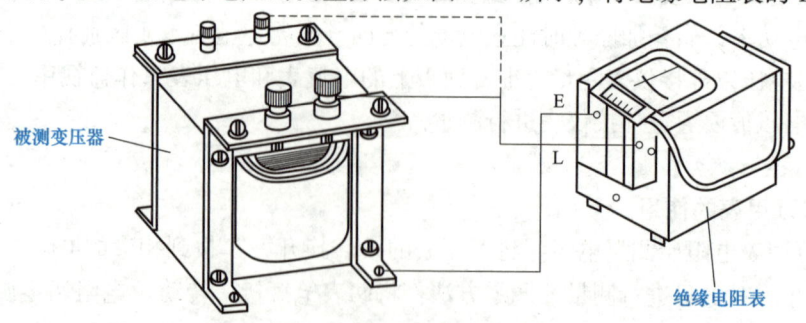

图2-40 变压器绝缘电阻的测量方法

别接到变压器的一次和二次绕组上,测量一次和二次绕组间的绝缘电阻;将 E 端子接铁心、L 端子分别接到一次和二次绕组上,摇测两绕组对铁心的绝缘电阻,并将测量值填入表 2-5 中。亦可根据实验室的现有条件,用绝缘电阻表测量电动机、交流用电设备电源线与金属外壳的绝缘电阻等,如图 2-41 所示。

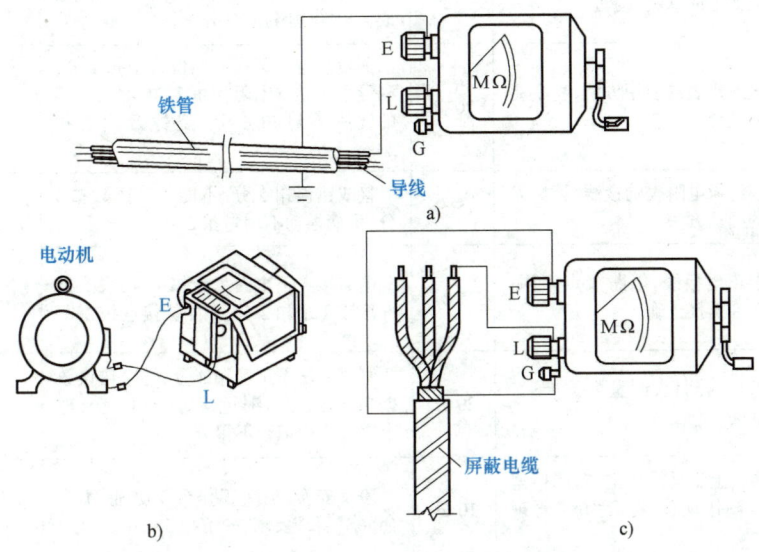

图 2-41 绝缘电阻表测量方法

a) 测量导线和铁管之间的绝缘电阻 b) 测量电动机绕组和外壳之间的绝缘电阻 c) 测量屏蔽电缆之间的绝缘电阻

表 2-5 变压器绝缘电阻测量数据值

测量对象	绝缘电阻/MΩ
一次绕组—二次绕组	
一次绕组—铁心	
二次绕组—铁心	

【实验结果分析】

1)根据表 2-4 中给定的电压值和测得的电流值,计算电阻值和电功率,并比较计算出的电阻平均值与给定值是否相等。如不相等,是什么原因造成的?

2)在方格纸上描点,做出被测电阻的电压-电流曲线,并由曲线判断被测电阻是否为线性。

3)在方格纸上描点,做出被测电阻的电压-功率曲线,并根据曲线判断被测电阻的功率和电压是什么关系。

4)根据表 2-5 的测量值,判断变压器的绝缘程度。

5)通过本次实验,你有什么收获?

【评价标准】

自评互评表见表 2-6。

表 2-6　自评互评表

班级		姓名		学号		组别		
项目	考核要求		配分	评分标准			自评分	互评分
稳压电源的使用	掌握稳压电源的使用方法，正确操作电源上的开关、旋钮		20 分	不知怎样接线扣 5 分，不知怎样调压扣 5 分，不按操作顺序操作扣 5 分，造成输出端短路扣 20 分				
万用表的使用	掌握万用表的使用方法，特别是档位的选择		20 分	测量高电压选择低档位每个扣 2 分，测量电压错选电阻档每个扣 8 分，表笔的握法不对扣 4 分，烧掉万用表扣 20 分				
绝缘电阻表的使用	掌握绝缘电阻表的接线、读数及手柄的摇动方法		15 分	接线错误扣 5 分，不能正确读数扣 5 分，手柄摇动不均匀扣 2 分				
实验电路的连接	要求正确接线，电路接点牢固，表头极性连接正确		15 分	电路接点不牢固每个扣 2 分，表头极性接错每个扣 2 分，电路错接点扣 2 分				
电路测量	要求正确测量，测量数据准确，记录准确		20 分	测量方法不正确扣 2 分，每个错误数据扣 2 分，不及时记录每个扣 1 分，整个实验不做记录不得分				
安全文明操作	工作台上工具排放整齐，严格遵守安全操作规程，符合"6S"管理要求		10 分	违反安全操作、工作台及脏乱、不符合"6S"管理要求，酌情扣 3～10 分				
合计			100 分					

学生交流改进总结：

教师签名：

习　题

2-1　判断题

1. 电流是电荷的定向流动。（　　）
2. 导体两端存在电压时，导体中才会产生电流。（　　）
3. 电流的参考方向就是电流的实际方向。（　　）
4. 电压和电流的测量方法相同，都是将电表串联在电路中。（　　）
5. 人们将电阻率小的材料称为导体；将电阻率很大的材料称为绝缘体。（　　）
6. 有的电阻消耗电能，有的电阻则不消耗电能。（　　）
7. 有些导体材料温度系数很小，称为线性电阻；有些导体材料温度系数很大，则称为非线性电阻。（　　）
8. 电器消耗的电能越大，则这个电器流过的电流越大。（　　）
9. 电功率越大的用电器，其消耗的电能也必然多。（　　）

2-2　选择题

1. 关于电流的下列说法中，正确的是（　　）。
   A. 导体中的电流越大，表示通过其横截面的电荷量越多
   B. 在相同时间内，通过导体横截面的电荷量越多，导体中电流就越大

C. 通电时间越短，电流越大

D. 单位时间内通过导体横截面的电荷量越多，导体中的电流越大

2. 关于欧姆定律的下列说法中，不正确的是（　　）。

A. 导体两端的电压相同，通过电流越大的导体其电阻越大

B. 导体中通过一定的电流所需的电压越小，导体的电阻就越大

C. 一段导体的电阻与它两端的电压成正比，与通过它的电流成反比

D. 对一定的导体，流过它的电流与加在它两端的电压成正比

3. 两只灯泡分别接在两个电路中，下列判断正确的是（　　）。

A. 额定电压高的灯泡较亮

B. 额定功率大的灯泡较亮

C. 接在电压高的电路两端的那个灯泡较亮

D. 以上说法均不正确

4. 下列关于电阻率的叙述，错误的是（　　）。

A. 当温度极低时，超导材料的电阻率会突然减小到零

B. 常用的导线是用电阻率较小的铝、铜材料做成的

C. 导体材料的电阻率取决于导体的电阻、横截面积和长度

D. 导体材料的电阻率随温度的变化而变化

5. 将一个阻值为1Ω、额定功率为1/8W的碳膜电阻接于电压为1V的电路中，则该电阻（　　）。

A. 能正常工作　　　　B. 不能正常工作

C. 很快烧毁　　　　　D. 发热，但能工作

2-3　计算题

1. 在一根长度为 $L=50$m、截面积为 $S=10$mm^2 的铜质导线两端加 2.5V 电压。已知铜的电阻率 $\rho=1.75\times10^{-8}\Omega\cdot$m，则该导线中的电流多大？每秒通过导线截面积的电荷量为多少？

2. 将一个电动势为 2V 的电源与一个阻值为 9Ω 的电阻接成闭合电路，测得电源两端电压为 1.8V，求电源的内阻 R_0。

3. 碳膜电阻的标准额定功率有 2W、1W、1/2W、1/4W、1/8W 五种规格。现需要阻值为 4.7kΩ、通过的电流为 10mA 的电阻一只，请选择一只标准额定功率的电阻。

4. 一只额定值为 220V、45W 的电烙铁，接入电压为 180V 的电路中，求电烙铁的实际耗散功率为多少？实际耗散功率比额定功率大还是小？

5. 一个同学家中的电能表，月初的示值为 0273.1kW·h，月末的示值为 0322.1kW·h，这个同学家一个月的用电量为多少？若当地的电费为 0.6 元/(kW·h)，该月应缴纳电费多少元？

第3章 直流电路分析

电工技术基础与技能

本章导读

知识目标

1. 掌握电阻串并联的相关计算。
2. 了解常用电池的应用及其连接。
3. 掌握电压源和电流源的工作原理及应用。
4. 掌握基尔霍夫定律及支路电流法。
5. 掌握叠加原理的基本概念及应用。

技能目标

1. 会使用电烙铁进行电路的焊接。
2. 会使用常用电工工具，会进行导线的直接连接、导线与接线柱的连接，会进行导线的绝缘层恢复等。

3.1 电阻的串并联

 话题引入

图3-1所示为一块电子电路板，电路中采用了大量的电阻元件。这些电阻元件根据电路的要求进行不同的连接。我们可以将电阻的连接归纳为：串联、并联和混联。电阻为什么有这么多种连接方法？这些连接方法各有什么特点？怎样进行计算？这是我们要解决的问题。

第 3 章 直流电路分析

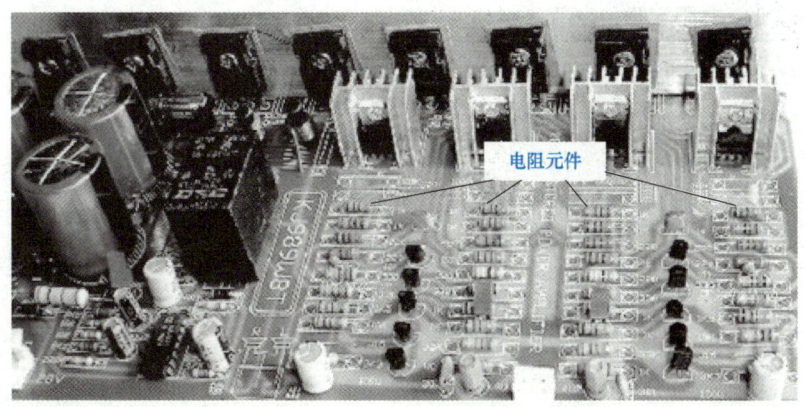

图 3-1 电子电路板

3.1.1 电阻的串联

电阻串联电路

【串联定义】 将两个或两个以上的电阻首尾依次相接，使电流只有一条通路，这种连接方式称为串联，如图 3-2 所示。

1. 串联的特点

（1）串联电路的总电阻等于各串联电阻之和 总电阻的表达式为

$$R = R_1 + R_2 + R_3 \tag{3-1}$$

由式（3-1）可知，串联电路的总电阻大于电路中任何一个分电阻，所以串联电路中串联的电阻越多，阻值越大。

（2）各电阻中通过的是同一电流 根据欧姆定律，串联电路的电流为

$$I = \frac{U}{R} = \frac{U}{R_1 + R_2 + R_3} \tag{3-2}$$

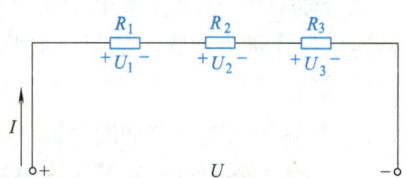

图 3-2 电阻的串联

（3）串联电路两端的总电压等于各电阻上的分电压之和 总电压的表达式为

$$U = U_1 + U_2 + U_3 = IR_1 + IR_2 + IR_3 \tag{3-3}$$

（4）串联电路具有分压作用 串联电路各电阻上的电压与电阻的阻值成正比，阻值越大，所分得的电压也越大，各电阻上分得的电压为

$$U_1 = \frac{R_1}{R}U \quad U_2 = \frac{R_2}{R}U \quad U_3 = \frac{R_3}{R}U \tag{3-4}$$

2. 电阻串联的应用

1）当电路中一个电阻的耐压不够时，可以用多只电阻串联，利用串联电阻进行分压。

2）当一个电阻的功率、体积太大影响安装和散热时，可以采用多只电阻串联分配功率。

3）带有中间抽头的电阻用作分压器；装有滑动触点的电阻用作电位器或对电压进行微调。

4）当一个电阻损坏时，其他电阻都不能正常工作。

> **课堂实验 电阻串联**
>
> 【实验器材】 万用表 1 块，10Ω、20Ω、30Ω 电阻各 1 只，1.5V 干电池 1 节。
> 【实验原理】 实验原理图如图 3-3 所示。
>
>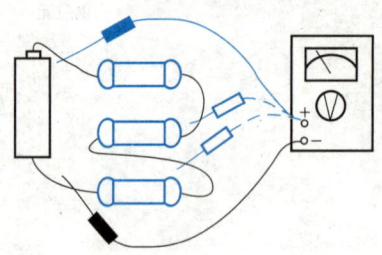
>
> 图 3-3 实验原理图
>
> 【实验要求】 用电流档测量电阻中的电流、用电压档测量各个电阻上的电压，用电阻档测量各个电阻阻值。将测出的各量代入各个相关公式，验证式（3-1）~式（3-4）。

3.1.2 电阻的并联和混联

1. 电阻的并联

【并联定义】 将两个或两个以上的电阻首、尾分别接在一起，使电流有多条通路，这种连接方式称为并联，如图 3-4 所示。

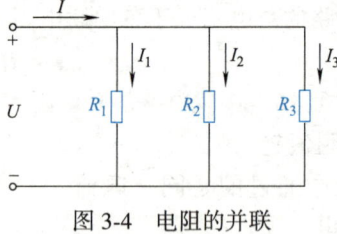

图 3-4 电阻的并联

电阻并联电路

【并联特点】

1）各并联电阻两端加的为同一电压。

2）并联电路的总电流等于各电阻中电流之和，即

$$I = I_1 + I_2 + I_3 \tag{3-5}$$

3）并联电路的总电阻的倒数等于各并联电阻倒数之和，即

$$\frac{1}{R} = \frac{1}{R_1} + \frac{1}{R_2} + \frac{1}{R_3} \tag{3-6}$$

当只有两只电阻并联时，其总阻值为

$$R = \frac{R_1 R_2}{R_1 + R_2} \tag{3-7}$$

4）并联电路具有分流作用，并联电路中流过电阻的电流与电阻的阻值成反比，阻值越小，流过的电流越大；阻值越大，流过的电流越小。当有两个电阻并联时，其分流公式为

$$I_1 = \frac{R}{R_1} I = \frac{R_2}{R_1 + R_2} I, \quad I_2 = \frac{R}{R_2} I = \frac{R_1}{R_1 + R_2} I \tag{3-8}$$

5）各并联电阻上所消耗的功率与电阻的阻值成反比，并联电路中电阻的阻值越小，消耗的功率越大；阻值越大，消耗的功率越小。

6) 总功率等于各并联电阻功率之和，其数学表达式为

$$P = P_1 + P_2 + P_3 \tag{3-9}$$

2. 并联电路的应用

1) 并联电路两端加的是同一电压，一个电阻（或一个负载、设备）损坏不影响其他电阻工作。

2) 根据并联电阻的分流原理和总电阻的倒数为各并联电阻倒数之和的原理，当一个电阻体积、电流较大时，可以用多只电阻并联来替代。

例 3-1 有一新型 LED 灯（见图 3-5），由 36 只 LED 发光体组成，每 12 只为一组，并联在 36V 电源上，总电流为 0.99A，请计算每只 LED 上的电压、电流、消耗的功率和电源输出的总功率。

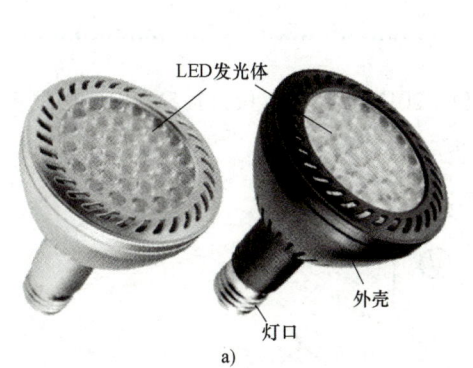
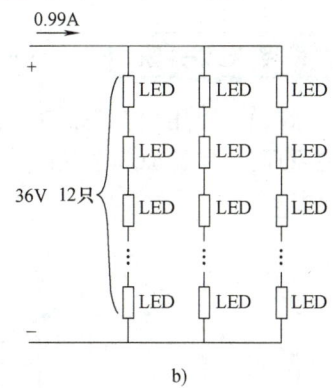

图 3-5　例 3-1 图
a）外形　b）电路图

解： 该电路是一个串联之后又并联电路，所以要采用串、并联电路的计算方法进行计算。又知，每只 LED 将电能转化为光和热，可用电阻来等效。

根据串联电路分压公式 $U_1 = \dfrac{R_1}{R} U$，设支路总电阻为 R，每个 LED 电阻为 R_1，又知串联支路共有 12 只 LED，故 $R = 12R_1$。每只 LED 上的电压为

$$U_1 = \frac{R_1}{12R_1} \times 36\text{V} = 3\text{V}$$

结论：当有 n 个相同阻值的电阻串联时，总电阻值为单个电阻值的 n 倍；加在每个电阻上的电压为总电压的 $1/n$，即 $R_总 = nR_分$；$U_分 = U_总/n$，使计算简化。

根据并联电路 $\dfrac{1}{R} = \dfrac{1}{R_1} + \dfrac{1}{R_2} + \dfrac{1}{R_3}$，设三条支路的总电阻为 R，每条支路的电阻为 R_1、R_2、R_3，又知 $R_1 = R_2 = R_3$，总电阻为

$$R = \frac{1}{3} R_1$$

将 R 代入并联电路分流公式 $I_1 = \dfrac{R}{R_1} I$，有

$$I_1 = \frac{1}{3}I = 0.33\text{A}$$

即每只 LED 中通过的电流为 0.33A。

结论：如果有 n 个相同的电阻并联，并联后的总阻值为分电阻的 $1/n$，每个支路的电流为总电流的 $1/n$，即 $R_总 = R_分/n$；$I_分 = I_总/n$，使计算简化。

每只 LED 消耗的功率为

$$P_1 = U_1 I_1 = 3 \times 0.33\text{W} = 0.99\text{W}$$

电源输出的总功率为

$$P = 0.99\text{W} \times 36 = 35.64\text{W}$$

用 $P = UI$ 计算

$$P = 36 \times 0.99\text{W} = 35.64\text{W}$$

课堂实验 电阻并联

【实验器材】 万用表 1 块，50Ω、30Ω、20Ω 电阻各 1 只，1.5V 干电池 1 节

【实验原理】 实验原理图如图 3-6 所示。

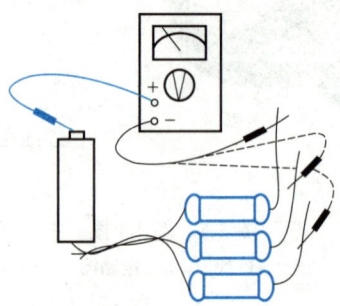

图 3-6 实验原理图

【实验要求】 用电流档测量各电阻中电流、用电压档测量各个电阻上的电压，用电阻档测量各个电阻阻值。将测出的各量代入各个相关公式，验证式（3-5）~式（3-8）。

3. 电阻的混联

【混联定义】 在一个电路中，既有电阻串联又有电阻并联，称为混联电路。图 3-7 所示就是一个电阻混联电路。

【混联特点】 在计算混联电路时，将电路中串联或并联的电阻按串联或并联的计算方法一步步进行化简，最后求出整个电路的等效电阻值。在图 3-7 中，bc 段为 R_2 与 R_3 并联，而并联电阻又与 R_1、R_4 串联，则电路的总电阻为

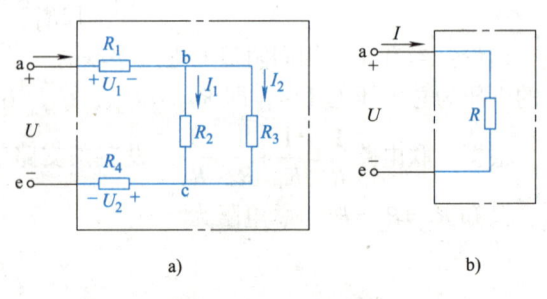

图 3-7 电阻混联电路
a) 混联电路　b) 等效电路

第3章 直流电路分析

$$R_{总} = R_{ab} + R_{bc} + R_{ce} = R_1 + \frac{R_2 R_3}{R_2 + R_3} + R_4$$

例3-2 混联电路如图3-8所示，已知 $R_1 = R_2 = R_3 = 5\Omega$，$R_4 = 10\Omega$，$U = 100V$，试求电路的总电阻 R 和总电流 I。

解：

$$R_{串} = R_2 + R_3 = (5+5)\Omega = 10\Omega$$

$$R_{并} = \frac{R_4 R_{串}}{R_4 + R_{串}} = \frac{10 \times 10}{10 + 10}\Omega = 5\Omega$$

$$R = R_1 + R_{并} = (5+5)\Omega = 10\Omega$$

$$I = \frac{U}{R} = \frac{100}{10}A = 10A$$

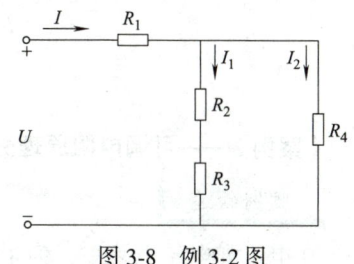

图3-8 例3-2图

活学活用

电阻串联通过的是同一电流，各电阻是分压关系；电阻并联各电阻加的是同一电压，各电阻是分流关系。串并联的这一特点在工程上得到了广泛的应用。

【案例1——将电流表改为电压表】

案例叙述

有一个现代设备，输出电流为 $0 \sim 20\text{mA}$，要用一个电流表头（见图3-9a），内阻 $R_0 = 1000\Omega$，满偏电流 $I_0 = 0.1\text{mA}$（即满偏电压为 0.1V）。现将它改装成量程 $U = 10\text{V}$ 的电压表，怎样改装？

案例分析

如图3-9b所示，此案例是电阻的串并联计算问题。首先计算出电流表头支路总电阻 R，

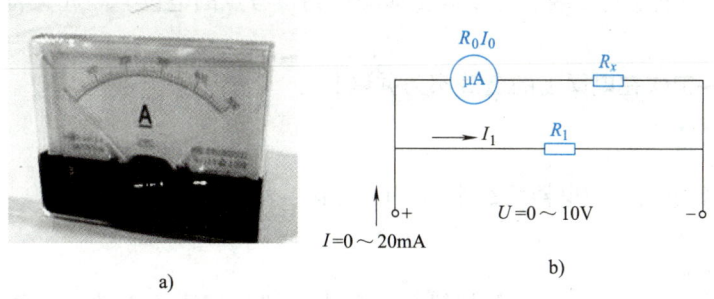

图3-9 扩大电压表量程

a) 电流表头 b) 改装等效电路

然后再计算 R_x 和 R_1。

根据串联电路总电阻等于分电阻之和，有

$$R = R_0 + R_x$$

$$R = \frac{U}{I_0} = \frac{10}{0.0001}\Omega = 100\text{k}\Omega$$

$$R_x = R - R_0 = 100\text{k}\Omega - 1\text{k}\Omega = 99\text{k}\Omega$$

$$R_1 = \frac{U}{I_1} = \frac{10}{0.02 - 0.0001}\Omega = 502.5\Omega$$

【案例2——可调电阻原理分析】

案例叙述

在电工和电子电路中，为了使电压连续可调，需要一种可调整阻值大小的电阻器。

案例分析

根据电阻的分压原理，如果用一可移动的金属触点在电阻体上滑动，就可以改变电阻的阻值，相应地可以改变动触点到两个端点的电压值。

图3-10a、b是可调电阻的外形，图3-10c是等效电路图。图中a、c两点为可调电阻的端点，b为动触点。从等效电路中可见，当将动触点向上移动，ab之间的电阻减小，bc之间的电阻增加。相应地，如果在ac之间加上电压 U_1，则动触点向上移动时，U_2 电压增加；反之，U_2 电压下降。

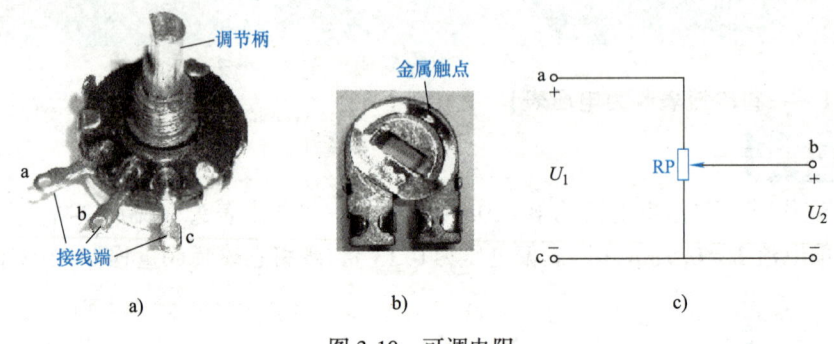

图3-10　可调电阻

a）带手柄的可调电阻外形　b）微型可调电阻外形　c）等效电路

由于改变可调电阻的动触点可以改变动触点到参考点的电位，因此又将带手柄的可调电阻称为电位器。

【案例3——工作在电网上的负载都为并联】

案例叙述

工作在220V电网上的电器负载都为并联关系，为什么？

案例分析

如图3-11所示是电网中的一条相线和一条中性线，相线和中性线之间的电压为220V，在相线和中性线上并联着各种用电负载。图3-12所示是计算机、扫描仪、打印机三个负载

第 3 章 直流电路分析

并联。

根据并联电路各电阻（各负载）上所加电压相同的特点，在电力供电系统中，采用负载并联的运行方式。供电系统为用电器提供一个相同的额定电压，各种负载都要按照这个额定电压设计电路。例如我国民用市电的额定电压为 220V，各种用电器的额定电压也都是 220V，只要买了按照我国标准电压生产的电器，在我们国内都能用。

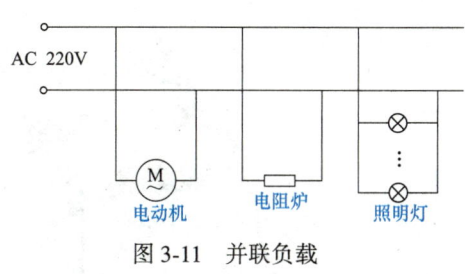

图 3-11　并联负载

a)

b)

图 3-12　三个负载并联

a）负载　b）插座

负载并联运行还有另一个特点，就是各负载取用的功率只由负载本身的电阻决定，与其他负载无关，各负载的使用互不影响。

【案例 4——通过电阻并联得到大电流和大功率】

案例叙述

在电子电路或电力电路中，经常采用电阻并联工作，请解释原因。

案例分析

由于电阻并联，电路中总电流等于各个电阻中电流之和，总功率也等于各个电阻的功率之和。在电子电路或电力电路中，当一个电阻获得的电流不能满足要求时，可以将几个电阻并联使用。在工程中有的电阻由于发热原因其功率（即电阻的体积）不能做得太大，当一个电阻不能满足电路的功率要求时，可以将几个电阻并联使用；有的设备（或电子电路板）因受到空间限制时，也可以将几个电阻并联应用。图 3-13a 是变频器的制动电阻，在制动时有上百安培的电流通过，采用几个电阻并联工作；图 3-13b 是电子电路的几个电阻并联，并联减小了安装体积，也把电阻的热量通过几个电阻均分。

【案例 5——电阻保护并联】

案例叙述

在高压电网和高压电路中，为了防雷，装有避雷器；在低压电路中，为了防止电路过电压，安装压敏电阻，避雷器和压敏电阻是怎样对电路进行保护的？

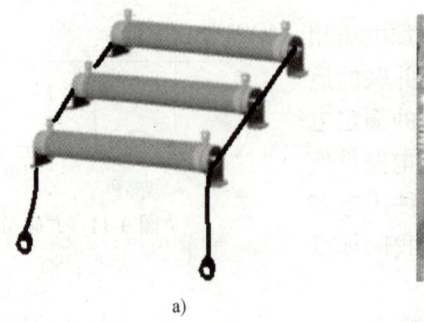
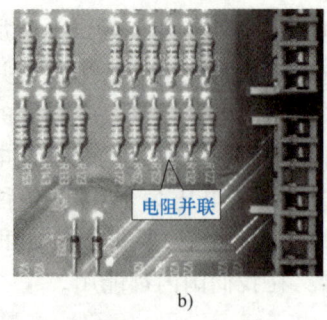

图 3-13 电阻并联应用
a) 大功率电阻并联　b) 小功率电阻并联

案例分析

电网防雷保护原理是将避雷器和电网并联，电网和避雷器上加的是同一电压，当雷电电压超过了电网的工作电压（达到避雷器的导通电压）时，避雷器导通，将雷电流通过避雷器旁路，保护电网不会因超压而损坏。避雷器外部是陶瓷外壳，内部是氧化锌，氧化锌具有过电压导通特性，导通电压值高于电网的正常工作电压，又低于电网的损坏电压值。当避雷器导通后，雷电压低于一定值，避雷器又自动断开（开路），不影响电网的正常工作。图 3-14a、b 是避雷器的外形图和在电网上的保护接线。

电路中并联压敏电阻的保护原理为：压敏电阻上所加电压低于导通电压时，其阻值很大，相当于开路；当高于导通电压，电阻很小，相当于短路。在电路中主要是进行过电压保

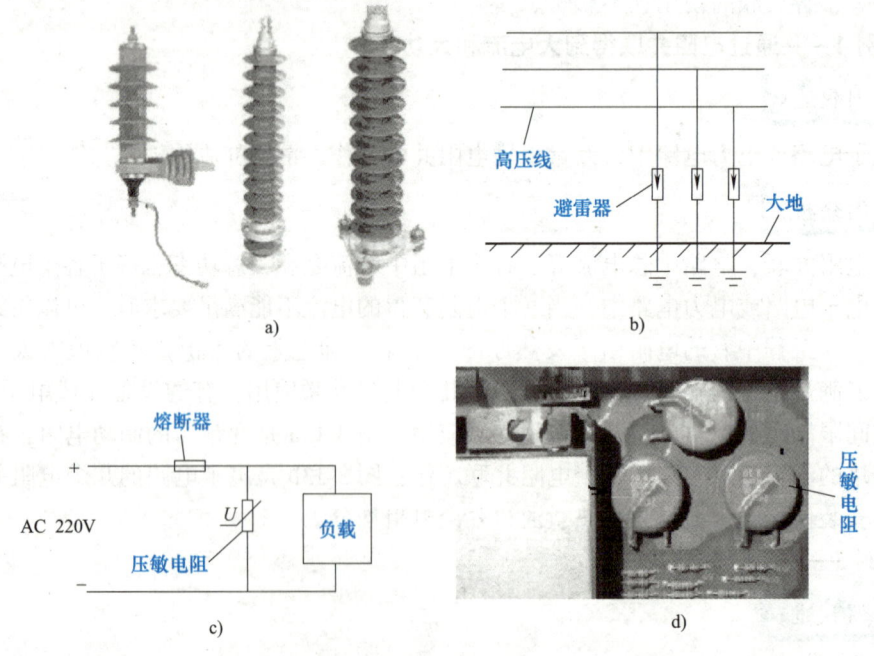

图 3-14 电阻保护并联
a) 避雷器外形图　b) 避雷器保护接线　c) 压敏电阻接线图　d) 电路中的压敏电阻

护，一旦过电压，压敏电阻短路，将电路的保护熔断器熔断，切断电源，保护了负载不被烧毁。图 3-14c 是压敏电阻在电路中的接线图，图 3-14d 是电路中的压敏电阻。

在实际工作中，当一时找不到合适阻值的电阻时，往往将几个相同阻值的电阻通过串联、并联或混联的方法得到需要的阻值。现有 10Ω 的电阻若干，你能用混联的方法，得到阻值为 35Ω 的电阻吗？

如果将你连接好的电阻接上电源，哪个电阻发热量大，哪个电阻发热量小？

3.2 电　池

 话题引入

电器工作要有电源，便携式电器和移动电器必须采用可移动的电源，否则电器无法工作。如同固定电话机可以使用固定电源，而手机则必须采用移动电源。

随着科技的发展，移动电器的种类越来越多，手表、手机、收音机、电动自行车、汽车、船只、飞机、卫星等，都要配备可移动电源。可移动电源现在用得最多的就是电池。电池分为一次电池（不可充电电池）和二次电池（可充电电池）。移动电器种类不同，对电池的要求不同，如手机电池要求体积小、容量大；车载电池要求不怕振动，坚固耐用；卫星电池则必须是可充电的二次电池。

3.2.1 电池简介

电池是将化学能或其他形式的能变换成电能的装置，常见电池外形如图 3-15 所示。

图 3-15　常见电池外形

【一次电池定义】　电能用完不能再充电的电池称为一次电池。常见的有锰锌干电池、碱锰干电池、锌汞电池与碱性电池等。

【一次电池分类】

(1) 锰锌干电池　锰锌干电池是一次电池的代表性产品，其性能一般，且电压稳定性差，但因其价格低廉，所以销量位居一次电池首位，拥有最广大的应用市场。锰锌干电池主要应用于照明（手电筒）、音响（收放机）、家庭用品、电动玩具等。

(2) 锌汞电池　此电池放电电压稳定，性能好，但因为使用汞，价格较高且有污染。锌汞电池研发于二战期间，当时仅供军用。目前主要应用在相机、手表、助听器、医疗仪器等小型电子产品上。

(3) 碱锰干电池　此电池用二氧化锰取代汞。其电压稳定性虽不如锌汞电池高，但价格比锌汞电池便宜2/3左右，使用寿命为锰锌电池的两倍以上，因现在高性能碱锰干电池陆续开发成功，其性能价格比具有很大优势。现阶段主要应用于音响、相机、家庭用品及电动玩具等。

(4) 氧化银电池　大多为纽扣型，其性能比锌汞电池更好，低温特性极佳，适合小型高能量输出场合，也因使用银之故，价格三倍于锌汞电池，目前主要应用于手表及照相机。

(5) 一次锂电池　此电池有工作电压及放电电压平稳、自放电性低的特点，并具有高能量密度。主要用于电子表、计算机、数码相机等。

【二次电池定义】　可以充电、能多次反复使用的电池称为二次电池。常见的二次电池有铅酸电池、镍镉电池、镍氢电池、二次锂电池、锂离子电池和高分子锂电池等。

【二次电池分类】

(1) 铅酸电池　又称铅酸蓄电池，体积大、输出电流大、价格低，广泛应用于汽车、船舶等电路中。

(2) 镍镉电池和镍氢电池　镍镉电池和镍氢电池的容量较小。镍镉电池有坚固耐用和价格适中的优点，是家用和移动电器的常用电源。其最大的缺点就是必须等到电池电力完全用尽才能再次充电，而且充电时必须完全充满，否则电池储存电力的容量就无法发挥到最大限度。

镍氢电池不但与镍镉电池一样具有耐用和低成本这两大优点，而且它能够随时充电，在相同的体积和质量下，镍氢电池的容量比镍镉电池大很多，曾深得用户的青睐。但随着锂离子电池的出现和普及，镍氢电池的市场正逐渐减少。现常应用于应急照明、发动机起动、电源便携工具、仪表和航天技术、移动电话等。

(3) 锂离子电池　锂离子电池的容量较大且能量密度高。同样容量的锂离子电池的质量比镍氢电池小一半，体积也小20%，单体电压为3.6V。此外，锂离子电池充电速度较快，仅需要一两个小时就可充足电力，达到最佳状态。由于锂离子电池的体积小、容量大，才有了如今小巧玲珑的便携通信工具。

【燃料电池定义】　燃料电池是一种将储存在燃料和氧化剂中的化学能直接转化为电能的装置。如果保证源源不断地从外部向燃料电池供给燃料和氧化剂时，它就可以连续发电，所以也称为连续电池。依据电解质的不同，燃料电池又分为氢氧燃料电池、碱性燃料电池、磷酸型燃料电池、熔融碳酸盐燃料电池、固体氧化物燃料电池等。

燃料电池具有能量转换效率高、洁净、无污染、噪声低、模块结构、积木性强等优点，既可以集中供电，也适合分散供电；高温型燃料电池可实现热电联供。燃料电池将是21世纪最有竞争力的全新的高效、清洁发电方式，在洁净煤燃料电池电站、燃料电池汽车、移动电源、不间断电源、潜艇及空间电源等方面,有着广泛的应用前景和巨大的潜在市场。

【太阳能光伏电池定义】 太阳能光伏电池是一种将太阳能转换为电能的半导体器件。太阳能是无污染、取之不尽的可再生能源,太阳能光伏电池的最大优点就是取自太阳能。太阳能光伏电池的发展很快,发电效率也在不断提高,已经应用于较大规模的太阳能发电站。在边远无电地区、高空障碍灯、光伏水泵、高速公路无线电话亭、海洋检测设备、气象观测设备以及太阳能路灯等方面得到广泛应用。太阳能光伏电池的输出具有恒流特性。输出电压在 0~5V 之间变化时,输出电流的变化很小。

3.2.2 电池的连接方式

每种电池都有额定电动势和额定放电电流。如用单个电池对负载供电不能满足要求时,可将相同规格的几个电池串联或并联在一起使用。

1. 电池的串联

当负载需要较高电压,而单个电池不能满足要求时,可以采用多节电池串联。它是将电池的正极、负极依次相接,总电动势由终点引出,如图 3-16 所示。

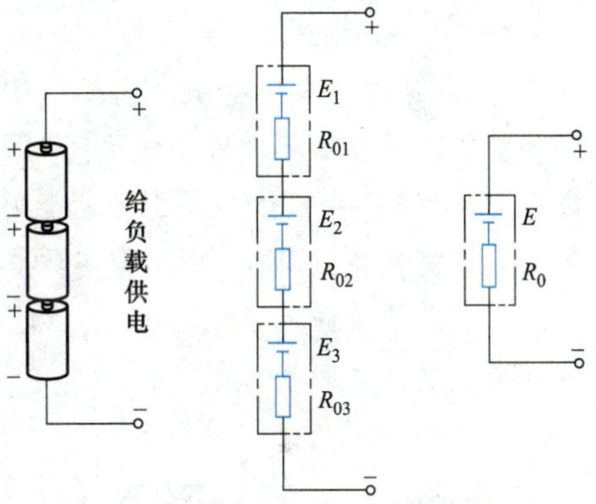

电池串联后的总电动势等于各个电池电动势之和,即

$$E = E_1 + E_2 + E_3 \quad (3-10)$$

电池串联后电池组的总内阻等于每个电池的内阻之和,即

$$R_0 = R_{01} + R_{02} + R_{03} \quad (3-11)$$

式中 R_0——电池组的总电阻;
R_{01}、R_{02}、R_{03}——各电池的内阻。

图 3-16 电池的串联
a) 实物示意图 b) 电路图 c) 等效电路图

当将电池连接成串联电池组时,负载电流不能超过任何一个电池的额定电流。同时,应特别注意串联时极性不要接反。

2. 电池的并联

当单个电池的额定放电电流不能满足负载的要求时,可以采用电池并联。它是将几个电池的正极、负极分别接在一起,如图 3-17 所示。

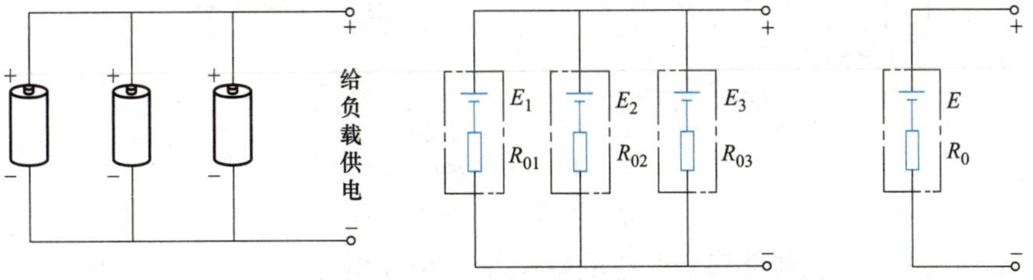

图 3-17 电池的并联
a) 实物示意图 b) 电路图 c) 等效电路图

当电池并联时，并联电池的电动势必须相同，其内阻亦应相同，并联后的总电动势与单个电池的电动势相同。

当电池的内阻相等时，并联电池组的内阻为

$$R_0 = \frac{R_{01}}{n} \tag{3-12}$$

采用电池并联供电，要求各个电池的电动势相等，否则电动势大的电池将对电动势小的电池放电，在电池内部形成一个环流，使电池损坏。此外，各电池内阻也要基本相同，否则，内阻小的放电电流会过大。因此，新旧电池不能并联使用。

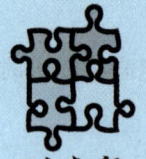

电池回收的重要性

每一节电池烂在泥土里，能使约 $1m^2$ 的土壤遭到污染；一粒纽扣电池则可使 600t 水无法饮用，相当于一个人一生的饮用量。若将废旧电池混入生活垃圾一起掩埋，所渗出的汞及重金属物质会渗入土壤，污染地下水，进入鱼/贝类身体、农作物中，间接影响到人类的身体健康。电池里的重金属如汞、铅、镉等物质，对自然环境威胁极大。"汞"是一种毒性很强的重金属，会破坏人体中枢神经系统；"镉"在人体内易引起慢性中毒，引起肺气肿、肾损害、肝病变、骨质疏松、贫血等，使身体瘫痪；"铅"进入人体后难以排泄，它会危害血液系统、神经系统、肾脏、消化系统及循环系统。因此，为了减少废电池对环境的污染和对人的危害，请大家做好废旧电池的回收工作。

课堂实验 电池的测量

【实验器材】 万用表 1 块，1.5V 电池 2 节，导线一段。

【实验原理】 测量电池的串联和并联，实验原理图如图 3-18 所示。

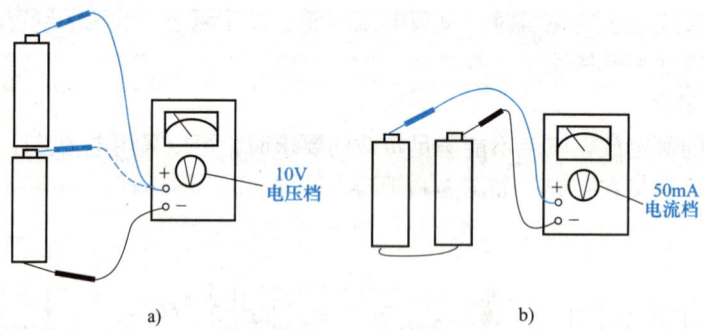

图 3-18 实验原理图
a）测电压 b）测环流

【实验要求】 分别测量每个电池的端电压和串联电压，验证式（3-10）；将两个电池并联，用电流档测量电池的环流（环流分三种情况：没有、有、较大），分析有无环流的原因。

第3章 直流电路分析

活 学 活 用

如果说电池是一个让我们这代人自由自在使用电能的伟大发明,那么二次电池就是一个让我们的后代可以健康快乐生活的超级伟大发明!

【案例——二次电池的充电】

案例叙述

二次电池在应用中,要经常充电,电池是怎样充电的?

案例分析

二次电池充电的条件是:充电电压要高于电池的电动势,才能形成充电电流。充电电路如图3-19a所示,在回路中接有两个电动势 E_1 和 E_2,当 $E_1>E_2$ 时,E_1 处于放电状态,E_2 处于充电状态,图中 R 为限流电阻。充电状态的电动势由于电流的方向和电动势的方向相反,处于吸能状态,将电能转化为化学能储存起来。当充电到一定程度,电池内完成了化学能的转化过程,充电就完成了。

在充电过程中,要注意两个问题:一是不能过充。当充电完成以后,要切断充电电路,过充电对电池是非常不利的。对充电有严格要求的电池,在电池内部都有防过充电保护电路(如手机电池),以防长时间过充电对电池的损害。二是不能欠充电,电池长期的欠充电,对电池也是很不利的,会降低电池的使用寿命。

给二次电池充电,很多都是取自电网的交流电,通过充电器中的电源变换电路,将交流电变为适合被充电电池的低压直流电。充电器和电池有严格的电压配套关系,一般不可互用,否则因为电压不匹配会造成事故。图3-19b是电动自行车的充电器。

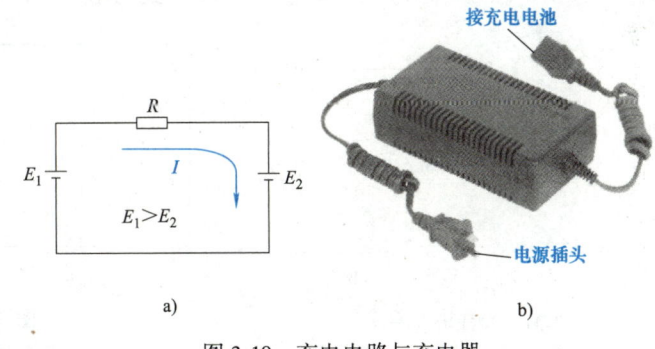

图 3-19 充电电路与充电器
a) 充电电路　b) 电动自行车的充电器

3.3 电压源、电流源及其应用

话题引入

电源是电路中电能的源泉,我们以上介绍了电池电源,还有发电机电源、太阳能电源等。电源的基本功能是为负载提供一定的电压和电流,但我们知道,一节1.5V的新电池,当把它接到电路中,电路中的电流变化时,电池两端的电压基本上不变,这就是具有所谓的恒压特性（如图 3-20a 所示）；而光伏电池的输出特性则不同，它的输出电压变化时，输出电流基本不变，即具有恒流特性（如图 3-20b 所示）。这两种电源的本质是：恒压源的内阻很小，恒流源的内阻很大。也就是电源因为内阻不同所表现出来的两种特性。这两类不同输出特性的电源各有什么用途？在使用中要注意哪些问题？这是在电源的应用中需要解决的实际问题。

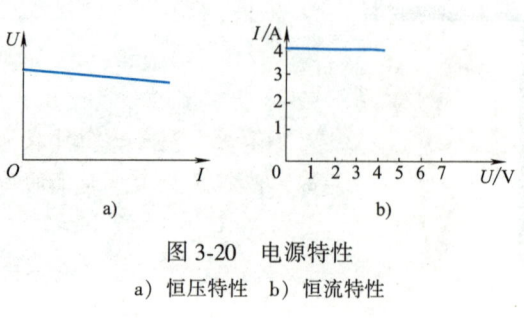

图 3-20 电源特性
a) 恒压特性 b) 恒流特性

为负载提供电能的装置称作电源，前节介绍的电池就是典型的电源。在电路分析中，常用其等效电路来表示。一个实际的电源，可以用电压源的形式来表示，也可以用电流源的形式来表示。

3.3.1 电压源

【理想电压源定义】 电压源是我们早已熟悉的电源表示方法，由内阻 R_0 和电动势 E 相串联。电压源的符号如图 3-21a 所示。当电压源的内阻为零时，称为理想电压源或恒压源，其符号如图 3-21b 所示。

【实际电压源特性】 将理想电压源和其内阻相串联，就是实际电压源。当将电压源与负载电阻相连时（见图 3-22a），由于电流通过电压源内阻 R_0 时产生了电压降，使电压源的端电压 U 比电源的电动势要小，即

$$U = U_S - IR_0 \tag{3-13}$$

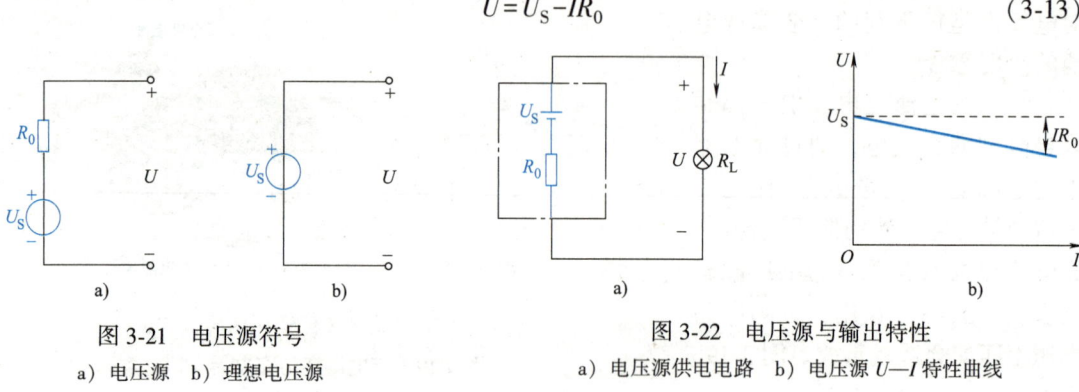

图 3-21 电压源符号
a) 电压源 b) 理想电压源

图 3-22 电压源与输出特性
a) 电压源供电电路 b) 电压源 U—I 特性曲线

图 3-22b 是电压源 U—I 特性曲线。在输出电流 I 相同的情况下，电压源的内阻 R_0 越大，端电压 U 越低；R_0 越小，则端电压 U 越高。如果 $R_0=0$，则端电压 $U=U_S$，即为理想电压源。实际电源是否可以看作理想电压源，由电源的内阻 R_0 和电源的负载 R_L 相比较而定，当 $R_L \gg R_0$ 时，在 R_0 上的压降可以忽略，可将电源视为理想电压源。例如，实验室中的稳压电源在工作范围内，其内阻很小（$R_L \gg R_0$），输出电压基本不随输出电流的变化而变化，故可将其看作理想电压源。

3.3.2 电流源

【理想电流源定义】 用一恒定电流 I_S 与一内阻 R_S 相并联来表示的电源称为电流源，其

符号如图 3-23a 所示。电流源的内阻 R_S 越大，I_S 在 R_S 上的分流越小，输出电流 I 越接近 I_S。当内阻 R_S 为无穷大时（R_S 不存在），称为理想电流源或恒流源，其输出电流与端电压无关，$I=I_S$，理想电流源的符号如图 3-23b 所示。

【实际电流源特性】 在实际电源中，当电源的内阻 $R_S \gg R_L$ 时，在 R_S 上的分流可以忽略，即可将其视为理想电流源。实际电源中，光电池、串励直流发电机以及晶体管等的输出特性，都比较接近恒流源。

将实际电流源接入负载电阻，如图 3-24a 所示，则电路中的电流为

$$I = I_S - \frac{U}{R_S} \tag{3-14}$$

其 U—I 特性曲线如图 3-24b 所示，负载中的电流越小，输出电压越高。

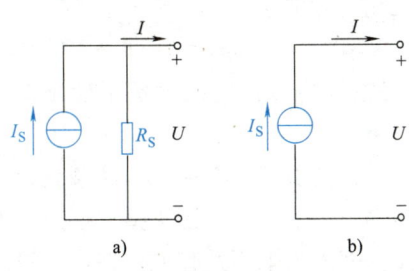

图 3-23 电流源符号
a）电流源 b）理想电流源

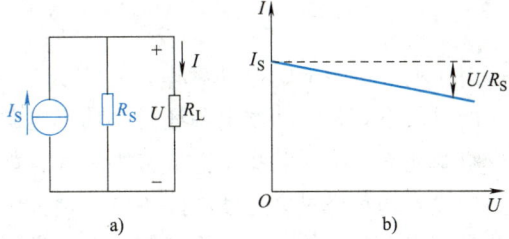

图 3-24 电流源与输出特性
a）电流源供电电路 b）电流源的 U—I 特性曲线

活 学 活 用

电源带给我们多姿多彩的生活，但有时也会带给我们危险和灾难。

【案例 1——电源短路或超载的危害】

案例叙述

电源在工作中因事故造成短路会有什么危害？

案例分析

工频 220V 交流电是恒压性质的电源，因为电源的内阻很小，一旦短路，将会造成很大的事故。图 3-25a 是电源短路示意图，由电路参数可知，短路电流可达

$$I = U/R = 220/(0.5+0.5+0.5)\text{A} \approx 147\text{A} \quad （欧姆定律）$$

每条导线上的短路功率和电源上的短路功率为

$$P = UI = I^2 R = 147^2 \times 0.5\text{W} \approx 10.8\text{kW} \quad （电阻电路的电功率）$$

10.8kW 的短路功率可引起导线严重发热，点燃绝缘层引起火灾，造成财产的严重损失，甚至人员伤亡，如图 3-25b 所示。

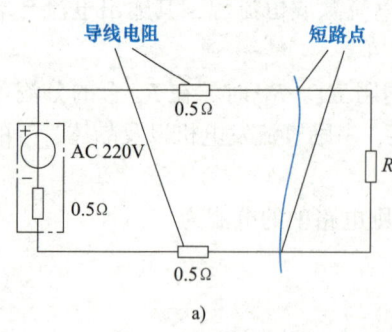

图 3-25 电源短路

a) 电源短路示意图 b) 电源短路引起的大火

对于电气设备上的小功率电源，因为负载短路，可将电源烧毁，造成设备不能正常工作。所以，不管是大功率电源还是小功率电源，都不能短路。

电源在工作中，除短路造成灾害之外，如果超载工作，也会引起严重后果。超载就是在电路中投入的负载过大，使电路中电流增大，造成导线发热。一会议礼堂因为接入了过多的大功率灯光设备，使电源导线超载过电流发热，引起大火，因人员来不及疏散，造成大量的人员伤亡。

【案例2——电压源与电流源应用】

案例叙述

现代电器设备中，控制信号都已经标准化，电流信号是 0～20mA，电压信号是 0～10V。这两个信号可以看作是理想电流源和理想电压源，如图 3-26a、b 所示。

在应用中，有时需要将理想电压源信号转换为理想电流源信号；有时需要将理想电流源信号转换为理想电压源信号。

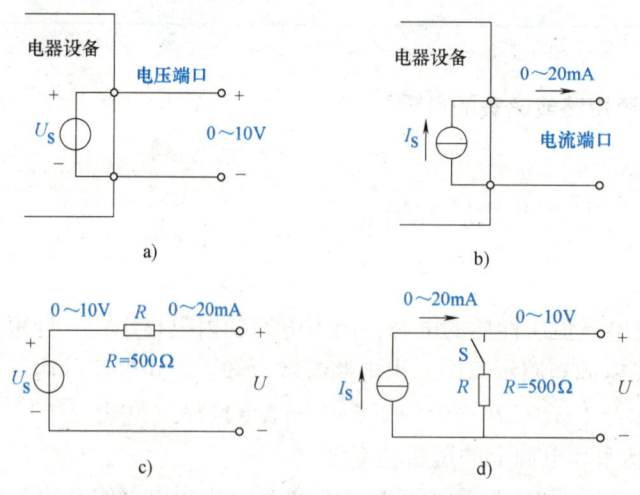

图 3-26 电流源和电压源的互换

a) 理想电压源 b) 理想电流源 c) 将电压源信号转换为电流源信号 d) 将电流源信号转换为电压源信号

第 3 章 直流电路分析

案例分析

理想电流源和理想电压源是不能等效互换的,要想等效互换必须加内阻。根据欧姆定律,只要在理想电压源上串联合适的电阻或在理想电流源上并联合适的电阻,就可以完成互换。

图 3-26c 是将电压源信号转换为电流源信号,在电路中串联上一个 500Ω 的电阻,当电压信号从 0V 上升到 10V 时,输出电流也从 0mA 上升到 20mA。

图 3-26d 是将电流源信号转换为电压源信号,在电路中并联上一个 500Ω 的电阻,当电流信号从 0mA 上升到 20mA 时,输出电压也从 0V 上升到 10V。为了转换方便,在电阻上串联一个开关 S,当 S 打开,输出为电流,当 S 闭合,输出为电压。

电流源转电压源,其内阻的阻值为输出开路时的等效电压源的电压除以电流源的电流;电压源转电流源,其内阻的阻值为输出短路时电压源的电压除以等效电流源的电流。

3.4 基尔霍夫定律与支路电流法

话题引入

电路分为简单电路和复杂电路。能应用电阻的串并联等方法进行化简,用欧姆定律解出电流和电压关系的电路称为简单电路。还有一类电路,只应用以上方法不能解出电路的结果,这一类电路称为复杂电路。如图 3-27 所示,此图是汽车运行时发电机给蓄电池充电同时又点亮车灯的电路接线图,将图中的发电机和蓄电池分别用电压源 E_1、E_2 来等效,车灯用电阻 R_3 来等效,如图 3-27b 所示。此图中的各个支路电流不能应用以前学过的方法解出,故此电路是一个复杂电路,我们还要学习求解复杂电路的方法。

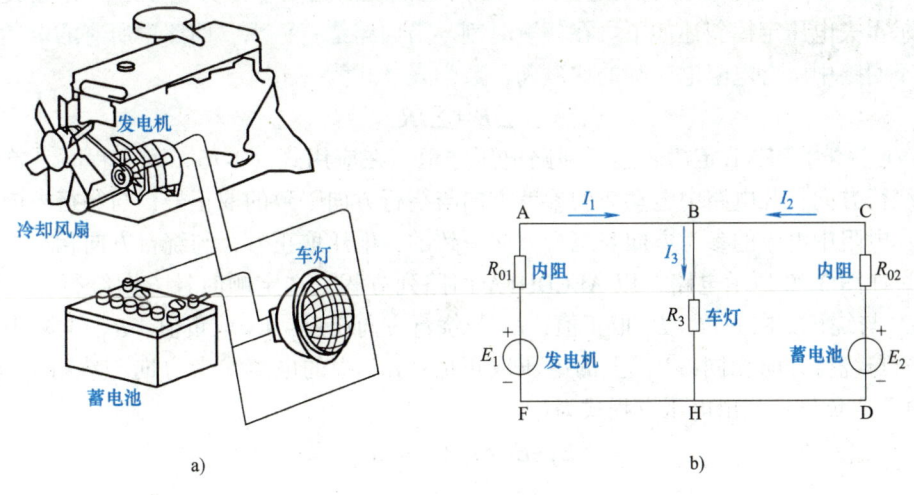

图 3-27 汽车电路接线图
a) 汽车实体电路 b) 等效电路图

基尔霍夫定律提供了求解复杂电路的方法。在介绍基尔霍夫定律之前，先介绍几个相关理论。

支路：电路中通过同一电流的各个分支，称为支路。图 3-27 中，共有 AF、BH、CD 三条支路。

结点：三条或三条以上支路的汇合点称为结点。图 3-27 中的 B、H 点即为结点。

回路：电路中任一闭合路径称为回路。图 3-27 中的 ABCDHFA、ABHFA、BCDHB 都是回路。回路中不包含支路的称为自然回路，也称为自然网孔。ABHFA、BCDHB 就是两个自然网孔。

电流连续性原理：在同一条导线上，流过任意截面的电流都相等，如图 3-28 所示。这是一个非常有用的基本原理，在电路的保护上用途很广。

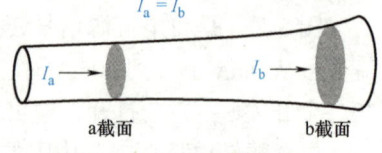

图 3-28 电流的连续性

3.4.1 基尔霍夫电流定律

【KCL 定义】 基尔霍夫电流定律也称为结点电流定律（KCL），它确定了结点电流之间的关系。基尔霍夫电流定律可叙述为：在任意时刻流入结点的电流等于流出结点的电流，即

$$\sum I_{入} = \sum I_{出} \tag{3-15}$$

【KCL 解析】 基尔霍夫电流定律表达了电流的连续性原理，即在一条支路中，任意时刻流入该支路某一横截面的电荷量，应等于该时刻流出该支路任意横截面的电荷量。否则，在支路中就会产生电荷的堆积或减少，从而产生电位的变化，这是不可能的。所以，对于结点而言也是如此，在任意时刻流入结点的电荷量恒等于流出结点的电荷量，即结点电能守恒。对于图 3-29 中结点，可以列出电流方程式为

$$I_1 + I_2 = I_3$$

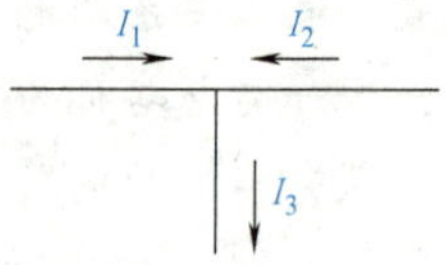

3.4.2 基尔霍夫电压定律

图 3-29 结点电流

【KVL 定义】 基尔霍夫电压定律（KVL）是说明回路中各部分电压之间相互关系的定律，基尔霍夫电压定律叙述如下：在任意时刻，沿回路绕行一周，回路中所有的电动势的代数和等于回路中所有电阻电压降的代数和，数学表达式为

$$\sum E = \sum IR \tag{3-16}$$

【KVL 解析】 KVL 定律表达了回路电压守恒。在应用式（3-16）列方程时，首先要规定一个绕行方向，凡电路中电动势的参考方向与绕行方向一致的取正号，与绕行方向相反的取负号；电阻中电流的参考方向与绕行方向一致的，电压取正号，与绕行方向相反的，电压取负号。如图 3-30 所示电路，以 ABCDHFA 回路列方程，选定顺时针方向绕行，根据绕行方向，E_1 与绕行方向一致，E_1 取正值；E_2 与绕行方向相反，E_2 取负值；R_{01} 电阻中电流的参考方向与绕行方向相同，R_{01} 上的电压取正值；R_{02} 中的电流参考方向与绕行方向相反，R_{02} 上电压取负值；列出电压方程式为

$$E_1 - E_2 = I_1 R_{01} - I_2 R_{02}$$

3.4.3 支路电流法

【举例说明】 支路电流法是以电路中的支路电流为未知量进行求解的一种方法，下面

仍以图 3-27 为例来说明支路电流法的解题过程。求解之前<u>先要设定电流的正方向（参考方向）和回路的绕行方向</u>。设定的电流正方向不一定就是电流的实际方向，当计算出的电流值为正，说明电流的实际方向与设定的方向相同；当计算出的电流值为负，则说明电流的实际方向与设定的方向相反。沿回路的绕行方向可顺时针也可逆时针，在图 3-30 中标出了电流、电动势的参考方向及绕行方向。

在电路中有三个未知电流，需列出三个独立的方程才能求解。

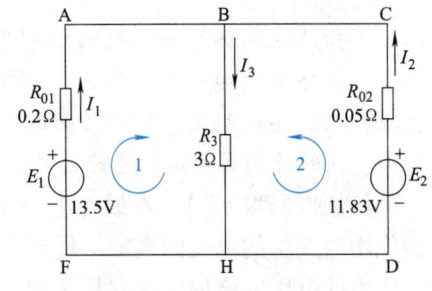

图 3-30　支路电流法例图

1. 根据基尔霍夫电流定律列结点电流方程

电路中有两个结点，可列出两个方程。

以 B 点列出的方程为

$$I_1+I_2=I_3$$

以 H 点列出的方程为

$$I_3 = I_1+I_2$$

以上两个方程相同。

可以证明，在一个复杂电路中，如果有 n 个结点，则可列出 $n-1$ 个独立的方程。本电路有两个结点（结点 B 和结点 H），因此只能列出一个独立的方程。

2. 根据基尔霍夫电压定律列回路电压方程

在复杂电路中，并不是列出的所有回路电压方程都是独立的。理论分析可以证明，以电路中的自然网孔列出的回路电压方程都是独立的。本电路有两个自然网孔，可以列出两个独立的方程。以自然网孔 1 列出的方程为

$$E_1 = I_1R_1+I_3R_3$$

以自然网孔 2 列出的方程为

$$E_2 = I_2R_2+I_3R_3$$

将以上三个独立的方程联立代入数值求解，即

$$I_1+I_2-I_3 = 0$$
$$13.5 = 0.2I_1 + 3I_3$$
$$11.83 = 0.05I_2+3I_3$$

解得：$I_1 = 7.5A$，$I_2 = -3.5A$，$I_3 = 4A$

从求得的结果可见，I_1、I_3 均为正值，说明电流的实际方向与设定的正方向相同；I_2 为负值，说明实际方向与设定的正方向相反，即蓄电池处于充电状态。

---

1. 有人说复杂电路就是有多条支路、电路结构很复杂的电路，你说对吗？

2. 有人说应用基尔霍夫电压定律不但可以求解复杂电路，也可以求解简单电路，你认为对吗？

3. 全电路欧姆定律的表达式可以用基尔霍夫电压定律导出，你可以试试吗？

3.4.4 叠加原理

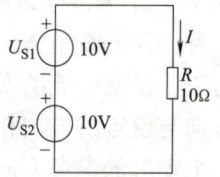

图 3-31 叠加原理说明图

在由线性电路元件组成的电路中，我们经常会遇到这样的问题：在电路中增加一个电源，电路中的电流怎样变化？去掉一个电源，电流怎样变化？它们之间遵从怎样的规律？图 3-31 中，U_{S1} 单独作用时电流 I 和 U_{S1} 与 U_{S2} 同时作用时电流 I 是什么关系？叠加原理给出了明确的回答。

【叠加原理定义】 在线性电路中，任一支路中的电流可以看作是电路中各个电动势分别作用时产生的电流的叠加；任一支路两端的电压也可以看作是电路中各个电动势分别作用时产生的电压的叠加。这就是叠加原理。

我们可以对叠加原理进行简单的证明：电路如图 3-31 所示，电路中有两个电动势串联后加在电阻上，当 U_{S1} 单独作用时，电路中的电流为 $U_{S1}/R = (10/10)\text{A} = 1\text{A}$；当 U_{S2} 单独作用时，电路中的电流为 $U_{S2}/R = (10/10)\text{A} = 1\text{A}$；两个电动势共同作用时，电路中的电流为 $(U_{S1}+U_{S2})/R = (20/10)\text{A} = 2\text{A}$，即电路中的电流为两个电动势单独作用时的叠加。

由计算可知，线性电路符合叠加原理。我们可以应用叠加原理解题，但更多的是应用叠加原理的概念对电路进行分析。

【叠加原理应用方法】 应用叠加原理时要注意以下几点：

1) 只能用来计算或分析线性电路中的电流和电压，对非线性电路不适用。

2) 叠加时要注意电压和电流的参考方向，求代数和时电压和电流的正负由参考方向决定。

3) 不能用叠加原理计算功率，因为功率与电压、电流之间不是线性关系。

4) 叠加原理不仅仅适应于线性电路，实际上一切原因与结果呈线性关系的事物都符合叠加原理。线性电路中的叠加原理只不过是叠加原理中的一个特例。

> **课堂实验 叠加原理的验证**
>
> 【实验器材】 万用表 1 块，1.5V 电池 2 节，100Ω 电阻 1 只。
>
> 【实验原理】 验证叠加原理的正确性。
>
> 【实验要求】 按图 3-32 所示连接电路，分别测量 1 节电池的电流和 2 节电池电流，再分别测量每节电池的电压和电阻的阻值，将测量值做好记录，验证叠加原理的正确性。
>
>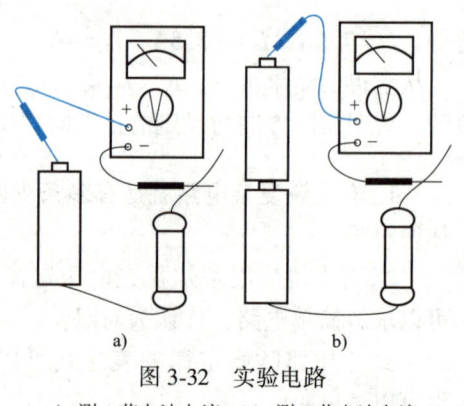
>
> 图 3-32 实验电路
> a) 测 1 节电池电流　b) 测 2 节电池电流

实验一 电阻串并联实验

【实验目的】
1）验证电阻串并联的基本规律。
2）学习使用电流表、电压表,熟练使用万用表。

【实验仪器与设备】
直流稳压电源 1 台,万用表 1 块,直流电流表(0~100mA)3 块,50Ω/3W、100Ω/3W、150Ω/3W 定值电阻各 1 只。

【实验内容与步骤】

1. 电阻串联实验

按实验电路(见图 3-33)进行连接。

将电源输出电压调整为 15V,然后用万用表分别测量各电阻上的电压值,并将测量值和电流表的指示值填入表 3-1 中。

表 3-1 测量记录

电阻/Ω		R_1(　)	R_2(　)	R_3(　)
给定总电压为 15V	测量分电压/V			
	测量总电流/mA			
	计算总电压/V			
	计算分功率/mW			
	计算总功率/mW			

2. 电阻并联实验

实验电路如图 3-34 所示。按图连接后,将电源电压调整为 10V,将电流表中的各电流填入表 3-2 中。

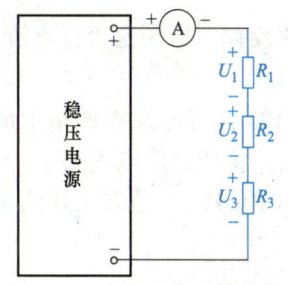

图 3-33 电阻串联实验电路

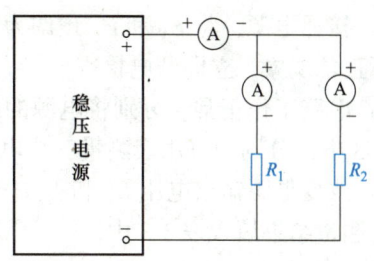

图 3-34 电阻并联实验电路

表 3-2 并联电路测量数据

并联电阻/Ω		R_1(　)	R_2(　)
测量值	电阻中电流/mA		
	总电流/mA		
计算值	电阻中功率/mW		
	总功率/mW		

【实验结果分析】

1) 在串联电路中，电阻上的分电压和总电压是什么关系？电阻上的分功率和总功率是什么关系？总电阻和分电阻是什么关系？

2) 在并联电路中，电阻上的分电流和总电流是什么关系？电阻上的分功率和总功率是什么关系？两个并联电阻之间是什么关系？

实验二　基尔霍夫定律验证

【实验目的】
1) 验证基尔霍夫定律的正确性，加深对基尔霍夫定律的理解。
2) 学习电路的连接方法。

【实验仪器及设备】

试验板1块，双路稳压电源1台，直流电流表（0~100mA）3块，万用表1块，100Ω/3W、200Ω/3W、300Ω/3W 电阻各1只。

【实验内容与步骤】

1) 基尔霍夫定律实验电路如图3-35所示。将电源、电流表、电阻按图中所示进行连接，注意电源和电流表的正负极性。

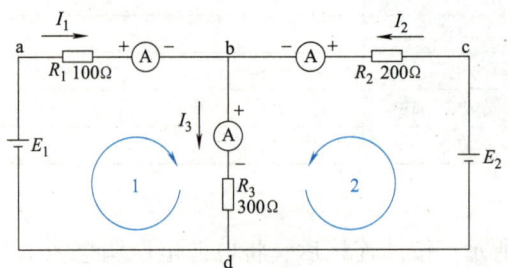

图 3-35　基尔霍夫定律实验电路

2) 接通电源，将 E_1 和 E_2 预调为10V，观察电流表指针是否反偏、电源是否过电流等。如有不正常现象，立即断电检查。

3) 电路工作正常，分别将电源的两路电压 E_1 和 E_2 调整为12V，将电流表的指示值填入表3-3中；分别用万用表测量三个电阻上的电压 U_{ab}、U_{bd}、U_{cb}，将测量值填入表3-3中。

4) 改变电源输出电压 E_1 和 E_2（分别调整为8V和10V；12V和9V），重复上述测量过程，将测量结果填入表3-3中。

表 3-3　测量数据记录表

E_1/V	E_2/V	I_1/mA	I_2/mA	I_3/mA	U_{ab}/V	U_{bd}/V	U_{cb}/V
12	12						
8	10						
12	9						

【实验结果分析】

根据表3-3中测量值和基尔霍夫定律，分别计算结点b的总电流和回路1、2的回路电压，验证基尔霍夫定律的正确性。

第3章 直流电路分析

实训一　电阻电路故障检查

【实训目的】

1）学习应用欧姆定律，进行电压、电位测量以及电功率概念的应用。
2）学习用观察法、电位法、电流法、电阻法检查电阻电路的故障。
3）学习电阻电路焊接技能。
4）学习电工维修技能。

【实训器材】

直流稳压电源1台、万用表1块、钮子开关3只，1kΩ/1W定值电阻5只，安装电路板1块，30W电烙铁1只，焊锡、焊料部分，尖嘴钳、偏口钳各1只。

【实训内容与步骤】

实训电路如图3-36所示。通过控制S_1、S_2、S_3开关的闭合或断开，模拟电阻电路开路或短路故障状态。通过测量各电阻两端的电压或A、B、C、D点的电位，判断电阻电路的故障。

1. 实训电路板的安装

该实训安装线路是将实训器件：5只1kΩ/1W定值电阻、3只钮子开关（见图3-37），按图3-38所示，安装在一块60mm×70mm的单面覆铜板上。

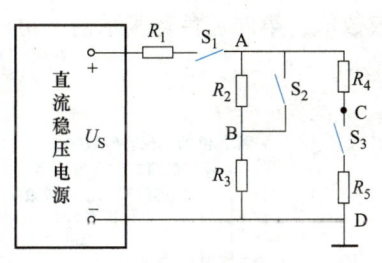

图3-36　实训电路

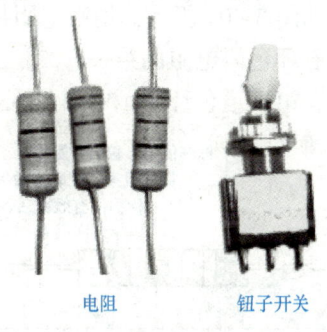

图3-37　电阻和钮子开关

（1）电阻的选取　电阻是组成电工、电子电路的重要元件，其规格多、用量大。不同制造材料的电阻有不同的用途。图3-39给出了不同材料制造的各类常用电阻，电阻的基本参数有耗散功率、阻值和阻值误差。在选用时要根据具体情况，除了阻值要满足需要外，耗散功率也要满足要求，否则电阻会发热严重或过热损坏。电阻的阻值精度在仪表电

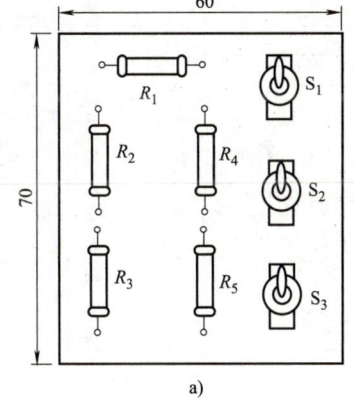

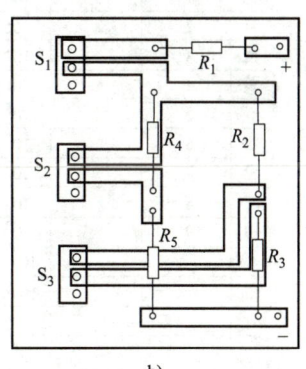

图3-38　实训安装电路板图
a）电路板正面图　b）电路板反面图

路、比例放大电路中有严格的要求,因此,在这些电路中所用的电阻阻值必须准确,更不能装错。图中碳膜和金属膜电阻器的耗散功率多在 0.05~5W 之间,多应用在电子电路中;线绕电阻器耗散功率在 3~500W 之间,多应用在大功率的场合。

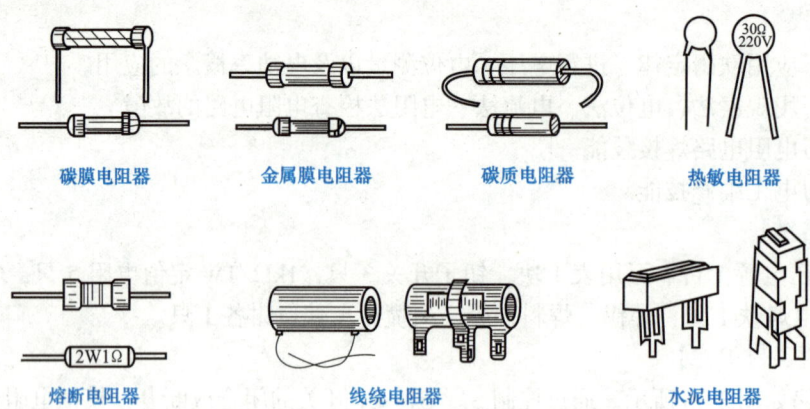

图 3-39 各种常用电阻

在小功率的电阻中,电阻阻值多用色环码表示。普通电阻用四环色码表示,第一、第二道色环表示有效数值,第三道色环表示前两道色环数值的倍率,第四道色环表示电阻的允许偏差,如图 3-40a 所示;精密电阻用低温度系数材料(如锰铜合金)制造,精度用五环色码表示。五环色码电阻的第一、二、三道色环表示有效数值,第四道色环表示前三道色环数值的倍率,第五道色环表示电阻的误差,如图 3-40b 所示。

颜色	第一有效数	第二有效数	倍率	允许偏差
黑	0	0	10^0	
棕	1	1	10^1	
红	2	2	10^2	
橙	3	3	10^3	
黄	4	4	10^4	
绿	5	5	10^5	
蓝	6	6	10^6	
紫	7	7	10^7	
灰	8	8	10^8	
白	9	9	10^9	$^{+50}_{-20}\%$
金			10^{-1}	$\pm 5\%$
银			10^{-2}	$\pm 10\%$
无色				$\pm 20\%$

a)

颜色	第一有效数	第二有效数	第三有效数	倍率	允许偏差
黑	0	0	0	10^0	
棕	1	1	1	10^1	$\pm 1\%$
红	2	2	2	10^2	$\pm 2\%$
橙	3	3	3	10^3	
黄	4	4	4	10^4	
绿	5	5	5	10^5	$\pm 0.5\%$
蓝	6	6	6	10^6	$\pm 0.25\%$
紫	7	7	7	10^7	$\pm 0.1\%$
灰	8	8	8	10^8	
白	9	9	9	10^9	
金				10^{-1}	
银				10^{-2}	

b)

图 3-40 色环电阻标志

a) 四环色码电阻 b) 五环色码电阻

金色和银色色环是乘数和允许误差,放在其他色环的右边;表示允许偏差的色环比其他色环稍宽,距离其他色环也稍远。色环电阻除了通过读色码识别其阻值,还要通过电阻表进行测量,以防读数有误。本实训选用 1kΩ/1W 的碳膜或金属膜电阻器。

(2) 电阻引脚的弯制成型　小功率电阻在安装时,根据孔距的大小,可采取平行安装或垂直安装。为了安装规范美观,元器件引脚要弯曲成型。弯曲方法可用镊子或钳子夹住引脚的根部,钳口距离元器件本体要留有 2mm 以上的间隙,如图 3-41a 所示。垂直安装的元器件可用螺钉旋具辅助弯制,如图 3-41b 所示。图 3-41c 是引脚卧式安装弯曲形状。

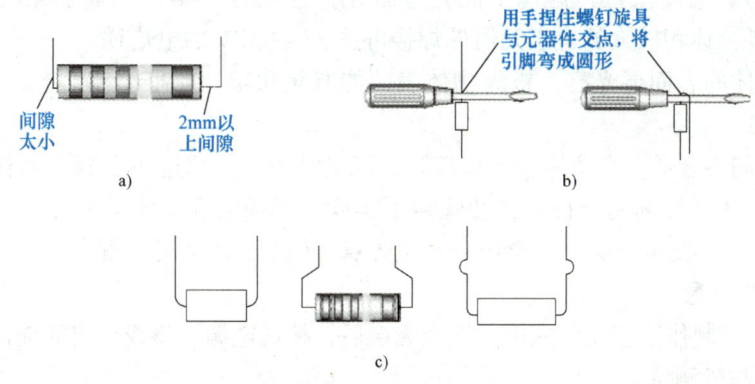

图 3-41　引脚弯曲
a) 弯处和本体要留有间隙　b) 弯曲方法　c) 引脚卧式安装弯曲形状

(3) 覆铜板电路制作方法　单面覆铜板应用于简单电路的制作,其制作方法很多,对于线路比较简单的覆铜板电路可用腐蚀的方法制作。将覆铜的一面贴上胶带,然后用刀子将需要腐蚀掉的部分胶带刻掉,放到三氯化铁中腐蚀。当胶带没有覆盖到的铜皮全都腐蚀掉以后,捞出用清水冲净,钻孔、涂上助焊剂待用即可。

(4) 焊接　焊接是用电烙铁和焊锡将电阻的引脚焊接在覆铜板的焊盘上。电烙铁的外形和焊接姿势如图 3-42 所示。

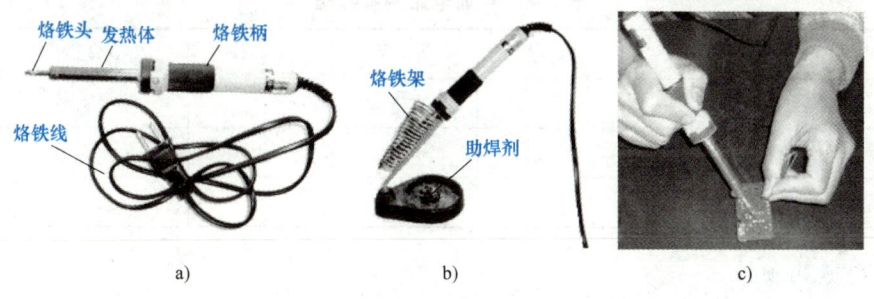

图 3-42　电烙铁的外形和焊接姿势
a) 电烙铁　b) 电烙铁和烙铁架　c) 焊接姿势

焊接是电工操作的一项基本技能。要想焊出光亮、均匀、牢固的焊点(见图 3-43),必须注意以下几点:

1) 助焊剂不到位导致焊锡不粘。焊锡是由锡铅合金作为钎料,电工用的钎料一般都是将钎料制成直径 2~4mm 的细管，在管中充满松香，称为焊锡丝。管中的松香为助焊剂。在焊接过程中，如果没有助焊剂，焊锡和被焊物根本就不粘。助焊剂对焊接起着关键的作用。常用的助焊剂有松香或焊锡膏。

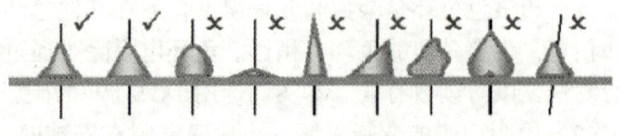

图 3-43　焊点形状

2）烙铁温度要合适。焊接用的电烙铁温度太高，助焊剂会很快雾化，焊点不牢固、发黄没光泽；电烙铁温度太低，焊锡不能充分融化，焊点也不牢固。电子元器件焊接可选 20W 内热电烙铁；体积较大的电工元器件焊接可选 35~100W 的电烙铁。

3）被焊物体的表面要光亮。被焊物体表面如有氧化层，要打磨掉，不然会形成假焊，造成日后的隐患。

4）焊接时间要合适。在覆铜板上焊接时，焊接时间不要超过 3s，较大器件焊接时不要超过 5s。时间长了助焊剂完全挥发，使焊接不牢固，焊锡表面不光亮，焊点形状不佳；焊接时间太短，焊锡不能充分融化，会出现半边焊点、假焊、堆焊等情况。

2. 电路故障测量

电路按照上述制作工艺安装完毕、检查无误后，接通电源，将稳压电源输出电压调整为 12V，进行模拟故障测量。

（1）电路模拟正常工作状态　在图 3-36 所示电路中，将开关 S_1、S_3 闭合、S_2 断开，电路处于模拟正常工作状态。接通电源，测量电压 U_{AD}、U_{BD}、U_{CD}；关掉电源，断开开关 S_1，测量 AB、BD、CD 两端在路电阻。将以上测量值填入表 3-4 中。

（2）电路模拟故障状态　在图 3-36 所示电路中完成以下操作：

1）将开关 S_1 闭合，开关 S_2、S_3 断开，模拟 R_5 断路。测量电压 U_{AD}、U_{BD}、U_{CD}；关掉电源，将开关 S_1 断开，测量 AB、BD、CD 两端在路电阻。将以上测量值填入表 3-4 中。

2）开关 S_1、S_2、S_3 全部闭合，模拟 R_2 短路。测量电压 U_{AD}、U_{BD}、U_{CD}；关掉电源，断开开关 S_1，测量 AB、BD、CD 两端在路电阻。将以上测量值填入表 3-4 中。

表 3-4　实训电路测量数据

测量项目	U_{AD}/V	U_{BD}/V	U_{CD}/V	R_{AB}/Ω	R_{BD}/Ω	R_{CD}/Ω
电路正常工作状态						
R_5 断路状态						
R_2 短路状态						

【实训注意事项】

1）本次实训是用万用表的直流电压档和电阻档交替进行测量，在测量过程中不要忘记换档，忘记换档是损坏万用表的主要原因之一。在由测量电压到测量在路电阻时，不要忘记关掉电源和断开开关 S_1，以免造成仪表的损坏。

2）本次实训是给出明显的故障点，实际在工程中有些电阻的损坏是没有明显的表面迹象的，全凭我们根据测量出的数据用电工理论进行分析，电路欧姆定律、电阻的串并联理论是用得最多的。

第3章 直流电路分析

【实训报告要求】

1）在电阻电路的焊接训练中，你的哪些技能得到了提高？

2）根据表3-4中的测量数据，对照图3-36所示电路，分析R_5断路和R_2短路时电路的主要特征。

3）将本次实训的收获总结成文，培养文字表达能力。

【评价标准】

自评互评表见表3-5。

表3-5 自评互评表

班级		姓名		学号		组别	
项目	考核要求		配分	评分标准		自评分	互评分
仪表的使用	能正确使用万用表、稳压电源		20分	万用表档位不会用，扣4分；电阻档不会调零，扣4分			
电路板制作	要求按图3-38板图的元器件排布制作电路板		20分	元器件排列不整齐，扣3分；线条每错一处，扣4分			
焊接电路板	元器件按工艺要求进行安装，按照焊接工艺要求进行焊接		20分	错装漏装，一处扣2分；焊点大小合适，虚焊一处扣1分			
故障检查	S_1、S_2、S_3开关按要求闭合时，能正确测量各物理量		20分	每测错一个物理量，扣3分			
故障分析	能根据测量正确判断电路故障		10分	每错判一个故障点，扣3分			
安全文明操作	工作台上工具排放整齐，严格遵守安全操作规程，符合管理要求		10分	违反安全操作、工作台脏乱、不符合管理要求，酌情扣3~10分			
合计			100分				

学生交流改进总结：

教师签名：

【知识链接】

电阻电路故障检查方法

电路的故障状态是正常工作状态之外的另一种状态，在电路的实验和实际应用中都会发生。电路处于故障状态，轻则电路不能正常工作，重则造成设备的损坏甚至人身事故，所以发现电路故障时应立即断电检查。查找故障的方法很多，要根据具体情况具体分析，一般遵循先观察后测量、先简后难的原则进行。

1. 观察法

电路因为过电流、过电压、过载及元器件内部的质量缺陷等原因引起的电路故障，往往伴随着一些元器件发生物理或化学的变化。如有些元器件变形、开裂、烧焦、发热、声音异常、气味异常等。这些故障现象一般通过看、摸、听、闻就可以确定故障的大概范围，再辅以仪表测量，即可查出故障的确切原因。

2. 测量法

测量法是测量故障电路中的电流、电压、电位及元器件参数等，与电路正常工作状态时的电流、电压、电位及元器件参数进行比较，从而判断出故障的部位及原因。采用测量法的前提是首先要知道电路正常工作状态时的情况及一些电路参数，以便与测量出的数据进行比较。

(1) **电压法** 此方法在测量时不需要切断电路，可以在通电的状态下进行测量。通过对可疑点电压或电位的测量判断出故障的原因。此方法是最简便、最有效的检查方法之一。

例如，故障分析电路如图 3-44 所示，此电路是某一电气设备的等效电路。R_{L1}、R_{L2} 是两路负载的等效电阻，它们分别通过限流电阻 R_2、R_3 接到 A 点，再通过总限流电阻 R_1 接电源。电源内有 2Ω 内阻，正常工作时输出电压 $U=10V$，A、B、C 三点电位分别为 8V、6V 和 4V。现在发现 R_{L2} 支路不工作，下面用电位法进行检查。

用万用表电压档分别测量电路中各点电位，测量结果分别为 $V_A=9.9V$、$V_B=9.9V$、$V_C=4.9V$，电源输出电压 $U=11V$。从测量结果看，哪一点电位都与正常值不符。从电路结构分析，此电路是一个混

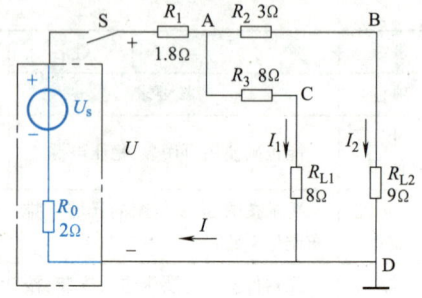

图 3-44 故障分析电路

联电路，R_{L1} 支路中电流和 R_{L2} 支路中电流之和等于 R_1 支路中电流（基尔霍夫定律）。如果其中一条支路有故障，电流发生变化，将引起整个电路电位发生变化。从测量结果看，B 点电位与 A 点电位相等，这说明 R_2 电阻中无电流，即 R_{L2} 负载发生断路故障。由于 R_{L2} 支路中无电流，使回路中的总电流下降，在 R_0、R_1 上的电压降减小，使各点的电位上升。

(2) **电流法** 电流法是用测量支路中电流或总电流的方法来判断电路的故障部位。

例如，怀疑图 3-44 中的 R_{L2} 断路，可以在 R_{L2} 支路中串入电流表进行测量，如表中无电流指示，即可判断此支路断路。电流法的不方便之处是需要把电路断开才能测量，而有些电路断开是有困难的，所以电流法在使用中有一定的局限性。但有些电气设备是通过测量整机电流的大小来判断电路是否工作在正常状态。

(3) **电阻法** 电阻法是用电阻表或万用表的电阻档对在路电阻进行测量，以查找电路故障的一种方法。用电阻表进行在路测量，必须在电路断电的情况下才能进行，电路中的电容也要进行短路放电。通过在路电阻的测量，可以判断出电路的故障范围或具体部位。在测量过程中电路不需要切断，当对某些元器件产生怀疑需要进一步检查时，才把电路断开。在对某个元器件进行电阻测量时，测出的阻值并不一定是某个元器件的真实阻值，而是被测两点之间所有在路电阻的总和。在测量完后要根据最大阻值或最小阻值进行判断，以分析故障原因。例如图 3-44 所示电路，故障为 R_{L2} 断路，当用电阻表测量 R_{L2} 两端的在路电阻，测出的阻值明显大于 9Ω（R_{L2} 的电阻值为 9Ω），则说明负载 R_{L2} 一定有问题，因为如果 R_{L2} 的阻值为正常值 9Ω 时，测出的阻值一定要小于 9Ω。根据此判断，可以把 R_{L2} 断开做进一步的检查。

在实训中发生的常见故障是接触不良（即虚接），按实训电路图连接好电路后通电电路不工作。遇到此种情况时，可以带电用电压法检查或断电用电阻法测量，找出虚接点，排除故障。

第3章 直流电路分析

实训二 导线的连接

【实训目的】

1）掌握常用电工工具的使用方法。
2）掌握导线绝缘层的剥削、导线的连接及绝缘层恢复的方法。
3）训练电工操作技能。

【实训器材】

$1mm^2$ 单股塑料铜芯导线、$1.5mm^2$ 铜芯塑料护套线、电工刀、剥线钳、尖嘴钳、斜口钳（断线钳）、钢丝钳、电工胶布。

【实训指导】

1. 试电笔

试电笔又称验电笔或测电笔（见图3-45），其检测电压在500V以下，是一种低压电工工具，用于测量电路是否带电。测量时，如果用试电笔的笔尖和电路接触，氖管点亮，则电路带电，人体不能触及；如果氖管不亮，则电路不带电。

2. 电工刀

电工刀分普通式和三用式两种（见图3-46）。按其刀片长度分大号和小号两种规格。三用式电工刀增加了锯片和锥子，可用来锯电线板槽和锥钻木制螺钉的底孔。电工刀主要用来剥削较硬的导线（如黑皮线、单股塑料硬线等）的绝缘层，还可以用来削制小木砖或切割木台的缺口。使用时，手掌及四指（大拇指除外）握住刀柄，大拇指按住刀的根部或刀脊部分用力。在剥削导线时，使刀口按45°的方向切入导线（应注意不可切入过深，以防损伤线芯），然后，使刀口与线芯保持25°的夹角向所剥的导线方向剥削。不要用刀尖撬硬物，防止刀尖崩断。由于一般电工刀刀柄是不带绝缘层的，因此严禁使用电工刀带电操作。

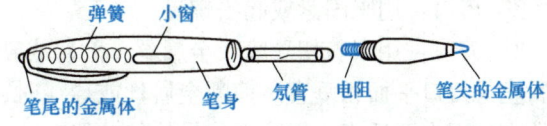

图3-45 试电笔

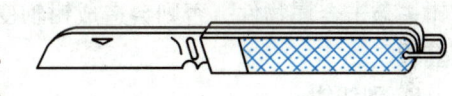

图3-46 电工刀

3. 螺钉旋具

螺钉旋具俗称改锥、起子（见图3-47）。其种类很多，按头部形状的不同，可分为"一"字形和"十"字形两种形式。螺钉旋具主要用来旋紧或起松螺钉。使用时要根据螺钉的大小选用合适的旋具，旋具刃口要与螺钉槽相吻合，不要凑合使用，以免损坏刃口或螺钉槽。

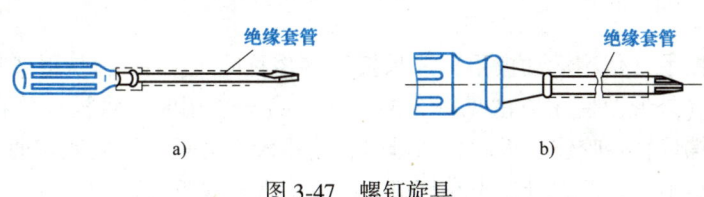

a)   b)

图3-47 螺钉旋具
a) "一"字形 b) "十"字形

4. 钢丝钳

钢丝钳的功能较多,可以用来夹持、弯扭和剪切金属薄板,剪断导线和细金属丝,还可以用来剥去导线的绝缘外皮、扳转小的有角螺母、起钉子等(见图3-48)。使用时用右手握住钳柄,根据需要分别使用钳头的4个部位。各部分的主要作用如下:

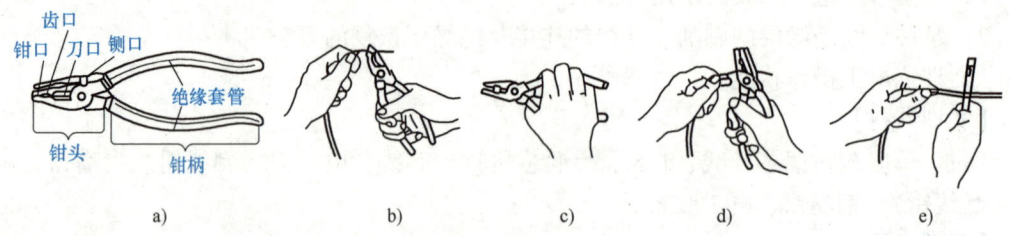

图 3-48 钢丝钳
a) 构造 b) 弯绞导线 c) 扳旋螺母 d) 剪切导线 e) 剪切钢丝

1) 钳口:用来夹持导线线头、弯绞导线及金属丝。
2) 齿口:用来固紧或起松螺母。
3) 刀口:用来剪切导线及金属丝、剖切或勒下软导线线头绝缘层。使用时要使导线或金属丝与刀口平面相垂直。剪断金属丝或导线时,用力要猛,快速剪断、勒掉导线线头的绝缘外皮时用力要适当,以防损伤导线的芯线。
4) 铡口:用来铡切导线线芯和钢丝、铁丝等较硬的金属丝。

钢丝钳在使用时不要用钢丝钳的刀口去剪过粗或过硬的金属丝,防止卷刃;也不要用钢丝钳去敲击金属物件,否则会造成钳轴变形,使钢丝钳动作不灵活;并要注意保护钳子的绝缘套管。

5. 剥线钳

剥线钳主要用来剥除线芯截面积在 $6mm^2$ 以下的塑料橡胶导线端部的绝缘层(见图3-49)。使用时将剥离的绝缘层长度定好后,放入比导线线径稍大的刀口中,用手握紧钳柄,导线绝缘层即被剥离。使用时选择的切口直径应稍大于线芯直径。如果切口的直径小于线芯直径,就会切伤芯线。

6. 尖嘴钳

尖嘴钳头部尖细,适用于在狭小的工作空间操作(见图3-50)。在把导线与接线柱连接起来时,我们常用它来将导线线芯弯成圆环状后套在螺栓上。尖嘴钳还可以用来夹持小螺母、小零件进行精细电气安装等。带刀口的尖嘴钳能剪断细小的金属丝。

7. 断线钳

断线钳又称偏口钳,可剪断较粗的金属丝、线材及电线电缆等(见图3-51)。

8. 扳手

扳手分为活扳手(俗称活动扳手)或呆扳手(俗称固定扳手),是用来紧固和起松螺母的一种专用工具(外形及使用方法见图3-52a、b、c)。使用时,将扳口放在螺母上,调节蜗轮,用扳口将螺母轻轻咬住。扳动大螺母时,需用较大力矩,手应握在柄尾处。扳动较小螺母时,需用力矩不大,但螺母过小易打滑,故手应握在靠近头部的地方。这样可随时调节蜗轮、收紧活扳唇防止打滑。活扳手不可反用,以免损坏活扳唇,也不可用钢管套接长柄来

第 3 章 直流电路分析

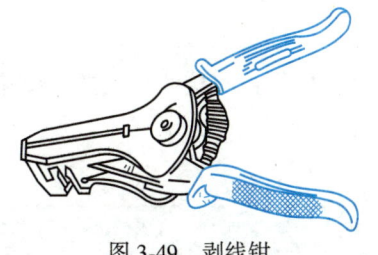

图 3-49 剥线钳

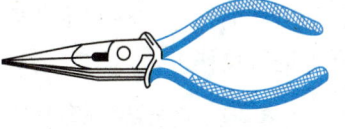

图 3-50 尖嘴钳

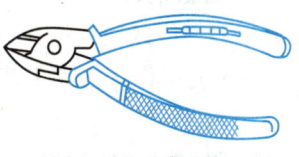

图 3-51 断线钳

施加较大的扳拧力矩。活扳手不得当作撬棒和锤子使用。呆扳手和活扳手的使用方法相同(见图 3-52d)。呆扳手的扳口为固定口径,不能调整,但使用时不易打滑。

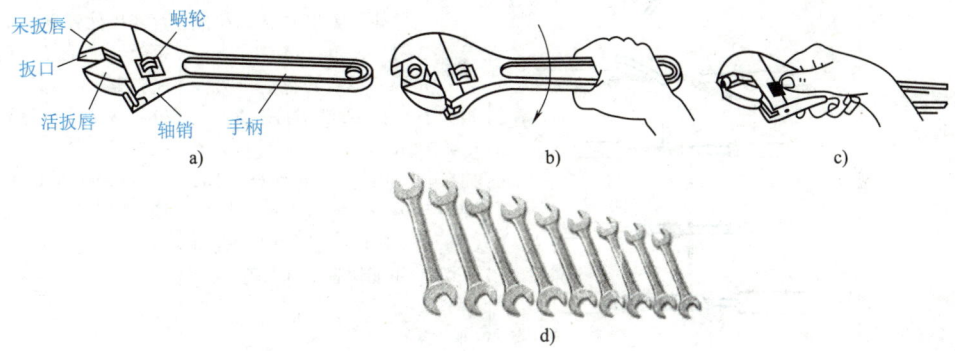

图 3-52 活扳手与呆扳手

a) 活扳手构造 b) 扳较大螺母时的握法 c) 扳较小螺母时的握法 d) 呆扳手

【实训内容与步骤】

1. 导线绝缘层的剥削

剥削 $1mm^2$ 单股塑料铜芯导线的绝缘层,剥削 $1.5mm^2$ 铜芯塑料护套线的绝缘层。按照表 3-6 的操作方法和工艺要求进行剥削操作。

表 3-6 导线绝缘层的剥削

项目内容	操作示意图	操作工艺要求	备注
塑料硬线绝缘层的剥削		用钢丝钳口剥掉绝缘层 先用左手捏住导线,在需要剥削处,用钢丝钳刀口轻轻地转动,划破导线四周的绝缘层;再用左手拉紧导线,右手握住钢丝钳头部,用力向外勒掉绝缘层即可	线芯截面积为 $4mm^2$ 及以下时,一般用钢丝钳进行剥削
		用电工刀削掉绝缘层 先用电工刀在需剥削线头处以 45°角倾斜切入塑料绝缘层。刀口切入后再将刀面与导线保持 25°角向线端推削,时刻注意刀口不能切入线芯;最后将余下的绝缘层向后扳翻,把绝缘层扳离线芯,用电工刀切齐	当线芯截面积大于 $4mm^2$ 时,一般用电工刀来剥削绝缘层

2. 导线的连接

单股导线的绞形连接按照表 3-7 的操作方法和工艺要求进行操作；与接线桩头的连接按照表 3-8 的操作方法和工艺要求进行操作。

表 3-7 单股导线的绞形连接

项目内容	操作示意图	操作工艺要求	备注
单股铜芯线的直接连接		1. 把两根线头在离绝缘层的 1/3 处呈 X 状交叉 2. 把两线头如麻花状互相紧绞 2~3 圈 3. 先把一根线头扳起与另一根处于下边的线头保持垂直 4. 把扳起的线头按顺时针方向在另一根线头上紧缠 6~8 圈，圈间不应有缝隙，且应垂直排绕 5. 缠毕后切去芯线余端，并钳平切口，不能留有切口毛刺	连接处强度不低于正常处，导线在盘绕时一定要拧紧，增加其摩擦力，分摊整个连接处导线的拉力 另一端头的加工方法，按上述步骤 3~4 操作

表 3-8 导线与接线桩头的连接

项目内容	操作示意图	操作工艺要求	备注
线头与针孔式接线柱的连接		把单股导线除去绝缘层后插入合适的接线柱针孔，旋紧螺钉。对于软线芯线，需先把软线的细铜丝都绞紧，再插入针孔，孔外不能有铜丝外露，以免发生事故	如果单股线芯较细，可以把线芯折成双根，再插入针孔。对于较大截面积的导线，需在线头装上接线端子，由接线端子与接线柱连接
线头与螺钉平压式接线柱的连接		对于较小截面积的单股导线，先去除导线的绝缘层，把线头按顺时针方向弯成圆环，圆环的圆心应在导线中心线的延长线上，环的内径 d 比压接螺钉外径稍大些，环尾部间隙为 3mm 左右，剪去多余线芯，把环钳平整，不扭曲。然后把制成的圆环放在接线柱上，放上垫片，把螺钉旋紧	单股导线接头做成圆环套在接线柱上，压接螺母一定要拧紧；多股导线要用接线鼻子连接，同样压接螺母要拧紧 接线鼻子

第 3 章　直流电路分析

3. 导线绝缘层的恢复

按照表 3-9 的操作方法和工艺要求进行导线绝缘层的恢复。

表 3-9　导线绝缘层的恢复

项目内容	操作示意图	操作工艺要求	备 注
绝缘层的恢复	（约两根带宽）	先将黄蜡带从线头的一边在完整绝缘层上离切口 40mm 处开始包缠，使黄蜡带与导线保持 45°的倾斜角，后一圈压叠在前一圈 1/2 的宽度上	在 380V 的线路上恢复绝缘层时，先包缠 1~2 层黄蜡带，再包缠一层黑胶带。在 220V 线路上恢复绝缘层，可先包一层黄蜡带，再包一层黑胶带；或不包黄蜡带，只包两层黑胶带
	（1/2，≈45°）	黄蜡带包缠完后，将黑胶带接在黄蜡带尾端，朝相反方向斜叠包缠，仍倾斜 45°，后一圈仍压叠前一圈的 1/2	

【实训注意事项】

1）使用工具时注意安全。
2）注意剥削导线绝缘层时不能损伤线芯。
3）注意实训场所环境卫生，训练结束清理现场。

【评价标准】

自评互评表见表 3-10。

表 3-10　自评互评表

班级		姓名		学号		组别	
项目	考核要求		配分	评分标准		自评分	互评分
电工工具的使用	掌握常用电工工具的使用方法，能正确操作		30 分	电工刀、剥线钳、尖嘴钳、偏口钳、钢丝钳等，每种使用方法不对，扣 3 分；损坏导线扣 2 分，造成人伤扣 10 分			
导线绝缘皮的剥削	掌握电工刀的使用方法，导线剥削段长度的控制要求		20 分	剥削的绝缘皮根部不整齐，每个扣 2 分；剥削段长度控制不准确，每个扣 2 分			
导线连接	要求正确接线，电路接点牢固，美观		30 分	铰接松弛、接触不好，每个扣 2 分；孔接剥削部分太长，每个扣 2 分；压紧螺钉松动，每个扣 2 分；平接导线弯曲不正确、安装方向不正确，每个扣 2 分			
绝缘层恢复	要求正确操作，绝缘带包缠符合标准		10 分	绝缘带包缠松弛、折叠扣 2 分，不均匀扣 2 分			
安全文明操作	工作台上工具排放整齐，严格遵守安全操作规程，符合实训室管理要求		10 分	违反安全操作、工作台脏乱、不符合实训室管理要求，酌情扣 3~10 分			
合计			100 分				

学生交流改进总结：

教师签名：

习 题

3-1 判断题

1. 在串联电路中,阻值小的电阻通过的电流大;阻值大的电阻通过的电流小。(　　)
2. 在并联电路中,阻值小的电阻通过的电流大;阻值大的电阻通过的电流小。(　　)
3. 并联电路中各电阻之间没有任何关系,如其中有的电阻损坏,不会影响其他电阻正常工作。(　　)
4. 在220V电网中,其用电器是并联工作的。(　　)
5. 所有电池都可以反复充电使用。(　　)
6. 电池用完可以随便扔掉。(　　)
7. 电池在并联应用时,只要其电动势相同,就可以并联使用。(　　)
8. 电压源和电流源是电源的两种等效模型,同一电源可以用电压源来表示;也可以用电流源来表示。(　　)
9. 应用基尔霍夫定律可以求解复杂电路,不可以求解简单电路。(　　)
10. 叠加原理可以应用于线性电路,也可以应用于非线性电路。(　　)

3-2 选择题

1. 一个开关可以同时控制额定电压相同的两盏灯和一个电铃,则这两盏灯和电铃是(　　)。

   A. 并联　　　　　　　　　　　　B. 串联
   C. 两盏灯串联后与电铃并联　　　D. 无法判断

2. 下列实际电器属于并联连接的是(　　)。

   A. 灯和开关　　　　　　　　　　B. 手电筒里的电池
   C. 灯和电铃　　　　　　　　　　D. 电铃和开关

3. 有三只电阻:$R_1>R_2>R_3$,将它们并联后,接到电压为 U 的电源上,取用电功率最大的电阻是(　　)。

   A. R_1　　　B. R_2　　　C. R_3　　　D. 无法判断

4. 在实验中测量电源电压时,如果误将电流表作为电压表来使用,产生的后果是(　　)。

   A. 断路,电路中没有电流　　　　B. 短路,将电流表烧损
   C. 没有影响　　　　　　　　　　D. 测量结果不准确

3-3 计算题

1. 已知电路如图3-53所示,$R_1 = 100\text{k}\Omega$,$R_2 = 10\text{k}\Omega$,求电路中电流 I 和 R_2 两端电压 U_2。

2. 已知电路如图3-54所示。

   1) 可调电阻总阻值 R 为100Ω,R_1 为22Ω,电压 U_1 为100V,求 U_2 电压。
   2) 有人想用电压表测 U_2 电压,却将1A的电流表错当电压表接到了ab两端(电流表内阻忽略不计),请计算电流表中的电流,并判断会产生什么后果。

第 3 章　直流电路分析

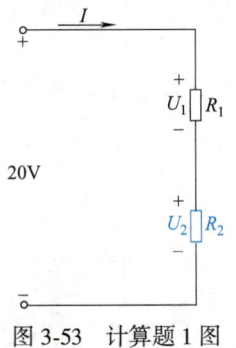

图 3-53　计算题 1 图

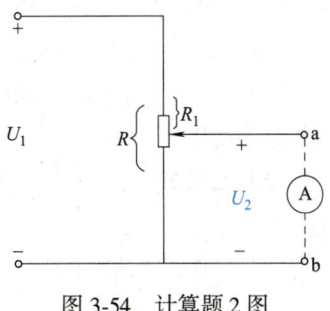

图 3-54　计算题 2 图

3. 电路如图 3-55 所示。
1）定性判断图中 I_2、I_3 哪个电流大。
2）计算 I_2、I_3 电流的值。
3）如果要用电流表测量 I_2、I_3 电流，电流表的量程选多大？电流表如何接入？电流表的内阻对测量有何影响？

4. 电路如图 3-56 所示。当图中可调电阻 R_3 增大时，电流表的指示值如何变化？为什么？

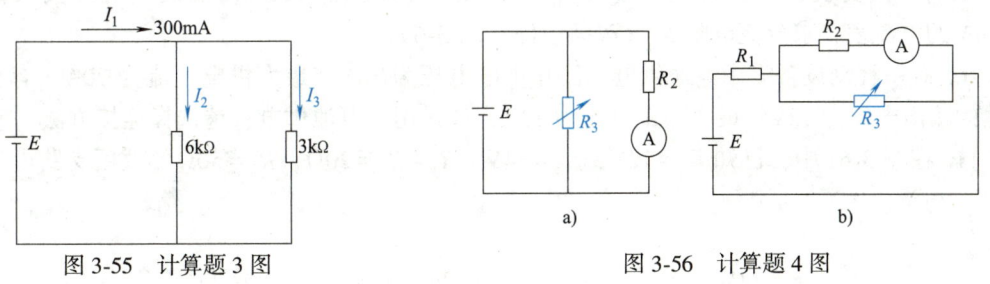

图 3-55　计算题 3 图　　　　　　图 3-56　计算题 4 图

5. 电路如图 3-57 所示，求图中的各等值电阻 R_{ab}。

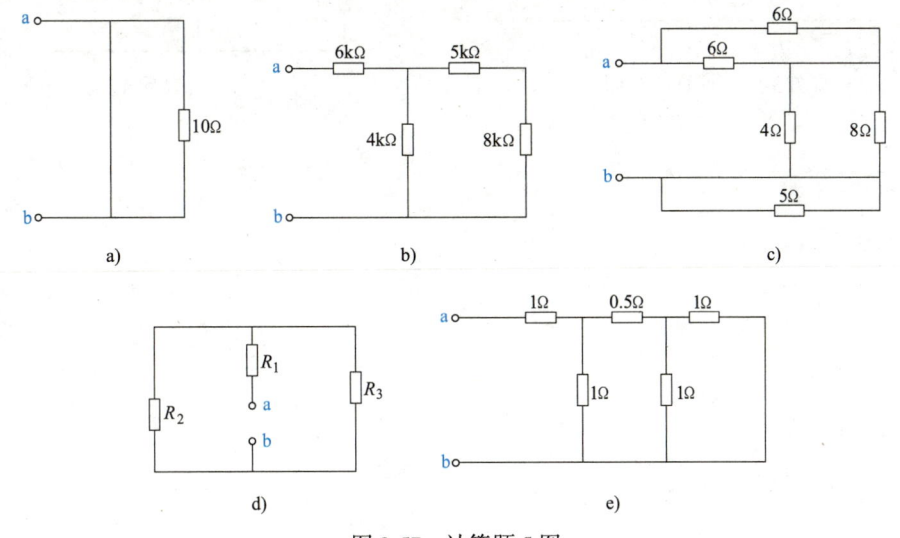

图 3-57　计算题 5 图

6. 已知电路如图 3-58 所示。试计算电路的总电阻 R、总电流 I 和分电流 I_1、I_2。

7. 电路如图 3-59 所示，已知电源内阻 $R_0 = 0.1\Omega$，连接导线的电阻 $R_1 = 0.2\Omega$，负载是一组电灯和一只电阻炉。已知负载两端的电压为 200V，电阻炉取用的功率为 2000W，电灯组共有 14 盏电灯并联，每盏电灯的电阻为 392Ω，求：

(1) 电源的端电压 U。

(2) 电源的电动势 E_0。

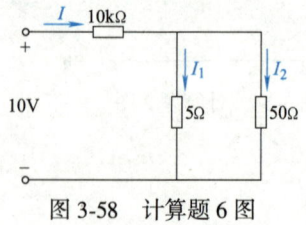

图 3-58 计算题 6 图

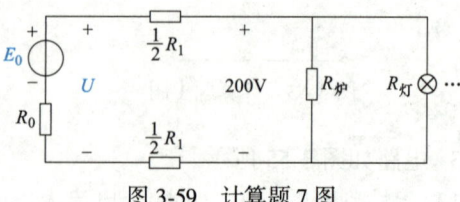

图 3-59 计算题 7 图

8. 一只量程为 15V 的电压表，内阻为 $20k\Omega$，将一个电阻与该电压表串联后接到电压为 110V 的电路中，这时电压表的示值为 5V，求：

(1) 电阻 R 的阻值为多大？

(2) 串联 R 后，作为一只改装后的电压表，其量程为多大？

9. 有一微安表头，它的最大量程 $I_0 = 100\mu A$，内阻 $R_0 = 1k\Omega$，如果改成最大电流为 100mA 的电流表，求分流电阻 R_1（改装电路见图 3-60）。

10. 有一移动设备需用电池供电，已知供电电压为 36V，最大供电电流为 20A。有一种电池的输出电压为 12V，最大输出电流为 12A，如采用此电池供电，请选择连接方法。

11. 在图 3-61 中，已知 $E_1 = 12V$，$E_2 = 24V$，$R_1 = R_2 = 20\Omega$，$R_3 = 50\Omega$，试用支路电流法求解 I_3 电流。

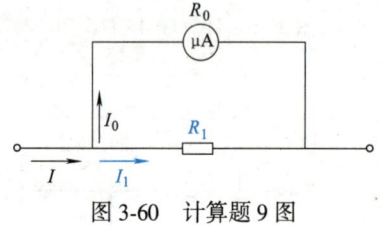

图 3-60 计算题 9 图

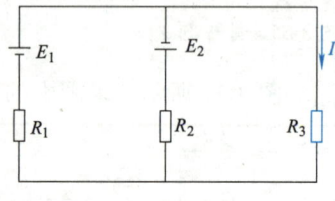

图 3-61 计算题 11 图

第4章 静电场与电容

电工技术基础与技能

本章导读

知识目标

1. 理解什么是静电，静电的应用与其危害的避免。
2. 掌握电容器的工作原理，理解电容器是动态元件、储能元件。
3. 会用电容器的串联和并联得到合适容量的电容。
4. 了解电容器的工程应用。

技能目标

会使用指针式万用表判断电容器的好坏，会根据需要正确选用电容器。

4.1 静电与静电场

 话题引入

电荷在电场力的作用下在导体中的定向流动形成电流，电流流过阻性负载完成电能的做功。当电场中的电荷在导体中不流动时，我们称之为静电。静电在工程中应用非常广泛，如静电复印机、静电打印机、静电除尘器等；根据静电感应原理制成的电子器件，如静电感应晶闸管、晶体管等；现在已经进入到信息时代，集成电路是信息时代的技术基础，通常是采用静电场控制技术在指甲盖大小的芯片上集成几十亿个元器件；静电技术还广泛应用于纺织、印染、塑胶、印刷、胶片处理、静电喷涂、造纸等行业。静电一方面被科学技术所应用，另一方面静电的危害、静电给人们造成的经济损失也在逐年增加。如静电可引起电子设备的故障或误动作，造成电磁干扰；静电可击穿集成电路或精密电子元器件，降低产品成品率；高压静电放电造成电击，危及人身安全；静电在粉尘、易燃易爆、油雾等场所易引起爆炸和火灾；在精密生产场所，由于静电吸附灰尘，使产品的品质下降；雷电（静电放电）

这一自然现象每年仅在通信系统及设备上造成的经济损失就以亿计。学习电工技术必须与生产应用接轨,我们必须对生产中的静电加以了解和掌握。

4.1.1 静电

【静电的定义】 带有电荷的物体称为带电体,如果物体所带电荷相对静止,则称物体带有静电。

【正负静电荷】 在自然界中,各种物质都是由原子组成的,原子由原子核(原子核带正电)和核外电子(电子带负电)组成。当原子没有得到电子或丢掉电子时,原子核中的正电荷和核外负电荷相中和,原子不显电性。当原子丢掉电子,原子带正电;当原子得到电子,原子带负电。原子带电称为带有电荷,即自然界中存在两种电荷:正电荷和负电荷,正电荷用符号"+"表示,负电荷用符号"-"表示。同种电荷互相排斥,异种电荷互相吸引,这是自然规律。物体带电的多少用电荷量表示,电荷量的单位为 C(库仑),一个电子所带的电荷量为 $1.6×10^{-19}$ C。

【静电荷的产生】 产生静电的原因一般是由于物体的相互摩擦和带电体的相互感应。在中学物理课中我们学习了摩擦起电,如用丝绸和玻璃棒摩擦可使玻璃棒中的电子转移到丝绸上,使玻璃棒带正电;在干燥季节,化纤衣服与身体摩擦产生静电,在脱衣服时会产生噼啪的放电声;飞机在飞行过程中与空气摩擦使飞机带电;夏天的雷云在形成过程中由于相互摩擦而带上不同的电荷,带有大量不同极性电荷的雷云接触时产生中和放电,发出电闪雷鸣;处于电场中的物体在电场力的作用下产生感应静电;在工程中使用的静电是由静电发生器产生的,它将低电压通过电子电路升到 20~30kV 的高电压,并作用在电路的两个电极上,形成高场强静电场,用以激发大量的静电荷。

4.1.2 静电场和电场强度

【静电场定义】 静电荷激发的电场称为静电场。

由实验可知,两个带有电荷的物体之间有力的作用。其受力方向根据所带电荷的极性不同,为同极性相斥、异极性相吸。

电荷之间的作用力是在电场中传递的,电场是由电荷激发的,有电荷就有电场,电场和电荷同生同灭。电荷量大,激发的电场就强;电荷量小,激发的电场就弱。

【电场强度定义】 在电场中的任一点,实验电荷所受电场力 F 与电荷量 Q 之比,称为该点的电场强度,用 E 表示,其数学表达式为

$$E = \frac{F}{Q} \tag{4-1}$$

式中 F——电场力,单位为 N(牛);

Q——电荷量,单位为 C(库);

E——电场强度,单位为 N/C(牛/库)或 V/m(伏/米)。当电荷为 1C、电场力为 1N 时,电场强度为 1N/C,即电场强度是指单位电荷受到的电场力。再看电动势的定义,电动势单位为焦耳/库仑,是单位电量做的功。二者在概念上不能混淆。

电场强度是矢量,其方向与正电荷在该点所受力的方向相同。

在带电体(带有电荷的物体)的周围存在着电场,电场对其他带电体有力的作用。电

场强度是衡量电场强弱的物理量。

图 4-1 所示是用电力线表示的电场方向，每点电力线的方向就是该点电场强度的方向。

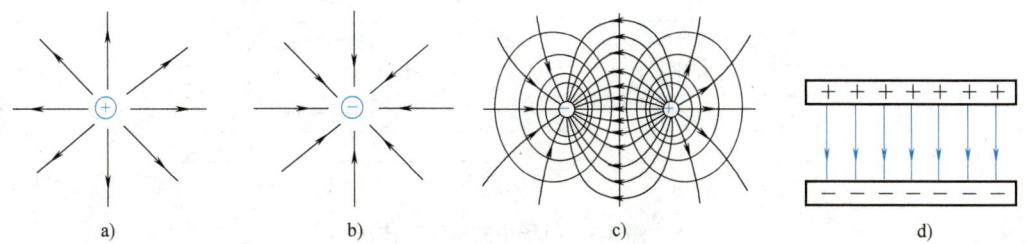

图 4-1 电场方向

a）正电荷电场方向 b）负电荷电场方向 c）正、负电荷电场方向 d）匀强电场方向

4.1.3 静电场中的导体

当将不带电的导体（金属）放入电场中时，导体中的自由电荷在电场力的作用下，要进行重新分布。当导体中的电荷形成的电场与外电场达到新的平衡时，导体中的电荷才停止移动。

1. 导体的静电平衡条件

当将不带电的（导体中的正负电荷中和，不显电性）导体放入由正、负电荷激发的匀强电场 E_0 中，如图 4-2 所示。导体在外电场的作用下，负电荷受引力向左移动；正电荷受斥力向右移动。由于导体的两端产生了电荷的堆积，在导体内形成一新的附加电场 E'，此电场和外电场方向相反，如图中所示。导体内的总电场 $E = E_0 - E'$，当内电场和外电场大小相等时，$E_0 = E'$，在导体内的总电场 $E = 0$，导体中的电荷停止移动，即达到静电平衡。导体中的总电场 $E = 0$ 称为电场中导体的静电平衡条件。

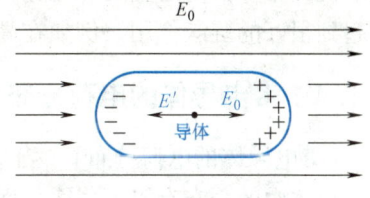

图 4-2 电场中的导体

由静电平衡条件可知，在电场中的导体，电荷分布在导体的两端，导体内部的电场强度为零。这里必须注意：导体内部的电场，是由一切电荷（包括外部的电荷和导体内部的电荷的总和）产生的总电场。

2. 静电中的空腔导体

【空腔外电场】 由金属组成的空心物体，称为空腔。如果有一空腔导体处于外电场中，根据导体的静电平衡条件，空腔内的电场强度为零，即导体内不受外电场的影响。腔外电场强度无论大小怎样变化，腔内的电场始终为零，如图 4-3 所示。这样，导体空腔就"保护"了它所包围的区域，使之不受外表面的电荷和外电场的影响。这一原理是电工电子技术中电场屏蔽的理论基础。

【空腔内有带电体】 如图 4-4a 所示，空腔内有带电体。根据导体的静电平衡条件，在空腔的内表面和外表面上产生感应电荷，使空腔的内、外表面之间的导体部分的电场强度为零。这样，空腔外表面产生感应电荷，这将影响腔外的电场分布。

如果将空腔的外表面接地，则由腔内的带电体在腔外产生的感应电荷流入地内，使空腔外金属表面的电位为零，这样，腔内的带电体对腔外无任何影响，如图 4-4b 所示。

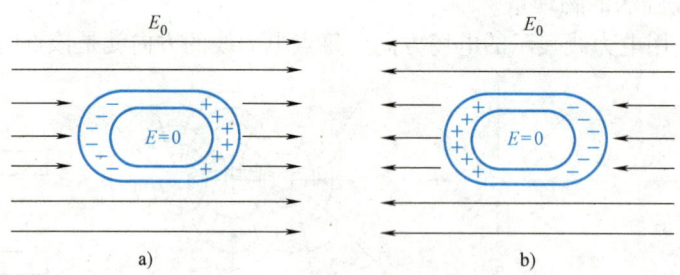

图 4-3 电场中的空腔导体
a) 处于正电场中的空腔 b) 处于负电场中的空腔

3. 静电屏蔽

在电子、电器设备中,为了使其不受外电场的干扰或不对外产生干扰,要采取静电屏蔽措施。根据空腔屏蔽原理,将需要被屏蔽的元器件、设备等放在金属壳或金属网中,可得到很好的屏蔽作用。例如为了使一些精密的电磁测量仪器不受外界的干扰,通常在仪器外面加上金属罩;通信电缆为了不受外界的干扰,在外面包上一层金属皮;电子电路中的中周变压器,为了不对电路中的其他元器件产生干扰,用一接地的金属外壳进行屏蔽。实际上金属屏蔽并不一定要严格密封,用金属网也能起到很好的屏蔽作用。例如在高压带电设备的外面罩上接地的金属网。

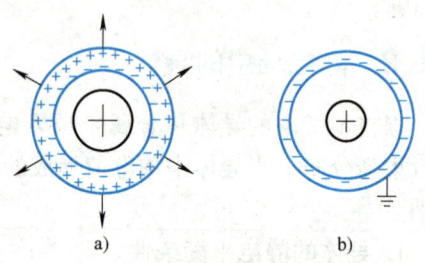

图 4-4 空腔内带电体
a) 外表面不接地 b) 外表面接地

4.1.4 带电导体的电荷分布与尖端放电

【带电导体的电荷分布】 当带电导体所带的为同一种电荷时,由于同极性相斥,使电荷在导体中的分布有以下规律:面电荷密度的大小与表面的曲率有关,表面曲率大的地方电荷密度大;表面曲率小的地方电荷密度小。具体地说,导体表面凸出且尖锐的地方电荷密度大;表面较平坦的地方电荷密度小;表面凹进去的地方电荷密度更小,如图 4-5 所示。

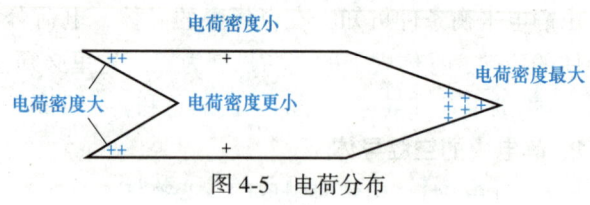

图 4-5 电荷分布

【带电导体的尖端放电】 由于导体表面附近的电场强度与电荷的面密度成正比,所以在导体的尖端处电荷的面密度大,附近的电场强度也就越大。

导体尖端的电场特别强时,会导致一个重要的后果,就是尖端放电。尖端放电会将空气或导体的绝缘层击穿,造成事故。

【尖端放电的利用及危害的避免】 尖端放电的典型应用就是避雷针,避雷针利用尖端放电的原理将雷电引向避雷针放电,以此来防止雷电对建筑物的破坏;在高压设备中,为了防止因尖端放电而引起的危险和电能损失,往往采用表面极光滑而直径较大的导线,并把电极做成光滑的球状表面。

第4章 静电场与电容

1. 在钢筋水泥浇筑的楼房中打手机或听收音机,有时会出现信号弱的情况,请解释是什么原因。

2. 在雷雨天的室外,在树下及空旷地带的突出物下避雨,容易遭到雷击,请解释是什么原因。

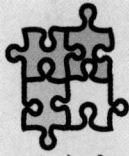

静电在电子、石油、航空航天、煤矿中的危害

在电子技术领域,静电可以在不经意间将昂贵的电子元器件击穿造成电子工业每年上百亿美元的经济损失。

在石油工业生产中,几乎处处有静电:石油在管道中流动,在管壁上会产生静电;石油从管口流出,冲击金属容器会产生静电;石油液滴飞溅与空气摩擦,会产生静电;石油在油罐车、油船中连续颠簸,运油车轮胎和路面摩擦,甚至向油罐中灌入不同规格的新油等,都会产生大量静电。若防电措施稍有疏忽,就有可能造成不可挽回的损失。1969年,在不到一个月的时间内,荷兰、挪威、英国三艘20万吨级油轮洗舱时产生的静电相继引起爆炸。

在航空航天领域,静电放电可造成火箭和卫星发射失败,干扰飞行器的运行。飞机飞行穿过云层时,与云中微小的冰或雪的晶体摩擦,就会使飞机带上大量的静电电荷;特别是飞机在雷雨天飞行时,雨滴溅落在飞机的表面也会使飞机带电,而只要飞机上的静电放电电流超过 $5\mu A$,其无线电通信就要受到干扰,威胁它的正常飞行。所以通常飞机上装有静电放电器,以便中和静电电荷。

在煤矿矿井中,由于种种摩擦产生的静电电荷,一旦发生火花放电就会引起瓦斯爆炸,更是给人们的生命财产带来巨大的损失。

在有可燃气体或可燃粉尘的企业中,为了防止静电打火或电路发热引起的爆炸事故,一律采用防爆电器。防爆电器就是将原有电器安装在防爆外壳中,当电器出现故障时,不会引起可燃物的爆炸。

活学活用

学习理论的目的是为了解决实际问题。

【案例1——静电喷涂】

案例叙述

金属构件为了防锈,要在表面覆盖一层保护膜。静电喷涂就是根据异性电荷相互吸引的

原理，将喷枪作为电极，使喷出的油漆或粉末带正电，被喷涂的工件（金属）作为另一个电极带负电，当涂料喷出时在电场力的作用下，直接飞向被喷涂的工件。当工件上覆盖了一层涂料后，再通过加温，就得到一层坚硬牢固的保护层。

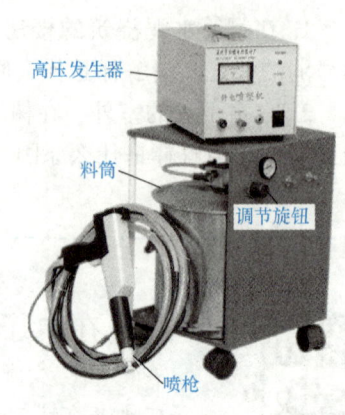

图 4-6　塑料静电喷涂机

案例分析

静电喷涂时喷出的涂料和工件之间有力的作用，不乱飞、节省涂料、减少污染并且提高了喷涂质量。图 4-6 所示为塑料静电喷涂机，由高压发生器、料筒和喷枪组成，工作时由喷枪喷出的塑料粉末通过高压发生器，形成带电离子，这些带电粒子在电场力的作用下飞向被喷涂的工件。

【案例 2——静电屏蔽】

案例叙述

在当今的电子信息时代，电子仪器、电子设备应用非常广泛，通信设备、电视音响、计算机、数控机床、机器人、电动机调速用的变频器等，这些电子设备有个共同的特点，就是易受电场干扰，严重时无法正常工作。我们可以根据静电屏蔽原理，对这些设备进行整体或部分屏蔽，或对电路中的部分器件进行屏蔽，或对连接导线进行屏蔽。图 4-7 所示为几种屏蔽形式。

案例分析

图 4-7a 所示为屏蔽柜，屏蔽柜由金属制作，柜体接地，整个柜子形成一个金属空腔，根据空腔接地原理，柜内的电场不能辐射到柜外，柜外电场也不能辐射到柜内，使柜内和柜外有效电场隔离。

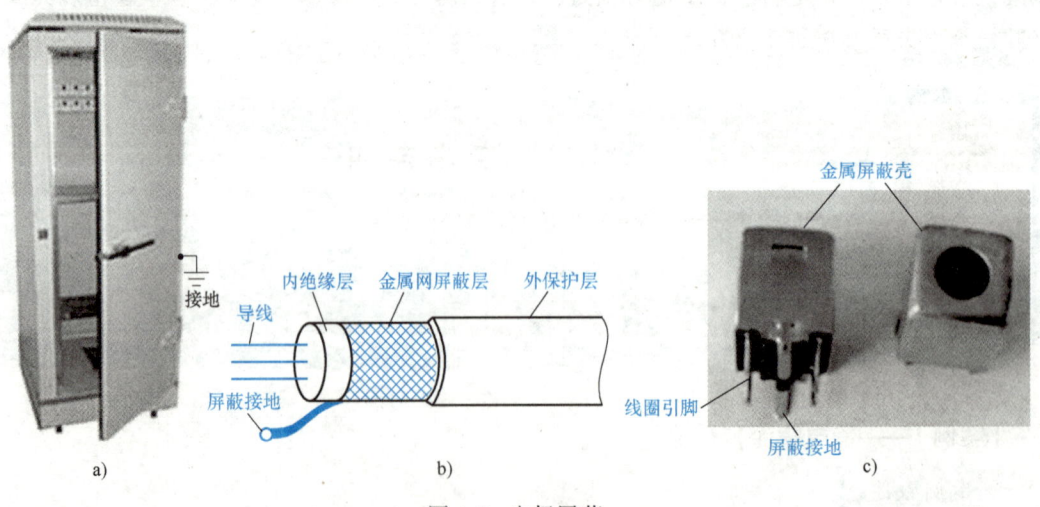

图 4-7　电场屏蔽
a) 屏蔽柜　b) 电缆　c) 电子器件

图 4-7b 所示为电缆,电缆最易受外界电场干扰,为了消除干扰,在电缆的外层包上一层金属网,使导线形成金属空腔,能有效地屏蔽外界电场干扰。屏蔽电缆规格有多种,在工程中用途很广。

图 4-7c 所示为一个电子器件(中频变压器),为了屏蔽电场干扰,用接地的金属外壳屏蔽,金属壳内形成金属空腔,隔断电子元器件对外的干扰。

作为屏蔽,有一个关键环节,就是屏蔽柜的外壳,屏蔽电缆的屏蔽层、屏蔽体的外壳等必须可靠接地,才能有良好的内外屏蔽效果。

【案例3——雷电的危害与防雷】

案例叙述

雷电是静电的一种存在形式,夏天雷雨季节,雷击会造成建筑物损坏、森林起火、飞机失事、电动列车失控、输变电设备损坏、人员伤亡;特别是对电子设备,如电话机、传真机、电视机、雨中室外接打电话的手机;车间的自动化设备、数控机床、变频器等造成损坏。雷击已经成为数字信息化时代破坏损失非常严重的一个大敌。造成雷击的现象为:

(1) 直击雷 在强大的积雨云层中,正电荷不断积累,形成了强大的静电高压电场。在电场力的作用下,对地面上的高大物体形成尖端放电,以和地面的负电荷进行中和,这叫直击雷。直击雷发生时,产生的高压可达 $6×10^9$V、电流可达 $2×10^4$A、功率可达 10^9kW,作用时间很短,大约为 $2×10^{-7}$s。因为直击雷瞬间功率之大,产生的破坏性是很惊人的(见图4-8a)。

a) b)

图 4-8 直击雷和感应雷

a) 直击雷造成油罐起火 b) 感应雷烧坏的电器

(2) 闪电感应雷 天上打雷时,云层放电的瞬间,形成强大的电磁转换,这种强大的电磁场就会在地球表面的金属导体上形成感应电荷。这种感应电荷会在瞬间积累构成高压电场放电,从而导致通信网络和电气设备瞬间被击毁。

(3) 直击感应雷 在直击雷发生的瞬间,会产生强大的电磁波,电磁波在地面的有线、无线通信网络,电力输电网络和其他由金属制成的系统中形成强大的瞬间高压电场,导致电气设备烧毁。尤其对电子等弱电设备的破坏最为严重,如家用电器的电视机、计算机、通信设备、办公设备等（见图 4-8b）。这种直击感应雷电也会对人身造成伤害。

案例分析

为了防止雷电对地面设施、建筑、高压线路等造成破坏，油库、码头、仓库等地面容易引起雷击的场合，在地面安装避雷针（见图 4-9a、b）；古建筑、博物馆等高大建筑，在楼顶安装避雷线（见图 4-9c）；电网输电线路安装避雷线（见图 4-9d）。人员雨天不要在空旷的路上行走、不要在树下或凉亭下避雨，不要在室外接打手机，不要在室内用座机打电话，笔记本式计算机要拔掉电源使用等。

图 4-9　避雷针与避雷线
a）避雷针　b）避雷针的保护范围　c）建筑物避雷线　d）输电线路避雷线

【案例 4——静电除尘】

案例叙述

在热电厂、轧钢厂、化工厂、水泥厂等高耗能企业，生产中会产生大量的粉尘和烟雾，如果不经处理，会通过烟囱排放到空气中。为了降低排放物中的颗粒物成分，减少雾霾天气，清除 PM2.5 的颗粒物，必须进行除尘。静电除尘器就是一种很好的除尘设备。

案例分析

除尘原理如图 4-10 所示。由高压发生器产生 60~72kV 的直流高压，加到管道中的+、-极板上，烟气中的粉尘粒子通过极板时，由负极板形成带电粒子，因为粒子带负电，被正极积尘板吸引，当移动到正极积尘板中和之后，被正极积尘板收集。净化后的气体再由管道排出。

第4章 静电场与电容

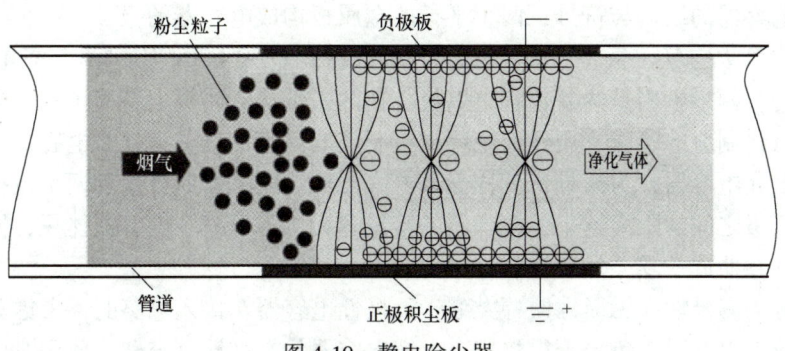

图 4-10 静电除尘器

4.2 电容器与电容

话题引入

前面分析了电荷的电场及电场做功的应用。要想得到电场，必须要有电荷集聚的载体，这个载体就是互相绝缘的两个导体。我们将两块互相绝缘的金属板作为电荷聚集的载体，在金属板之间加上电压，金属板上就聚集了"+""-"电荷，金属板之间就产生了电场。将外加电压去除，金属板上的电荷仍然存在，电场也仍然存在，我们将能够储存电荷的两块金属板称为电容。因为电场具有能量可以做功，所以电容是储存电场能量的元件。

电容在电路中可以储存和释放电场能量，即进行电场能量的交换或传递，自身并不消耗电能。电工三大元件是电阻、电容、电感，电容是电工电路中唯一<u>存储并传递电场能量</u>的元件，电感是电工电路中唯一<u>存储并传递磁场能量</u>的元件，留待下一章介绍。

4.2.1 电容器的结构

两块彼此绝缘的导体就构成一个电容器，两个导体称为电容器的电极。图 4-11a、b 所

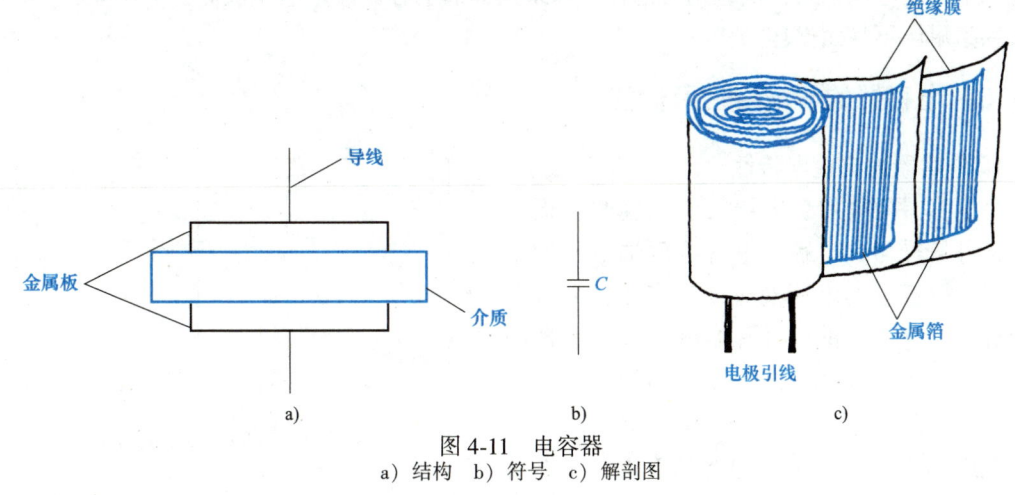

图 4-11 电容器
a) 结构 b) 符号 c) 解剖图

示为平行板电容器的结构与符号,两个平行的金属板构成电容器的极板,两个极板之间为电介质,电介质可为空气、纸、云母、塑料薄膜等材料。图 4-11c 所示为一只电容器的解剖图,其结构为:两个电极是两条带状金属板,在两条带状金属板上各引出一个电极,介质是由不同绝缘材料制成的薄膜,用什么绝缘材料制成的薄膜,就称为什么电容器。如绝缘材料为纸,就称纸介电容器;为云母,就称云母电容器等。电容器的容量和两个极板之间的距离成反比,两极板之间的距离越小,电容器的容量越大。为了缩小电容器体积,增加电容器容量,通常将其卷曲成一卷,然后封装。

电容器分为<u>有极性和无极性两种类型</u>,无极性电容器在接入电路时不考虑其极性,有极性电容器在接入电路时正负极不得接反。电解电容器是有极性电容器,使用时要注意。

4.2.2 电容量和工作电压

1. 电容量

电容器具有储存电荷量的能力。如图 4-12 所示,当在电容器的两端加上电压 U_C,则在极板的两端就聚集起等量异号的电荷。衡量电容器储存电荷量能力大小的物理量,称为电容器的"电容",表达式为

$$C = \frac{Q}{U_C} \quad (4-2)$$

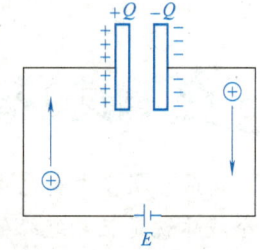

图 4-12 电容器带电

式中 Q——电容器极板上储存的电荷量,单位为 C;

U_C——电容器两端的电压,单位为 V;

C——电容器的电容量,单位为 F(法)。当 $U_C=1V$,储存的电荷量为 1C,则电容量为 1F。C 还是电容器元件的表示符号。

F(法)的单位太大,工程中常用 μF(微法)和 pF(皮法)来表示,其换算关系为

$$1F = 10^6 \mu F = 10^{12} pF$$

2. 工作电压

电容器两个极板之间的绝缘材料不同,电容器所能承受的工作电压就不同。每种电容器都有一个额定电压系列,供应用时选择。如果选择的电容器额定电压值低于工作电压,则电容会因为耐压不足而损坏。

4.2.3 电容器的导电特性及储能

1. 电容器的充放电特性

当电容器两端加上电压时,电容两极板上要聚集等量异号的电荷。电容器两端电压发生变化时,极板上的电荷同时发生变化,电容器中形成位移电流。我们用图 4-13 分析电容器的充放电过程。

【电容器充电】 图 4-13a 中,给电容器加上外电压 E,由于 $E>u_C$,电容器充电,正电荷

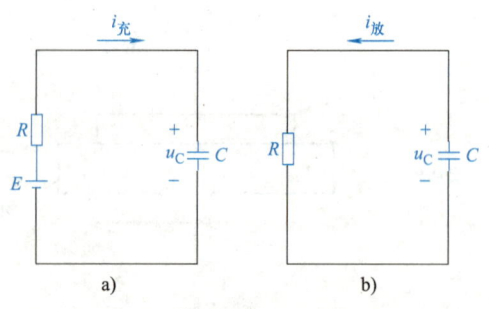

图 4-13 电容的电压电流方向
a) 充电 b) 放电

从电源的正极流向电容器极板，形成充电电流。随着充电时间的延长，电容器极板上的电荷越聚越多，电容器两端电压 u_C 上升，充电电流下降。当电容器两端电压 $u_C = E$ 时，充电停止，充电曲线如图 4-14a 所示。

【电容器放电】 图 4-13b 中，将已经充上电的电容器通过电阻放电。刚接通电阻时，因为电容器上的电压最高，放电电流最大；随着放电时间的延长，电容器极板上的电荷越来越少，电容器两端电压下降，放电电流下降。当电容器两端电压下降到零时，放电停止，放电曲线如图 4-14b 所示。

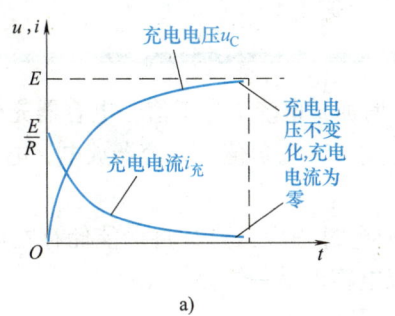 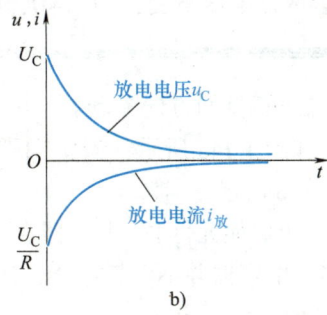

图 4-14　充放电曲线

a）充电曲线　b）放电曲线

由充放电曲线可以看出，电容器有以下特性：

【电容器是一个动态元件】 充电电流与电压的变化率成正比，当电容器两端电压发生变化时，电容器中有电流；当电容器两端电压无变化时（图 4-13a 中，$u_C = E$），电容器中充电电流为零。即电容器是一个动态元件，电容器两端电压变化，电流变化；电压不变化，电流为零。在直流电路中，如果电压不变化，则 $i = 0$，电路中没有电流流动，所以电容器具有隔断直流的作用。

【电容的充放电时间与 RC 乘积成正比】 在电容器充放电过程中，充放电时间的长短与 RC 乘积的大小成正比。将 RC 乘积定义为时间常数，用 τ 表示，$\tau = RC$，τ 的单位为 s（秒）。C 为 1F，R 为 1Ω，τ 为 1s。

由上述分析，可得出电容充电电流的表达式为

$$i_C = C \frac{\Delta U_C}{\Delta t} \tag{4-3}$$

式中　i_C——电容器充电电流，单位为 A；

　　　C——电容器的电容量，单位为 F；

　　　ΔU_C——电容两端的电压增量，即电压的变化量，单位为 V；

　　　Δt——时间增量，即时间的变换量，单位为 s。

式（4-3）是电容器电压和电流之间关系的表达式，由式可知，电容中电流 i_C 和电压变化率 $\Delta U_C / \Delta t$ 成正比。当 $\Delta U_C / \Delta t = 0$，即加在电容器两端的电压不变，则 $i_C = 0$，这就是动态器件的特点。而电阻器两端有电压就有电流，这和电阻器件有本质的区别。

例 4-1 有一个 0.047F 的电容器,电容器两端的电压在 1s 内由 100V 上升到 120V,电容的充电电流为多少？如果电压保持在 100V 不变,充电电流为多少？

解：① 已知 $\Delta t = 1\text{s}$，$\Delta U_C = 120\text{V} - 100\text{V} = 20\text{V}$，充电电流为

$$i_C = C \frac{\Delta U_C}{\Delta t} = (0.047 \times 20 \div 1)\,\text{A} = 0.94\,\text{A}$$

② 如果电容两端电压不变，$\Delta U_C = 0$，则 $i_C = 0$。

【电容器电流可正反两方向流动】 当 u_C 增加，电流 i 为正值，电容器充电，电流与电压的方向相同，如图 4-14a 所示；当 u_C 下降，电流 i 为负值，电容器放电，电流与电压的方向相反，如图 4-14b 所示。

【电容器是一个储能元件】 电容器在充放电过程中，只是将电能储存在电容器中或由电容器放出电能，电容器并不消耗电能，所以电容器是一个储能元件。

2. 电容器中的电场能量

电容器在充电过程中，由于两极板上聚集了大量的电荷，形成了电场，便储存有电场能量。电场能量用 W_C 表示，其值为

$$W_C = \frac{1}{2} C U_C^2 \tag{4-4}$$

式中　W_C——电场能量，单位为 J（焦耳）；

　　　C——电容器的电容量，单位为 F；

　　　U_C——电容两端电压，单位为 V。

电容器中储存的能量是以电场的形式储存在电容器中的，它只与电容器两端的电压有关，而与电压的建立过程无关。

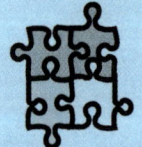

超级电容器

电容器和充电电池都可以储存电能，电容器除了能量密度（W/kg）小于充电电池之外，其他指标都优于充电电池。如果电容器的能量密度可以接近充电电池，则电容器是充电电池的最好替代产品。随着社会经济的发展，人们对于绿色能源和生态环境越来越关注，超级电容器作为一种新型的储能器件受到社会和广大科研工作者的重视。

超级电容器亦称电化学电容器，是 20 世纪七八十年代发展起来的一种新型的储能装置。由于超级电容器储存电荷的能力比普通电容器高，并具有充放电速度快、对环境无污染、循环寿命长等优点，有希望成为 21 世纪新型的绿色能源。超级电容器可用来满足汽车在加速、起动、爬坡时的高功率要求，以保护蓄电池系统，也可用于其他系统中，如用作燃料电池的起动动力、移动通信和计算机的备用电池等。

第4章 静电场与电容

> **课堂实验 电容器充放电测量**
>
> 【实验器材】 万用表1块，100μF 电解电容器1只。
> 【实验内容】 学习电容器的测量，验证电容器的充放电规律。
> 【实验要求】 如图4-15所示，将表旋至×10k电阻档，黑表笔接电容器正极，红表笔接电容器负极，观察电容器充电情况。表针正向摆动到最大值后向后退，表示充电电流在减小，直到表针退回到原点（电阻值无穷大）。将开关旋至10V档，红表笔接电容器正极，黑表笔接电容器负极，观察电容器放电情况。万用表的电压档等效为一个电阻，在测量的过程中电容器通过万用表放电。
>
>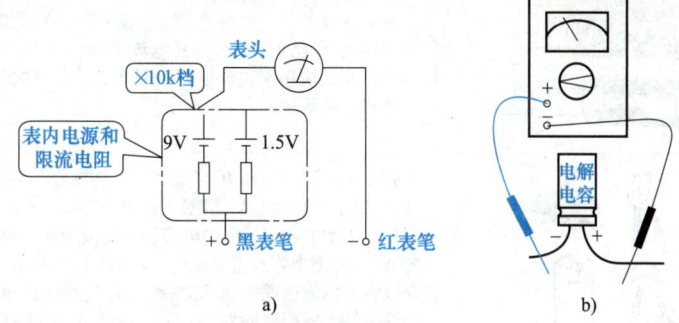
>
> 图4-15　测量电路
> a）表内结构　b）电容器充电
>
> 在充电时万用表显示的是充电电流，放电时显示的是电容器两端电压。
> 在充放电测量试验中，要认真观察表针的摆动情况，理解图4-14所示充放电曲线的意义。该实验方法也是用指针式万用表判断电容器质量好坏的一种方法。

4.2.4　电容器规格参数

1. 电容器的主要技术指标

【额定电压】 在规定条件下，电容器在电路中<u>连续长时间工作而不被击穿</u>的最大直流电压，称为额定电压。它与电容器的结构、电介质以及介质厚度有关，在选用时，额定电压要高于最高工作电压的20%以上。电容器的电压系列见表4-1。

表4-1　电容器的电压系列

电压标准系列/V												
16	25	35	50	63	100	160	250	400	630	1000	1250	2000	3000	更高

【标称容量】 为了方便制造和使用，电容器的容量为一系列标称值，这一系列标称值称为电容器的标称容量。在选用时按照标称容量进行选择。表4-2是1μF以上电容器的标称容量系列。

表4-2　电容器的标称容量系列

标称容量系列/μF												
1	1.5	2.2	3.3	4.7	5.6	6.8	8.2	10	15	22	33	47	56

2. 电容器的类型与用途

电容器按其结构可分为固定电容器、可变电容器和半可变电容器；按其介质材料可分为纸介电容器、云母电容器、油浸电容器、瓷介电容器、有机薄膜电容器（介质材料为聚苯乙烯薄膜或涤纶薄膜）、金属化纸介电容器及电解电容器等。固定电容器的电容量是一固定值，使用中不可改变；可变电容器的电容量在应用中可根据电路要求进行调节。电容器的类型与用途见表4-3。

表4-3 电容器的类型与用途

种类	外形	特征及用途
铝电解电容器		电解电容器是有极性电容，只能工作在直流电路中。其优点是容量特别大、价格低；缺点是漏电流大、容量误差大且稳定性差。电解电容器广泛应用于整流电路中的滤波、低频放大电路中信号的耦合电路和旁路
瓷介电容器		瓷介电容器分为高频、低频两类。高频瓷介电容器损耗小、工作频率高，一般用于高频电路，根据工作电压不同，又分为高频低压型电容和高频高压型电容。低压型电容容量范围为1~3600pF，工作电压为63~500V；高压型电容容量范围为1~6800pF，工作电压为1~30kV。低频瓷介电容器因为损耗大、稳定性差，一般应用于低频电路作旁路、隔直、电源滤波等。电压范围为63~1kV，容量为330pF~0.47μF
纸介电容器		绝缘材料是电容纸，分为干式和油浸式。纸介电容器损耗大、价格低，多用于低频电路；油浸式多用于电力系统
有机薄膜电容器		绝缘材料是聚苯乙烯或聚丙烯等。前者漏电小、损耗小，性能稳定，精度高，可用于高频电路中，容量范围为10pF~2μF，电压范围为63V~30kV。后者电气性能好，没有吸附效应，在A-D转换、信号处理、运算放大器中作为微分、积分电路中的电容，容量范围为1000pF~1μF，工作电压为63~1600V
工程电力电容器		工程电力电容器的特点是工作电压高、容量大，在高压电网中作为功率因数补偿器应用在高压谐振电路、交流减压电路等场合
密封双联可变电容器	动片	电容器的动片与转动轴相连，定片和动片由聚苯乙烯薄膜绝缘，通过调整动片与定片的相对面积改变电容器的电容量，多用于收音机及电子仪器等设备
微调电容器		电容量可在小范围内调节，多用于电子电路中

4.2.5 电容器的并联和串联

电容器在使用过程中，有时需要串联连接或并联连接，下面对这两种连接方式进行分析。

1. 电容器并联

将各电容器的首端和尾端分别连接在一起的连接方法，称为电容器的并联，如图 4-16 所示。该电路具有以下特点：

1）各电容上加的为同一电压 U。
2）并联电路的总电容量 C 为各并联电容的电容量之和，即
$$C = C_1 + C_2 + \cdots + C_n \tag{4-5}$$
3）电源提供的总电荷量 Q 为各并联电容的电荷量之和，即
$$Q = Q_1 + Q_2 + \cdots + Q_n \tag{4-6}$$

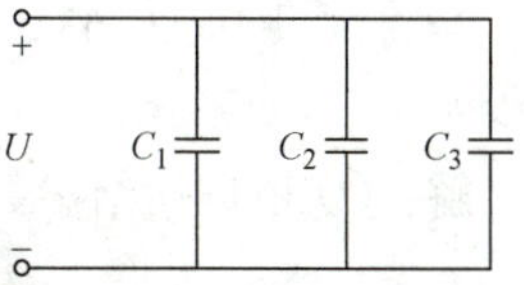

电容器并联使用时应注意：并联电容器的额定电压和总电容量要符合使用要求。

图 4-16 电容并联电路

例 4-2 有一电容电路，其工作电压为 120V，需要的电容量大于 80μF。现有以下几种规格的电容器：100μF/50V；47μF/160V；22μF/250V；10μF/400V。请选择合适规格的电容器接入电路中。

解：根据电路要求，所选电容器的耐压值必须大于 120V，电容量大于 80μF。在给定的电容器中选取 47μF/160V 的电容器两只并联较为合适，并联总电容量为
$$C = C_1 + C_2 = 2 \times 47\mu F = 94\mu F > 80\mu F$$
电容量和耐压值均符合电路要求。

2. 电容器串联

将各电容器的首端和尾端连接在一起的连接方法，称为电容器串联，如图 4-17 所示。该电路具有以下特点：

1）电容器串联时，各电容极板上所带电荷量相等，即
$$Q = Q_1 = Q_2 = \cdots = Q_n \tag{4-7}$$
2）电容器串联电路的总电容量 C 的倒数等于各电容器电容量的倒数之和，即
$$\frac{1}{C} = \frac{1}{C_1} + \frac{1}{C_2} + \cdots + \frac{1}{C_n} \tag{4-8}$$

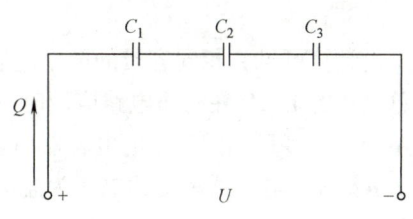

图 4-17 电容器串联电路

当有两个电容器串联时，总电容量为
$$C = \frac{C_1 C_2}{C_1 + C_2} \tag{4-9}$$

3）串联电路中各电容器两端分得的电压与该电容器的容量成反比
$$U_1 = \frac{C}{C_1}U, \quad U_2 = \frac{C}{C_2}U, \cdots, U_n = \frac{C}{C_n}U \tag{4-10}$$

式（4-10）称为电容器串联电路的分压公式。由公式可知，各电容器分得的电压跟电容器的电容量成反比，即电容量越小，分得的电压越大；电容量越大，分得的电压越小。

例 4-3 两只电容器的参数分别为 10μF/63V 和 2.2μF/63V，串联后接入电压为 100V 的电路中。试计算串联后的总电容量和每只电容器上承受的电压，并判断电容器能否正常工作。当将两只 10μF/63V 的电容器串联后，总电容量为多少？每只电容器上承受的电压为多少？

解： ① 根据所给参数有

$$C = \frac{C_1 C_2}{C_1 + C_2} = \frac{10 \times 2.2}{10 + 2.2} \mu F = 1.8 \mu F$$

$$U_1 = \frac{C}{C_1} U = \frac{1.8}{10} \times 100V = 18V$$

$$U_2 = \frac{C}{C_2} U = \frac{1.8}{2.2} \times 100V = 82V$$

由以上计算可知，2.2μF 的电容器额定电压值（63V）低于使用电压值（82V），电容器将因耐压不足而损坏。一旦此电容器被击穿短路，100V 电压将加在 10μF 的电容器上，还会造成 10μF 的电容器被击穿损坏。所以在电容器串联电路中，各电容器的耐压一定要符合电路要求。串联电路中各电容器的质量要好，因为质量差的电容器工作一段时间后可能电容量会下降，造成电容器两端电压上升而使电容器被击穿。

② 当两只相同容量的电容器串联时

$$C_\text{总} = \frac{C_1 C_2}{C_1 + C_2} = \frac{C^2}{2C} = \frac{C}{2} = \frac{10}{2} \mu F = 5 \mu F$$

$$U_1 = U_2 = \frac{C_\text{总}}{C_\text{分}} U_\text{总} = \frac{5}{10} \times 100V = 50V$$

由计算可见，相同容量的两个电容器串联时，总容量为每个电容器的 1/2；承受的电压为总电压的 1/2。在高压电路应用时，当所用电容器的耐压值达不到电路的电压要求时，就采用两只或多只相同容量的电容器串联来解决。有 n 只电容器串联时，总容量为每个电容器的 1/n；每只电容器承受的电压为总电压的 1/n。

活 学 活 用

电容器应用的理论基础是：电容器是一个动态元件，可以充电和放电、储能和放能。

第 4 章 静电场与电容

【案例 1——隔直通交】

案例叙述

在电子电路中，当需要将前级的电信号传到下级，但前后级的直流电位又不能相互影响时，可将电容器接在两级之间，利用电容器的动态特性，隔直通交，将交流信号耦合到下级，如图 4-18 所示。

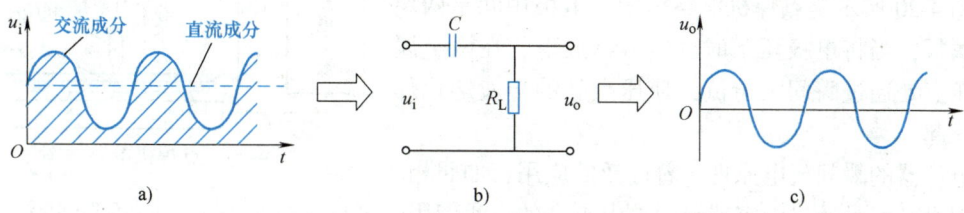

图 4-18 隔直通交
a) 脉动直流信号 b) 电容电路 c) 取出交流信号

案例分析

图 4-18a 所示是一个脉动信号，是根据叠加原理由一个直流电和一个交流电叠加形成的。当我们需要将交流信号取出时，在电路中接入电容器，根据电容器电压"动"、有电流，电压"不动"、没有电流的特点，将输入端变动的成分取出。输出电压 u_o 是通过电容器的电流在 R_L 上产生的电压，波形和输入信号的交流成分相同。

【案例 2——电容滤波】

案例叙述

在直流电路中，可由电容器组成滤波电路。将电容器并联在负载电阻两端，如图 4-19 所示。

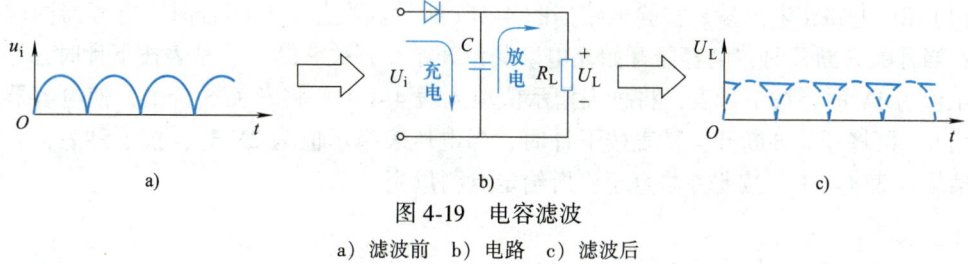

图 4-19 电容滤波
a) 滤波前 b) 电路 c) 滤波后

案例分析

当脉动的直流电压上升时，给电容器充电，当脉动的直流电压下降时，电容器对电路放电，通过电容器的充放电，将电压拉平，使负载两端的电压变成平滑的直流电。

【案例 3——储能应用】

案例叙述

根据电容器能量公式 $W_C = \frac{1}{2}CU_C^2$ 可知，电容器储存的能量和电容量与电压的二次方成正比，电容器上充得的电压越高，储存的能量越大。又知储存的能量与电压的建立过程无关。当需要瞬间大能量的场合，可电源又供不出时，我们便可以采取电容器放电的方法。先给电容器小电流充电（可选用小功率电源），当电容器的能量充到一定值，向负载突然放电，输出大电能，完成需要瞬间大能量的场合。

案例分析

图 4-20 所示是点焊机电路框图，电极中间是两块薄金属板，当将电极压下时，电容器放电，在两金属板的压点处通过瞬间大电流，使压点处的金属熔化焊接在一起。

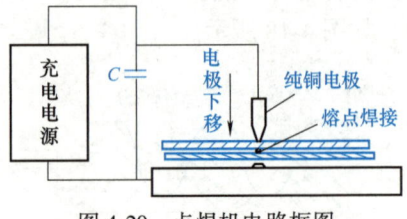

图 4-20　点焊机电路框图

电容器的瞬间放电原理有着广泛的应用，如照相机的闪光灯就是通过电容器瞬间放电点亮的。我们用闪光灯连续拍照时，中间要间隔一点时间，这点时间就是电容器的充电时间。

实验　电容器充放电实验

【实验目的】

1) 了解电容器充放电的工作特点。
2) 理解电容器是一个动态、储能元件。
3) 学习试验仪器的使用方法。

【实验仪器与设备】

直流稳压电源 1 台，数字万用表 1 块，秒表 1 块，电压表 1 块，单刀双掷开关 1 只，100kΩ 电阻 1 只，470μF 电容器 1 只。

【实验内容与步骤】

(1) RC 电路充电测量　实验电路如图 4-21a 所示。当开关 S 闭合时，电容器两端电压为零；当开关 S 断开时，电容器开始充电。测量开始，开关 S 断开、秒表按下计时，当电压表指示值为 1V 时，按下秒表，将秒表指示值填入表 4-4 中；将开关 S 合上，使电容器两端电压为 0，再将开关 S 断开、秒表按下计时，当电压表指示值为 2V 时，按下秒表，将秒表指示值填入表 4-4 中。按此方法直至将所给定点测量完毕。

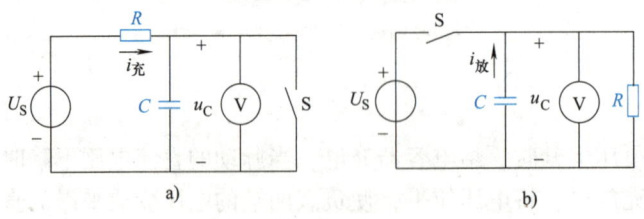

图 4-21　充放电实验电路
a) 充电电路　b) 放电电路

(2) RC 电路放电测量　实验电路如图 4-21b 所示。当开关 S 闭合时，$u_C = U_S$；当开关 S 断开时，电容通过 R 放电。

第4章 静电场与电容

表 4-4 RC 充电测量数据

$U_S = 10V$		$R = 100kΩ$			$C = 470μF$		
给定值	u_C/V	1	2	4	6	8	10
测量值	t/s						
计算值	i/mA						

测量开始，开关 S 断开、按下秒表计时，当电压表指示为 8V，按下秒表，将秒表指示值填入表 4-5 中；合上开关 S，给电容器充电到 10V。再断开开关 S、按下秒表计时，当电压表指示值为 6V 时，按下秒表，将秒表指示值填入表 4-5 中。按此方法直至将所给定点测量完毕。

表 4-4 中的充电电流按 $i = \dfrac{U_S - u_C}{R}$ 进行计算；表 4-5 中的放电电流按 $i = \dfrac{U_C}{R}$ 进行计算。

表 4-5 RC 放电测量数据

$U_S = 10V$		$R = 100kΩ$			$C = 470μF$		
给定值	u_C/V	8	6	4	3	2	1	0.1
测量值	t/s							
计算值	i/mA							

【实验结果分析】

1）根据测量值和计算值，在方格纸上画出 u-t 充放电曲线和 i-t 充放电曲线。
2）根据画出的曲线分析充放电规律。
3）根据实验结果，你怎样理解电容器是一个"动态""储能"元件？
4）根据实验结果，电容器充电时电流和电压方向相同，放电时电压和电流方向相反。结合功率计算公式，说明电容器是储能元件。

【评价标准】

自评互评表见表 4-6。

表 4-6 自评互评表

班级		姓名		学号		组别		
项目	考核要求		配分	评分标准			自评分	互评分
稳压电源的使用	掌握稳压电源的使用方法，正确操作电源上的开关、旋钮		20 分	不知怎样接线扣 5 分，不知怎样调压扣 5 分，不按操作顺序操作扣 5 分，造成输出端短路扣 5 分				
万用表、秒表的使用	掌握数字万用表的使用方法，特别是档位的选择；掌握秒表的使用方法		20 分	万用表档位错选每个扣 2 分，不会用秒表扣 4 分				
实验电路的连接	要求正确接线，电路接点牢固，表头极性连接正确		20 分	电路接点不牢固每个扣 2 分，表头极性接错每个扣 2 分，电路错接点扣 2 分				
电路测量	要求正确测量，测量数据准确，记录准确		30 分	测量方法不正确扣 2 分，每个错误数据扣 2 分，不当时记录每个扣 1 分，整个实验不做记录不得分				

（续）

班级		姓名		学号		组别		
项目	考核要求		配分	评分标准			自评分	互评分
安全文明操作	工作台上工具排放整齐，严格遵守实验实训室安全操作规程		10分	违反安全操作、工作台脏乱、不符合实验实训室管理要求，酌情扣3~10分				
	合计		100分					

学生交流改进总结：

教师签名：

习　题

4-1　判断题

1. 有电荷就有电场，没有电荷就没有电场。（　　）
2. 有电荷就产生电场，电场对处于电场中的电荷有力的作用。（　　）
3. 处于电场中的导体，导体中的电荷要重新分配，电荷要沿着外电场的方向向导体的两端移动，并且导体内电荷产生的电场和外电场大小相等、方向相反。（　　）
4. 对静电的应用一般是基于电荷在电场中要受到力的作用和正负电荷之间有力的作用。（　　）
5. 空腔屏蔽原理是工程中电器静电屏蔽的理论基础。（　　）
6. 有人认为，当人体带电时，其手指的电场强度最大，最容易引起尖端放电。（　　）
7. 任何两个互相绝缘的导体之间都存在电容。（　　）
8. 有两条平行的电线，它们之间存在电容。（　　）
9. 一只电阻器和一只电容器，在电路中都有电流流动，电阻器将电能转换为热能，电容器同样也把电能转换为热能。（　　）
10. 电容器和电阻器是两类不同性质的元件，当有电流流过电阻器时，电阻器就把电能消耗掉；当有电流流过电容器时，电容器只是将电能储存起来，并不消耗掉。（　　）
11. 对于同一个电容器，其电压越高储能越少。（　　）
12. 在电容器串联电路中，电容器串联的数量越多，其总电容量越大。（　　）
13. 在电容器并联电路中，电容器并联的数量越多，其总电容量越小。（　　）
14. 在电容器串联电路中，电容器的电容量越大，承受的电压越低。（　　）
15. 在电容器并联电路中，各个电容器上承受的电压都一样。（　　）

4-2　计算题

1. 已知有三个电容器并联，其容量分别为10μF、5μF和15μF，又知电路电压为100V，请计算并联后的总电容量及每个电容器上的电荷量。
2. 已知有两个电容器串联，容量分别为10μF和20μF，电路电压为200V，请计算串联后的总电容量及每个电容器上的电压值。

第5章 磁路与电感应用技术

电工技术基础与技能

本章导读

知识目标

1. 了解磁感应强度、磁通、磁导率的基本概念。掌握判断电流磁场方向的右手定则和判断电磁力方向的左手定则。
2. 了解铁磁材料的磁化特性、硬磁材料和软磁材料，了解磁路参数和磁路应用。
3. 理解电磁感应现象，掌握产生感应电流的条件，掌握楞次定律和右手定则。
4. 掌握自感和互感现象及自感系数在实际中的应用。
5. 了解涡流现象及其应用。

5.1 电磁场与电磁基本物理量

 话题引入

我们前面研究了电场和电场能做功，由电场形成的电流除了流过电阻性负载以发光、发热的形式做功之外，更多的是以磁能的形式或将磁能转化为机械能的形式做功。电流的产生和应用实际上是在电和磁的相互转化中进行的，如产生电流的发电机；作为负载的电动机、电磁铁、变压器、计算机、电话机（手机）、电视机、收音机、录音机以及大量的电子电器设备都与磁现象紧密相连。我们研究电磁的基本规律，有着重要的实际意义。

当电流在导体中流动时，导体的周围要产生磁场。电和磁是两个互相联系、互相依存、不可分割的基本现象。因此，我们将电和磁统称为电磁现象。电磁现象包括电流的磁场（电生磁）和电磁感应（磁生电），本章就来学习电磁的基本规律应用和电磁元器件。

5.1.1 磁场

1. 磁场的产生

把一个磁体放在另一个磁体附近，两个磁体的磁极之间会产生相互作用

磁场的极性

力：<u>同性磁极之间互相排斥，异性磁极之间互相吸引</u>，这是自然现象，与电荷间的相互作用力相似。磁极之间的相互作用力也不是在磁极直接接触时才发生的，而是通过两磁极之间的空间传递的。我们称<u>传递磁场力的空间为磁场</u>。互不接触的磁体之间具有的相互作用力，就是通过周围的磁场来传递的。<u>磁场是由磁体产生的，有磁体才有磁场</u>。磁场的两极用 N（正极）和 S（负极）来表示。

1820 年丹麦物理学家奥斯特做过实验：把一条导线平行地放在小磁针的上方，给导线通电，磁针就发生偏转，如图 5-1 所示。当导线断电，小磁针恢复为原来的指向。这说明<u>通电导线产生了磁场，并且电流和磁场同生同灭</u>。如果将通电导体放在磁场中，则导体同样要<u>受到力</u>的作用。

法国科学家安培确定了通电导线周围的磁场方向，并用磁力线进行了描述，如图 5-2a 所示。

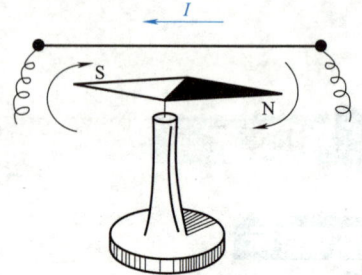

图 5-1　导线电流的磁场

2. 通电导线周围的磁场

【磁力线】　表示磁场强弱和方向，用带箭头的线表示。箭头方向表示磁场方向，线的疏密表示磁场的强弱。磁力线从 N 极指向 S 极。

通电直导线周围磁场的方向，是在与导线垂直的平面上且以导线为圆心的同心圆。磁力线分布如图 5-2a 所示。磁场方向与电流方向之间的关系可用右手螺旋定则来判断。

通电螺线管周围的磁场与条形磁铁周围的磁场相似，磁力线的形状也相似。通电螺线管的两端相当于条形磁铁的两个磁极，两端磁极的极性与电流方向有关，其方向也用右手螺旋定则来判定。

【右手螺旋定则】　如图 5-2b 所示，在<u>通电直导线</u>中，用右手握住通电直导线，让拇指指向电流方向，四指弯曲，那么四指所指的方向就是磁场的绕行方向；在<u>通电螺线管</u>中，四指指向电流的方向，拇指的指向即为磁场的方向（N 极），通电螺线管的磁场都集中在螺线管内部，这是铁心磁路的理论依据，如图 5-2c 所示。此判断电流磁场方向的方法即为"<u>右手螺旋定则</u>"。

磁通集中在线圈的内部

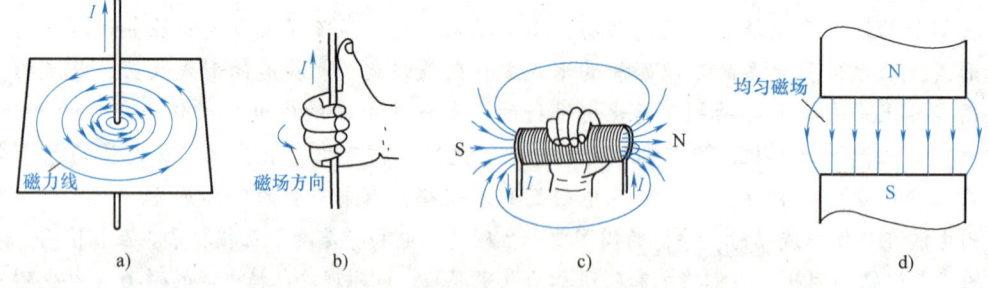

图 5-2　磁场方向的判断
a）磁力线分布　b）右手螺旋定则　c）螺线管右手定则　d）均匀磁场

【非均匀磁场和均匀磁场】　由图 5-2a 可见，单根导线周围的磁场距离导线中心越近磁场越强、越远磁场越弱，这种磁场就是非均匀磁场；在图 5-2c 螺线管的中心，磁场强弱都相等，是均匀磁场。螺线管之外，磁场发散是不均匀磁场；在图 5-2d，由一对平行的 N、S

极之间产生的磁场磁力线平行分布,是均匀磁场。

3. 磁场中的通电导体会受到力的作用

如图 5-3a 所示,当给处在 U 形磁铁中的导体通一直流电,导体会出现摆动。说明通电导体在磁场中受到了力的作用。这是一个非常重要的发现,因为发现了这个现象之后,才出现了电动机及电动设备。

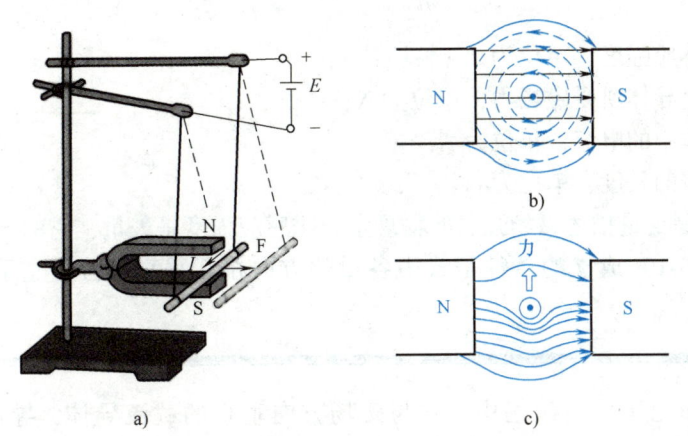

图 5-3 通电导体受力
a) 实验装置 b) 磁场叠加 c) 受力分析

由图 5-3a 可见,受力方向和磁场方向相垂直。在图 5-3b 中,导体产生的磁力线是同心圆,方向按右手定则,上部和磁场的磁力线方向相反,相互抵消,下部和磁场的方向相同而相互叠加(见图 5-3c),导体受到向上的电磁力。

【左手定则】 判断电磁力的方向可以用左手定则。图 5-4 是左手定则定义图,将左手摊平,磁力线从手心穿入,四指指向电流方向,拇指指向就是受力方向。在图 5-4 中,F、B、I 三个物理量互为垂直关系,不但有大小,还有方向,即为矢量关系。

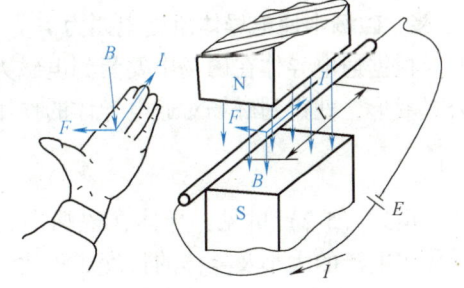

图 5-4 左手定则

4. 磁场的能量

磁场除了具有大小和方向,还有能量。线圈中的磁场能量是由电流产生的,线圈中有电流,线圈储有能量,电流消失,能量释放。磁场的建立过程是磁场的储能过程;磁场的消失过程是磁场能量的释放过程。因为磁场具有能量,磁场之间才会有力的作用。

5.1.2 磁场的基本物理量

1. 磁感应强度

由图 5-3 实验可见,通电导体在磁场中会受到力的作用,作用力的大小除了与电流的大小和导体的有效长度有关,还与导体所处磁场的强弱有关。显然,在导体和电流不变的前提下,磁场的磁感应强度大,产生的电磁力就大;磁场的磁感应强度小,产生的电磁力就小。

为了表示磁场磁感应强度的大小，定义磁感应强度。

【磁感应强度的定义】　在匀强磁场中（磁场均匀分布，见图5-5），垂直于磁场的通电导体，所受到的磁场力 F 跟电流 I 和导线长度 l 的乘积 Il 的比值，称为磁感应强度，表达式为

$$B = \frac{F}{Il} \tag{5-1}$$

图 5-5　磁感应强度定义图

式中　B——磁感应强度，单位为 T（特斯拉）；

　　　F——通电导体所受磁场力，单位为 N；

　　　I——导体中的电流，单位为 A；

　　　l——导体的长度，单位为 m。

磁感应强度是定量描述磁场强弱的物理量。磁感应强度是矢量，它的方向与该点磁场的方向相同；式（5-1）成立的条件是式中各量的方向相互垂直，符合左手定则，如图5-4所示。

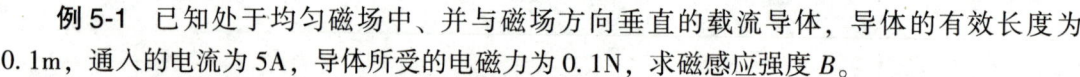

例 5-1　已知处于均匀磁场中、并与磁场方向垂直的载流导体，导体的有效长度为 0.1m，通入的电流为 5A，导体所受的电磁力为 0.1N，求磁感应强度 B。

解：根据磁感应强度 B 的定义式，有

$$B = \frac{F}{Il} = \frac{0.1\text{N}}{5\text{A} \times 0.1\text{m}} = 0.2\text{T}$$

2. 磁场中通电导体所受电磁力 F

根据通电导体在磁场中要受到电磁力的作用，定义了磁感应强度 B。把磁感应强度 B 的公式变形，就得到磁场对通电导体的作用力公式

$$F = BIl \tag{5-2}$$

由式（5-2）可见，导体在磁场中的受力大小，与磁感应强度、导体中电流的大小及导体的长度成正比。式中各量的方向仍如图5-5所示。

通电导体在磁场中要受到电磁力的作用，此理论是电动机及电动设备的理论基础，在工程中有着广泛的应用。

处于磁场中的载流导体，当导体垂直于磁场方向时，导体受到的电磁力最大；当导体平行于磁场方向时，则导体不受力；当导体与磁场方向成 α 夹角（见图5-6）时，导体所受电磁力为

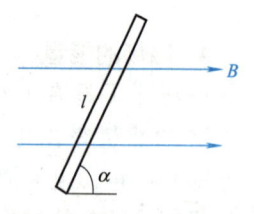

图 5-6　导体与磁感应强度方向不垂直

$$F = BIl\sin\alpha \tag{5-3}$$

例 5-2　已知均匀磁场 $B = 0.5$T，在磁场中有一载流导体，导体方向和磁场方向垂直，

有效长度 $l = 0.1$m，通电电流 $I = 5$A，求导体的受力大小。

解：

$$F = BIl = 0.5\text{T} \times 5\text{A} \times 0.1\text{m} = 0.25\text{N}$$

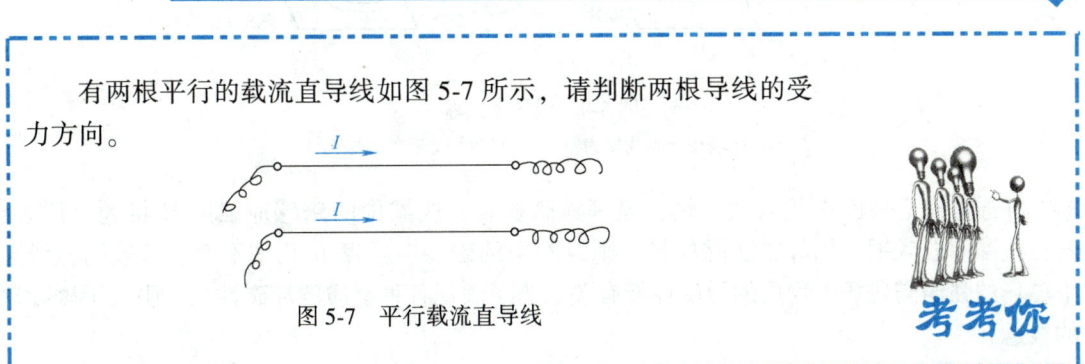

有两根平行的载流直导线如图 5-7 所示，请判断两根导线的受力方向。

图 5-7 平行载流直导线

3. 磁通 Φ

【磁通定义】 在匀强磁场中，磁感应强度 B 与垂直于它的某一面积 S 的乘积，称为该面积的磁通，用 Φ 表示

$$\Phi = BS \tag{5-4}$$

式中　Φ——该面积的磁通，单位为 Wb（韦伯）；
　　　B——磁感应强度，单位为 T；
　　　S——通过的面积，单位为 m²。

磁通也是矢量，方向与磁感应强度的方向相同。式 (5-4) 只适用于磁场方向与面积垂直的匀强磁场。当面积 S 与磁场方向不垂直时，则磁通为

$$\Phi = BS\sin\theta$$

式中　θ——磁场方向与面积 S 的夹角，如图 5-8 所示。

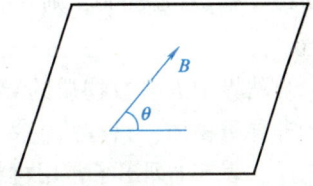

图 5-8 磁场方向与面积 S 的夹角

例 5-3 已知一均匀磁场，磁感应强度 $B = 0.01$T，该磁场的磁力线以 $\theta = 45°$ 夹角穿过面积为 0.01m² 的截面，求穿过截面的磁通。

解：

$$\Phi = BS\sin\theta = BS\sin 45° = 0.01\text{T} \times 0.01\text{m}^2 \times 0.707 = 7.07 \times 10^{-5}\text{Wb}$$

4. 磁导率 μ

将一个空心线圈通入电流 I，在线圈的下部放一薄铁片（见图 5-9），线圈对薄铁片的吸力很小，薄铁片不动；当通电电流不变，在线圈中插入一铁棒，线圈的吸力大增，将薄铁片吸起，如图 5-9b 所示。这一现象表明：同一线圈通过同一电流，如磁场中的导磁物质不同（空气或铁），其磁场强弱不同。

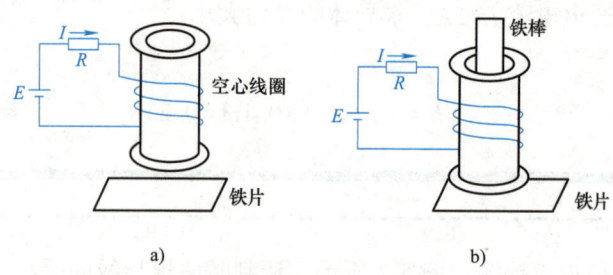

图 5-9 磁导率实验
a）磁场中导磁物质为空气 b）磁场导磁物质中为铁

在通电空心线圈中放入铁、钴、镍等铁磁材料，线圈中的磁感应强度 B 将大大增强；若在线圈中放入铜、铝等非铁磁材料，则线圈中的磁感应强度 B 几乎不变。这表明，线圈中磁场的强弱与磁场中物质的导磁性能有关。为了表征各种物质的导磁性能，引入了磁导率的概念。

【磁导率 μ】 磁导率用 μ 表示，单位为 H/m（亨/米）。导磁物质的 μ 越大，其导磁性能越好，产生的附加磁场越强；μ 越小，导磁性能越差，产生的附加磁场越弱。

【相对磁导率 μ_r】 实验表明，真空中的磁导率 $\mu_0 = 4\pi \times 10^{-7}$ H/m，为一常数。为了使用方便，常以真空的磁导率为衡量依据，将其他物质的磁导率和真空的磁导率进行比较。某物质的磁导率 μ 与真空磁导率 μ_0 的比值，定义为该物质的相对磁导率，用 μ_r 表示，即

$$\mu_r = \frac{\mu}{\mu_0} \tag{5-5}$$

μ_r 无量纲，它表示的意义是该物质的磁导率是真空磁导率的多少倍。例如，硅钢片的相对磁导率 μ_r 为 8000，则它的磁导率是真空的 8000 倍，即

$$\mu = 8000 \times 4\pi \times 10^{-7} \text{H/m} = 32000\pi \times 10^{-7} \text{H/m}$$

自然界中大多数物质的导磁性能都较差，如空气、塑料、木材、铜、铝等，其 $\mu_r \approx 1$，称为非导磁物质；只有铁、钴、镍及其合金等铁磁材料的导磁性能较好，其 $\mu_r \gg 1$，称为导磁物质。表 5-1 列出了常用材料的相对磁导率。因为铁磁材料的 μ_r 很高，因此利用铁磁物质来制造电磁器件（如变压器、电动机等），将会使其体积大大缩小、质量大为减轻。

表 5-1 常用材料的相对磁导率

材　料	相对磁导率 μ_r	材　料	相对磁导率 μ_r
空气、木材、塑料、橡胶、铝、铜	1	硅钢片	6000 ~ 8000
铸铁	200 ~ 400	铁氧体	几千
铸钢	500 ~ 2000	坡莫合金	几万 ~ 几十万

5. 磁场强度 H

当通电线圈的匝数和电流不变时，线圈中的磁场强弱与线圈中的导磁物质有关。尤其是铁磁材料，其不同类型磁导率不同，同一类型其磁导率 μ 值也不是常数，使磁场的计算比较复杂，因此引入了一个与物质的磁导率无关的辅助量来表示磁场的强弱，称为磁场强度。

【磁场强度定义】 磁场中某点的磁感应强度 B 与介质的磁导率 μ 之比，称为该点的磁场强度，用 H 表示，即

$$H = \frac{B}{\mu} \quad \text{或} \quad B = \mu H \tag{5-6}$$

式中 　H——该点的磁场强度，单位为 A/m（安/米）；

　　　B——该点的磁感应强度，单位为 T；

　　　μ——磁导率，单位为 H/m。

磁场强度是矢量，其方向与该点磁感应强度的方向相同。

磁场强度是原始的励磁量，其值正比于 IN（电流与匝数的乘积），反比于磁路长度 l，表达式为

$$H = \frac{IN}{l} \tag{5-7}$$

式中 　l——磁路长度，单位为 m；

　　　N——线圈的匝数；

　　　I——线圈电流，单位为 A。

例 5-4 已知图 5-9 中线圈的磁场强度 $H=1\text{A/m}$，铁棒的相对磁导率=2000，空心线圈和有铁棒的线圈的磁感应强度各为多少？有铁棒的线圈的磁感应强度是空心线圈的多少倍？

解：$B_{空} = H\mu_0 = 1 \times 4\pi \times 10^{-7}\text{T} = 4\pi \times 10^{-7}\text{T}$

　　　$B_{铁} = H\mu = H\mu_r\mu_0 = 1 \times 2000 \times 4\pi \times 10^{-7}\text{T} = 8000\pi \times 10^{-7}\text{T}$

　　　$B_{铁}/B_{空} = 8000\pi \times 10^{-7}/4\pi \times 10^{-7} = 2000$

由计算可知，线圈的磁场强度一定，有铁棒线圈的磁感应强度是空心线圈的 2000 倍。

活 学 活 用

在磁场中的通电导体要受到力的作用，这条理论并不深奥，但它对人们日常生产、生活的影响是深远的。

【案例 1——动圈式扬声器】

案例叙述

扬声器俗称喇叭，是一种将电能转化成声能的电声器件。大家试想：如果现在没有扬声器，手机能通话吗？一切以电声为媒介的信息传递还存在吗？我们又将回到什么时代？

根据在磁场中的通电导体要受到力的作用的原理，人们发明了扬声器。

动圈式扬声器主要由环形永磁铁、音圈架、音圈、纸盆架和纸盒等部件组成，如图 5-10 所示。在环形磁铁的磁场缝隙间套着一个能自由移动的线圈，叫音圈。音圈先粘在音圈架上，然后再与纸盒粘接在一起，纸盒固定在纸盆架上。

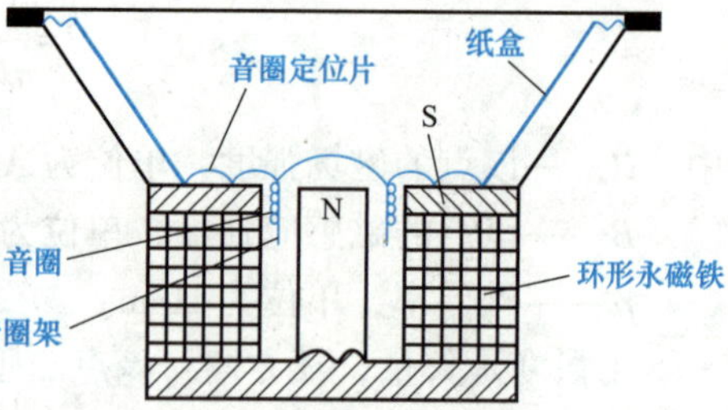

案例分析

当音频电流通过音圈时，音圈在磁场中受到磁场力的作用发生振动，其振动幅度和频率与音频电流的大小和频率相同。音圈的振动带动纸盆振动，从而发出声音。音频电流越大，作用在音圈上的磁场力越大，音圈和纸盆振动的幅度越大，从而产生的声音就越响。由于音频电流的大小和频率与声音是同步的，所以扬声器产生的声音与原声相同。

图 5-10　动圈式扬声器结构图

【案例 2——磁电系仪表】

案例叙述

磁电系仪表是电工测量中广泛使用的一种仪表，可用于直流电压和电流的测量。万用表的表头就是采用的磁电系仪表。磁电系仪表的结构如图 5-11 所示，由马蹄形磁铁和软铁心柱组成仪表的磁路。可动线圈由转轴支撑，可在马蹄形磁铁和软铁心柱中转动。游丝连在转轴上，以产生反作用力。当可动线圈通过测量电流，产生电磁力矩发生转动，转动的角度由指针在表盘上指出。可动线圈在转动过程中，游丝也在扭紧，产生反作用力矩，当可动线圈的电磁力矩与游丝的反作用力矩相等时，可动线圈停止转动，表针指在被测电流的刻度上。仪表的零点调节器，可调节表针的零点位置。

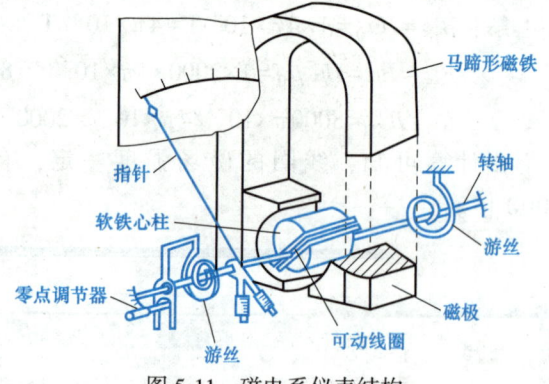

图 5-11　磁电系仪表结构

案例分析

磁电系仪表的指针转动角度和线圈中通入的电流成正比，当将仪表串联在电路中，即可测量出电路中电流的大小。根据欧姆定律，应用电阻的串并联，可以将该表改造成电压表、电阻表等，我们使用的指针式万用表就是由磁电系仪表作为表头的复合功能仪表。

【案例 3——直流电动机】

案例叙述

图 5-12 所示为微型直流电动机原理示意图，微型直流电动机是由固定磁极、换向器、电刷、Y 形转子、绕组等组成。Y 形转子绕有漆包线，其 Y 形转子的各个部分均对称地与换向器相连。当按图中极性接入直流电源，电流从左侧电刷流入，通过电刷和电动机绕组，由

右侧电刷流出。换向器的作用是控制转子转到一定角度电流换向，使转子磁极改变方向，根据磁极同性相斥、异性相吸原理，使转子的 Y 形磁极和固定磁极总是处在单方向的受力状态，使转子朝着一个方向转动。

案例分析

直流微型电动机结构简单，控制容易，体积可以做得很小。在医疗、航空、自动控制系统、家用电器、办公设备、儿童玩具等领域大量应用。大型直流电动机的工作原理与微型直流电动机相同，在工业上也广泛应用。

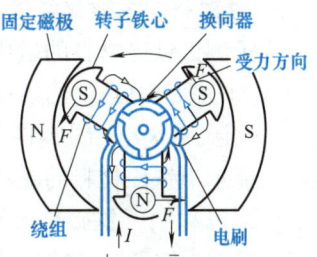

图 5-12 微型直流电动机原理示意图

5.2 铁磁材料的磁化及磁性材料分类

话题引入

没有铁磁材料，就没有今天的电工技术。如果把电工技术比作人，铁磁材料相当于人的骨骼，导电材料相当于人的肌肉，二者不可或缺。电工技术就是在电磁交换的基础上实现传递能量和做功的。我们只有对铁磁材料的特性、磁路原理加以研究，才能完整地掌握电工技术。

5.2.1 铁磁材料的磁化原理和磁化特性

1. 铁磁材料的磁化原理

铁磁材料是由原子组成的，原子又是由原子核和核外电子组成。核外电子绕着原子核旋转，电子旋转相当于环形电流在流动，产生的磁场如图 5-13a 所示。由于铁磁材料中原子产生的磁场是杂乱无章的，互相抵消，所以对外不显磁性。我们用磁畴来表示杂乱无章的磁场，如图 5-13b 所示。当给杂乱无章的磁场加上一个外磁场时，根据同性相斥、异性相吸的原理，内磁畴的方向在外磁场的作用下，转向为和外磁场的方向一致，如图 5-13c 所示。由于大量的内磁畴的磁场方向转向为和外磁场方向相同，这使总的磁场大大加强，这就是铁磁材料的磁化原理。

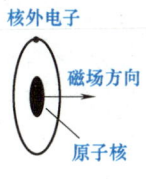

a)

b)

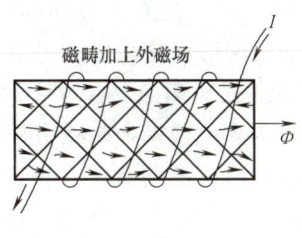

c)

图 5-13 磁化原理

a) 原子的磁场 b) 磁畴 c) 磁畴的磁化原理

2. 铁磁材料的磁化特性

为了测试铁磁材料的磁化特性，采用一个环形铁心磁路，在磁路上绕上线圈 N_1（见图5-14）。给线圈通入电流 I_1，根据式（5-7），$H=I_1N_1/l$，式中 N_1、l 一定，$H \propto I_1$。图5-14中 N_2 是检测铁心 B 值的，$B=\mu H$。然后可在示波器上显示出铁磁材料的磁化曲线。

铁磁材料可增加磁感应强度

【高导磁性】 铁磁材料的磁化曲线如图5-15a所示。横轴为外加磁场强度 H，纵轴为铁磁材料的磁感应强度 B。在磁化曲线的 Oa 段，当 H 由 O 向 H_1 增加时，铁磁材料内部磁畴的磁场按外磁场的方向顺序排列，使铁磁材料内的磁场大为加强，且 B 与 H 基本上呈线性关系。此段曲线是电动机、变压器、电磁铁等电气设备的应用线段。

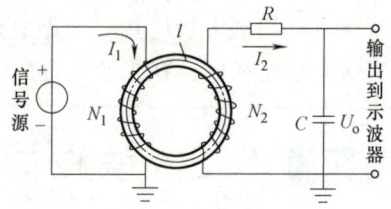

图5-14 磁化特性测试电路

【磁饱和性】 在曲线的 ab 段已产生了明显的弯曲，此段曲线通常称为磁化曲线的膝部。当过了曲线的 b 点，由于小磁畴已基本全部转向，H 再增加时 B 已基本不再增加，这时 B 值达到饱和值 B_m。图5-15b所示为不同铁磁材料的磁化曲线。

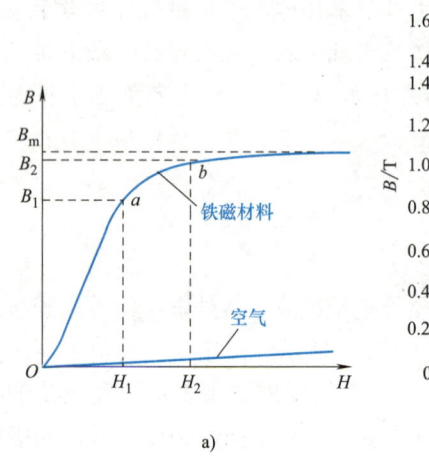

a)

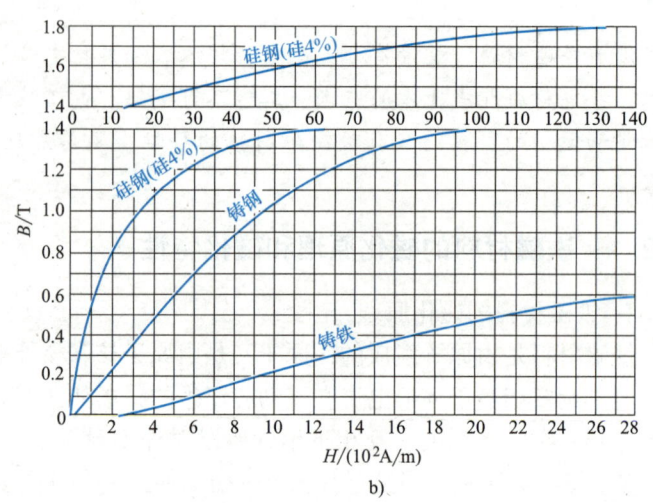

b)

图5-15 磁化曲线

a) 铁磁材料磁化曲线 b) 不同铁磁材料的磁化曲线

【磁滞特性】 在图5-16所示的磁化曲线中，当增大磁场强度 H，使磁化曲线由 O 点上升到 a 点。从 a 点开始，磁场强度 H 逐渐减弱到零，磁化曲线仅由 a 点回到 b 点。B_0 称为剩磁或剩余磁感应强度。

磁场强度再次减弱到零，再反方向磁化并返回到原来的方向，使曲线沿着图5-16中的 $defa$ 路径移动。图5-16中的整个曲线 $abcdefa$ 称为铁心的磁滞回线。"磁滞"一词意味着磁感应强度的变化落后于它的起因（磁场强度），或者说磁感应强度的变化滞后于磁场强度，即

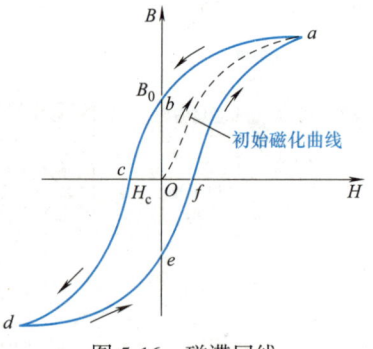

图5-16 磁滞回线

B 滞后于 H。

铁磁材料在交变磁化过程中，由于磁畴在不断地改变方向，使铁磁材料内部分子振动加剧、温度升高，造成能量消耗，称为磁滞损耗。磁滞损耗对电动机和变压器等电器设备的运行不利，是引起铁心发热的原因之一。

5.2.2 铁磁材料的分类和用途

不同的铁磁材料具有不同的磁滞回线，其剩磁和矫顽力（矫顽力是指为消除 B_0 所加的反方向 H 值。铁磁材料的剩磁越大，所需的矫顽力越大）是不同的，因而其特性以及在工程上的用途也不相同。通常根据矫顽力的大小把铁磁材料分成软磁材料和硬磁材料。

1. 软磁材料

这类材料的剩磁、矫顽力、磁滞损耗都较小，磁滞回线狭长，如图 5-17a 所示，称为软磁材料。常用的软磁材料有铸钢、铸铁、硅钢片、坡莫合金、铁氧体等。硅钢片是制造变压器、交流电动机、接触器、交流电磁铁等电器设备的铁心材料；铸铁、铸钢一般用来制造电动机的机壳；而铁氧体是用来制造高频磁路的导磁材料。

2. 硬磁材料

这类磁性材料，它的剩磁、矫顽力、磁滞损耗都较大，磁滞回线较宽，如图 5-17b 所示，称为硬磁材料。硬磁材料磁化后，能得到很强的剩磁，而又不易退磁，因此这类材料适用于制造永久磁铁。常用的硬磁材料有钨钢、铝镍合金、钕铁硼合金等。在磁电式仪表、扬声器中的磁钢、永久磁铁等就是用硬磁材料制成的。

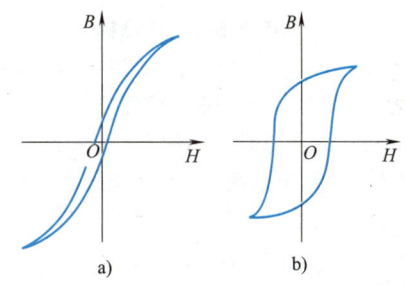

图 5-17 不同铁磁材料的磁滞回线
a）软磁材料　b）硬磁材料

> **课堂实验　铁磁材料磁化实验**
>
> 【实验器材】　干电池 1 节，空心中性笔杆 1 段，漆包线或细塑料线 2m，大号铁钉 1 枚，大头针、曲别针各 1 枚。
>
> 【实验内容】　按图 5-18 所示，将导线绕在中性笔杆上，接通干电池，将铁钉插入笔杆中，铁钉可吸起曲别针或大头针。断电，检验铁钉是否还带有磁性，如果仍能吸起大头针，说明铁钉有剩磁。
>
> 【实验要求】　因为线圈的电阻很小，电流很大（1~2A），电池接入时间要短；因为铁钉不是软铁，具有硬磁特性，磁化后要产生剩磁。如果用软铁，剩磁很小，大家可以找软铁棒一同实验。
>
>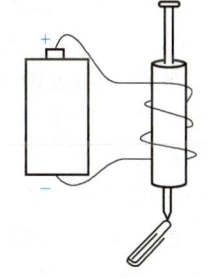
>
> 图 5-18 测量电路
>
> 铁磁材料磁化后能够吸铁，这是电磁铁的工作原理，继电器、电磁吸盘、电磁起重机等都是采用的这一原理。

阅读材料

硬磁材料的应用

硬磁材料主要是用来制造永久磁铁，因此又称为永磁材料。现在工程中应用的硬磁材料一般都是20世纪60年代以后发展起来的新型材料，这些新型材料一般都是铁磁材料的合金或是氧化物，如铁氧体、钕铁硼合金等。在铁磁材料中加入钐、钕等稀土元素，生成的硬磁材料可吸起相当于自身640倍的重物，由于磁性强，可使由此材料制造的仪器设备体积小、质量轻。现在的硬磁材料已经广泛应用于各个领域，如微波通信技术、音像技术、电机工程、仪表技术、计算机技术、自动化技术、汽车工业、石油工业、磁分离技术、生物工程及磁疗与健身器械等领域。硬磁材料已成为当代新技术的重要物质基础，图 5-19 所示是部分硬磁材料。

1. 利用永久磁体形成永久磁场

在雷达技术、卫星通信、遥控遥测技术、电子跟踪、电子对抗技术中，需要用到磁控电子管（磁控管）、磁控行波管、阴极射线管、微波铁氧体隔离器及环行器等。所有这些器件都要用到永磁铁，产生一个恒定磁场，用以控制电子束流的运动，以便实现高频或超高频振荡，微波信号（电流、电压或功率）的放大、接收与显示等。

图 5-19 部分硬磁材料

硬磁材料产量的 1/3 左右都用来制造各种永磁电动机。永磁电动机的种类、用途、品种很多，如数控机床上的步进电动机、各种微型或小型直流电动机。永磁电动机的容量小到几毫瓦，大到数百千瓦。永磁电动机在电动机内由永磁材料形成磁场，电动机转子绕组通电后受电磁力影响发生转动。永磁电动机的优点是用永磁铁代替励磁绕组，省铜、省电、质量轻、体积小、效率高。目前，已广泛应用于机床、医疗器械、自动化办公设备和生产设备。特别是钕铁硼合金等硬磁材料的出现，再次促进了永磁电动机的发展。

硬磁材料约有 15% 用于制造电声器件。电声器件是扬声器、话筒、拾音器、助听器、立体声耳机、电话接收机和电声传感器等的总称。硬磁材料作为永磁铁为电声器件提供磁场，处于气隙中的音圈有电流通过时，在气隙磁场的作用下振动发声。

2. 利用永久磁体的同极性相斥和异极性相吸

磁力机械是新型硬磁材料出现以后，逐渐发展起来的一个新的应用领域。磁力机械包括磁力传动器、磁力制动器、磁力夹具、磁力打捞器、磁性轴承、磁力泵、磁性阀、磁封门和磁锁等。磁力机械的种类多种多样，但其原理都是利用了磁体同极性相斥（力）、异极性相吸（力）的原理。如磁力传动器就利用了异性磁极相互吸引的原理，构成密封或真空容器内外的非接触式传动。其特点是磁极之间不接触、无摩擦，可用在真空系统或化工工业；又如磁力轴承是利用同极性相互排斥的原理，将两块磁铁同极性相对，使轴和轴承之间构成一种磁斥力场，轴悬浮在轴承之间转动时不产生摩擦力。磁力轴承主要应用于人造卫星、宇航器、高速飞行器的陀螺仪、超高速离心机、纺织机的涡轮机、电量计、特别用途电机、精密仪器和电能表等。人造卫星或航天器一般在真空条件下工作，在真空中，机械轴承面临严重的润滑和磨损问题，它决定了人造卫星与高速飞机的寿命，而磁性轴承没有摩擦，不需要润滑，因而可长期使用。

利用同磁极相互排斥的原理而制造的列车称为磁悬浮列车。这种列车的车轮与轨道是不接触的，它依靠磁性相互排斥力把车身悬浮起来。这种列车在运行过程中速度快，时速可达 500km/h，而一般列车速度小于 300km/h，此外无摩擦、无噪声，是未来理想的交通工具。

第5章 磁路与电感应用技术

3. 利用永久磁体分离铁磁物质和非铁磁物质

利用磁性方法将磁性原子（离子）或磁性分子与非磁性原子（离子）或非磁性分子分开的技术称为磁分离技术。磁性分离技术在选矿、原材料处理、水处理、垃圾处理、化学工业、食品工业等多方面得到了广泛的应用。

4. 利用永磁材料的温度特性

硬磁材料一旦被磁化后，就带有永久磁性，在常温中磁性不会退去。因此，人们用硬磁材料来制造永久磁体。但当磁体受到强烈振动，或在高温下，由于磁分子的剧烈热运动，小磁畴就又会变得杂乱无章，失去磁性。永磁铁在加温时有一个去磁温度和退磁温度，当达到去磁温度时磁性消失，温度恢复正常时磁性自然恢复；当达到退磁温度时，在温度恢复正常后磁性也不再恢复。

不同的永磁材料有一个不同的去磁临界温度，高于这个温度时，磁性就会消失。人们根据这个特点，开发出了很多磁控器件。例如，我们家庭中做饭用的电饭煲，在它的底部就装了一块临界温度为105℃的电磁铁，当煲内温度达到105℃时，电磁铁失磁，被它吸住的开关由弹簧顶开，电饭煲断电。当温度下降后，电磁铁的磁性又自然恢复。

5.3 磁路与电磁铁

话题引入

为了在较小的励磁电流下获得较强的磁场，电器设备都采用铁心做磁路（硅钢片铁心的相对磁导率 μ_r 是空气的8000倍），然后将线圈套在铁心上。因为线圈中的磁场都集中在线圈内（见图5-20c），并且由N极指向S极，线圈套在铁心上，磁场就都集中在了铁心磁路中。如果希望磁路中的磁通最大，铁心必须是闭合的，这样磁路中磁阻才最小，这是线圈—磁路的典型搭配。

5.3.1 磁路

1. 磁路的构成

磁路就是由导磁材料构成的闭合路径，使磁通集中在磁路中流动。

图5-20所示为四种常见磁路。图5-20a所示为单相变压器的磁路，它由同一种铁磁材料构成；图5-20b所示为直流电动机的磁路，定子和转子铁心间留有缝隙；图5-20c所示为继电器的磁路衔铁工作时要移动，衔铁和铁心间要留有缝隙；图5-20d所示为电抗器的磁路，为防止铁心饱和，铁心间要留出适当的缝隙。

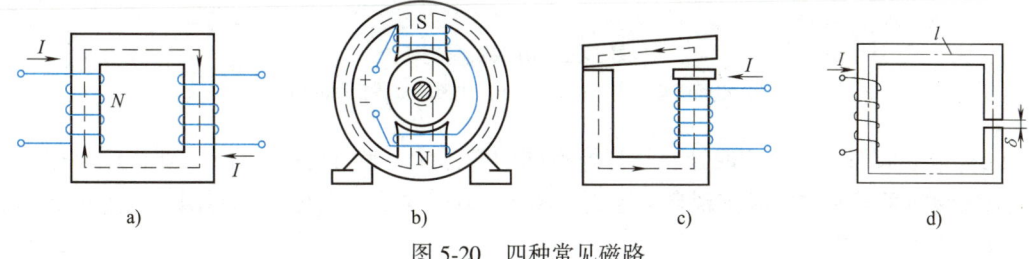

图 5-20 四种常见磁路

a）单相变压器的磁路 b）直流电动机的磁路 c）继电器的磁路 d）电抗器的磁路

2. 磁路原理

（1）用铁磁材料构成磁路的原因　为什么很多电器都用铁磁材料构成磁路呢？一是由铁磁材料做磁路，用较小的磁场强度 H，就可以激发出很大的磁感应强度 B，大大减少线圈的匝数和电流。二是铁心的强度高，可以作为设备的结构支撑；三是磁路的磁导率可以通过控制气隙进行调整，使用方便；四是铁磁材料矿产丰富，价格低廉。

（2）磁路留有缝隙的原因　为了防止磁路 H 过大时出现饱和（见图 5-15a 的 ab 段），留出一定的缝隙（或填充非导磁材料），增加磁路的磁阻，使铁心工作在线性段（见图 5-15a 的 Oa 段）。带有缝隙的磁路一般用在电动机、继电器、电抗器等的铁心中。

5.3.2　电磁铁

1. 电磁铁的工作原理

电磁铁是工程上应用非常广泛的一种电器。它是通过铁心线圈通上电流后，在铁心中产生磁通，该磁通对附近的铁磁材料产生磁化，因而形成吸力，故称为电磁铁。

图 5-21 是电磁铁铁心原理图，当铁心线圈 A 通上电流产生磁通 $\varPhi$，根据右手定则判断，磁通的方向为顺时针。磁通通过铁心 A、B 时，产生很大的磁感应强度 B，根据磁极异性相吸、同性相斥原理，A、B 之间产生很大的吸力。

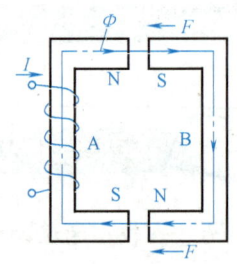

图 5-21　电磁铁铁心原理图

2. 电磁铁应用

（1）电磁吸盘起重机　在铁磁材料的吊装时，采用电磁吸盘，可以节省吊挂时间、提高工作效率，同时还有挑选功能，特别适合废铁的分拣和吊装。图 5-22a 为电磁吸盘起重机吊装图。

电磁力可以做功

a)　　　　　　　　　b)

图 5-22　电磁铁应用

a）电磁吸盘起重机吊装图　b）电磁铁液体控制阀门

（2）电磁阀门。水管、油管、气管等不同的管道上，除了手动阀门之外，还有电磁阀门。电磁阀门可以通过电流实现自动控制。图 5-22b 是电磁铁液体控制阀门，通过电磁铁的吸力打开或关闭阀门。

（3）继电器。继电器是通过电流控制的自动开关。在自动化设备中，离不了继电器。

第 5 章 磁路与电感应用技术

当控制电路需要输出开关信号，就通过继电器转换。图 5-23a 是继电器的工作原理图，是由铁心线圈、衔铁、弹簧和触点组成的，当线圈通电，铁心对衔铁产生吸力，衔铁向下移动，带动触点闭合。当线圈断电，衔铁释放，弹簧拉动衔铁使触点打开。根据不同的用途，继电器的触点有单组或多组，有常开、常闭；体积有大有小，小的只有米粒大小。图 5-23b 是继电器的外形图。

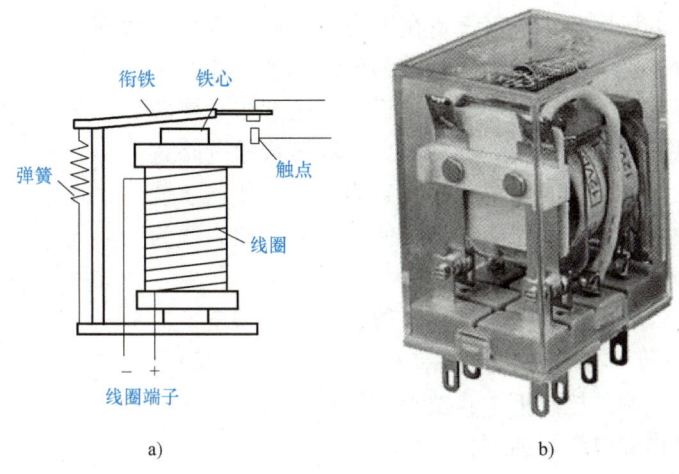

图 5-23 继电器的工作原理和外形
a) 工作原理图 b) 外形图

（4）电磁制动器 图 5-24a 是电磁制动器原理图。当线圈没给电时，由弹簧力将动摩擦片和静摩擦片压紧，因静摩擦片和外壳连接，动摩擦片和传动轴连接，传动轴通过摩擦力制动；当线圈得电，电磁力将动摩擦片吸动，弹簧被压缩，摩擦片失去摩擦力，传动轴自由转动。制动器的外壳是铁磁材料，承担着磁路的作用，拆掉外壳后，动摩擦片不能吸合。

图 5-24b 是孔式电磁制动器外形图，应用时将被制动轴穿入轴孔中，传动轴的键槽和动摩擦片配合，当动摩擦片被弹簧施压产生摩擦力时，传动轴被制动。

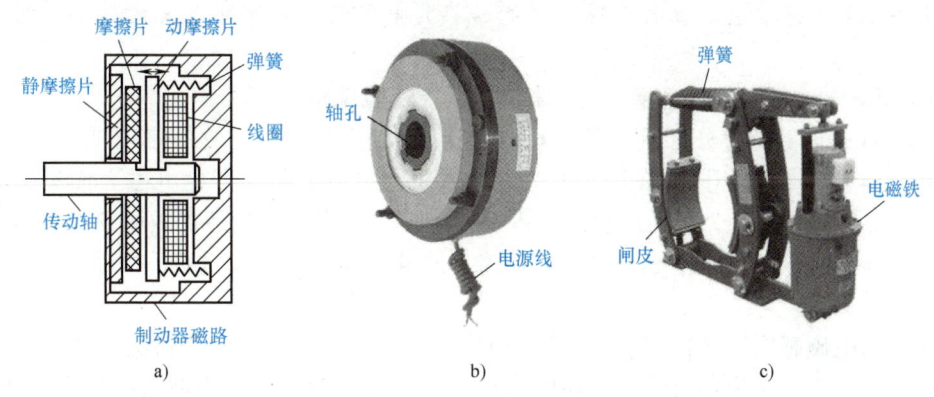

图 5-24 电磁制动器
a) 电磁制动器原理图 b) 孔式电磁制动器外形图 c) 电磁抱闸制动器

图 2-24c 是电磁抱闸制动器，当电磁铁线圈不给电时，通过弹簧的拉力将闸皮和转轴抱紧，电磁铁给电时将弹簧拉伸，闸皮松闸，转轴可以自由转动。

电磁制动器有一个共同的特点，就是制动线圈得电时为不制动；制动线圈失电时为制动。这就有效地防止了电动机在升、降时因为突然停电造成负载从空中坠落。

5.3.3 磁屏蔽

第 4 章介绍了电场屏蔽，电气设备在工作时，同时也会产生磁场。如电动机、变压器、输电线路等，都会产生磁场。为了防止磁场对其他设备的干扰，可以采用磁屏蔽的方法将易受干扰的设备屏蔽起来。屏蔽原理是采用空腔铁壳或铁管（见图 5-25），将被屏蔽的电路置于空腔中。由于铁磁材料的磁导率 μ 很大磁阻很小，相当于铁心磁路，磁力线集中在空腔铁壳中流动，使空腔内的磁力线为零，这就是磁屏蔽的基本原理。

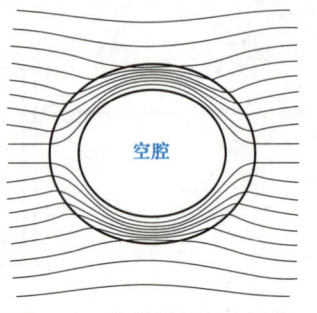

图 5-25　铁磁材料空腔屏蔽

根据这一原理，有的电源变压器在外层包上一层铁皮，屏蔽变压器的磁场外漏；有的易感设备装在用铁皮制作的箱子中，有的设备装在铁制的控制柜中；铠装电缆在外层包上一层铁皮金属带，一是增加电缆的强度，二是防止电磁泄漏。

5.4 电磁感应

 话题引入

前面分析了静磁场的原理与应用，通过电生磁、磁生力完成做功。本节分析电生磁的逆过程——磁生电。根据能量守恒定律，通电导体产生磁场，磁场具有能量，当磁场能量下降时，磁场能量将转换为电能。

自从丹麦物理学家奥斯特发现了电流的磁效应以后，许多科学家开始寻找它的逆效应。在 1831 年，英国科学家法拉第发现了磁能转换为电能的重要事实及其规律——电磁感应定律。

为了理解电磁感应及其定律，我们来观察以下实验现象：

图 5-26a 是电磁感应分析图。当导体 l 以速度 v 切割磁力线时，在回路中产生感应电流。该图和图 5-4 电路结构相同，在图 5-4 中给导体通入电流，导体产生电磁力而运动；在图 5-26a 中使导体做切割磁力线的运动，导体中产生感应电流。也就是在磁场中，导体通电产生运动、导体运动产生电流。这两种互逆现象就产生了电动机和发电机，推动社会进入工业电气化时代。

【法拉第电磁感应定律】　法拉第是英国物理学家、发电机和电动机的发明者（1791—1867）。电磁感应定律为：当闭合回路的磁通量发生变化时，回路中便有感应电动势产生。感应电动势的大小和回路中的磁通变化率成正比。

闭合回路磁通量变化有两种实现方法，一是直导线做切割磁力线运动；二是穿过线圈的

第5章　磁路与电感应用技术

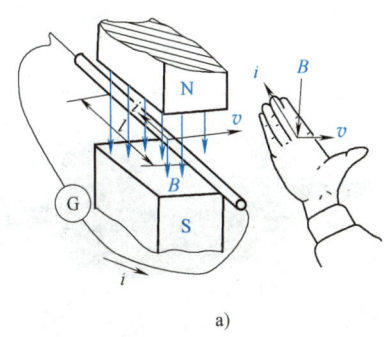
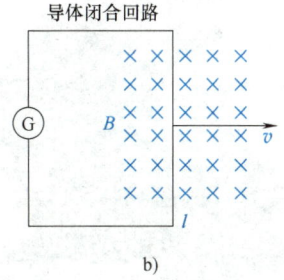

图 5-26　电磁感应
a）电磁感应分析图　b）闭合回路磁通变化图

磁通量发生变化。在用途上，直导线切割磁力线多用在电动机等设备上；磁通量穿过线圈多用在电感线圈或变压器等设备上。

1. 直导线切割磁力线产生感应电动势

在图 5-26b 中，当导体以速度 v 切割磁力线时，导体中产生感应电动势或感应电流。在图中，直导线和电流计 G 构成闭合回路，当直导线运动时，回路中包围的磁通 Φ 发生变化，即产生感应电动势或感应电流，如图 5-26b 所示。感应电动势 e 的大小与磁感应强度 B、导体有效长度 l 以及导体运行速度 v 成正比。其表达式为

电磁感应

$$e = Blv \tag{5-8}$$

式中　e——导体中的感应电动势，单位为 V；
　　　B——匀强磁场的磁感应强度，单位为 T；
　　　l——磁场中导体的有效长度，单位为 m；
　　　v——导体的运行速度，单位为 m/s。

【右手定则】 e 的方向可由右手定则来判断（见图 5-26b），即将四指伸直，拇指指向导体的运动方向，让磁力线从手心中穿过，四指所指的方向就是感应电动势的方向。此即判断感应电动势方向的"右手定则"。

例 5-5　图 5-27 是电动机结构图，已知在定子绕组中通上三相交流电，在定子表面就产生一个均匀的旋转磁场。转子绕组在定子中切割旋转磁场产生感应电流。转子的感应电流因为处在旋转磁场中，又受到电磁力作用，使转子转动。

已知定子表面旋转磁场的磁感应强度 $B=0.2T$，定子表面的磁场旋转速度为 2m/s；转子绕组的有效长度为 $l=0.1m$，转子绕组共有 900 匝，每 300 匝为一组构成一个闭合回路。请计算转子绕组的感应电动势；假设每组绕组中有 3A 的感应电流，转子表面能得到多大的电磁力？

解：① 转子的每匝绕组分布在转子直径上的对应面上，每匝绕组有 2 个有效边，300 匝就有 600 个有效边，即

$$l = 0.1m \times 600 = 60m$$

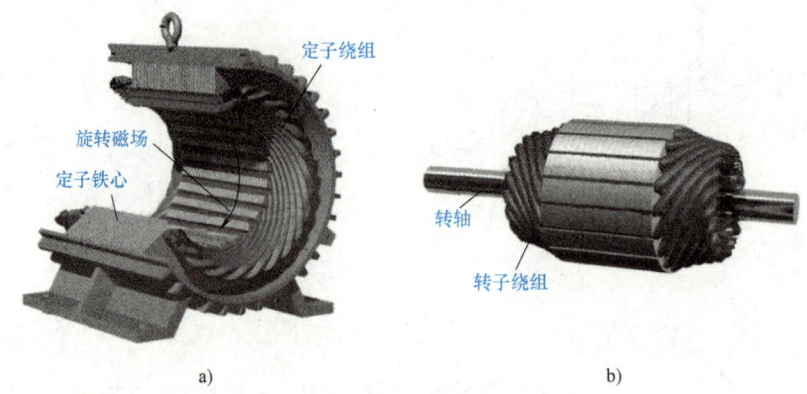

图 5-27 电动机结构图
a）定子　b）转子

$$e = Blv = 0.2\text{T} \times 60\text{m} \times 2\text{m/s} = 24\text{V}$$

② 三组绕组共有 900×2＝1800 个有效边，即

$$l = 0.1\text{m} \times 1800 = 180\text{m}$$

$$F = BIl = 0.2\text{T} \times 3\text{A} \times 180\text{m} = 54\text{N}$$

转子在表面电磁力的作用下，对转轴形成转矩，使转子发生转动。

---

1. 有一金属环，沿着与磁场垂直的方向运动（见图 5-28a），金属环中产生的感应电动势是多少？

2. 如图 5-28b 所示，当此金属环在磁场中以两端为轴转动时（a 边向里，b 边向外），环中有无感应电动势，电动势的方向如何？

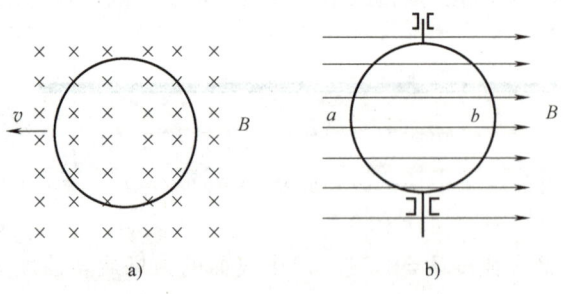

图 5-28　金属环在磁场中运动

2. 线圈中磁通量变化产生感应电动势

在图 5-29 的实验中，当将条形磁铁向着线圈插入或抽出的过程中，穿过线圈的磁通发生变化，线圈的检流计中产生感应电流。如图 5-29a 所示，当条形磁铁的 N 极插入线圈时，

磁通的方向向下，根据图 5-29c 所示的右手定则判断感应电流的方向应该是由下向上，而实际是由上向下；如图 5-29b 所示，当条形磁铁的 N 极从线圈中抽出时，磁通的方向仍是向下，根据右手定则判断感应电流的方向应该是由下向上，实际也是由下向上。由此可见，右手定则判断感应电流的方向失效。

下面先根据法拉第电磁感应定律，给出感应电势表达式。因为方向没有确定，先用绝对值表示为

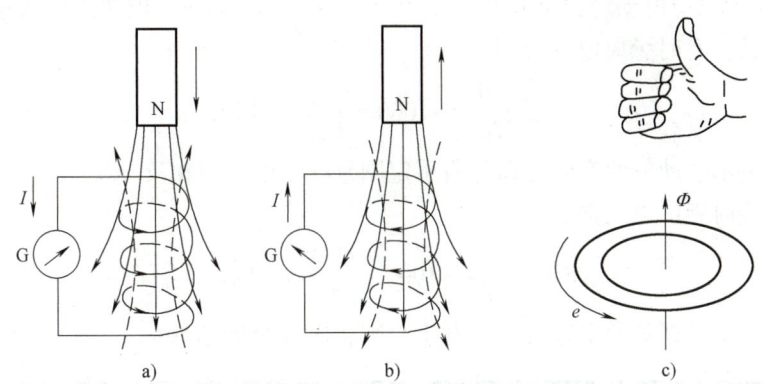

图 5-29　感应电动势与正方向
a）磁通增加　b）磁通下降　c）右手定则定义图

$$e = \left| N \frac{\Delta \Phi}{\Delta t} \right| \tag{5-9}$$

式中　e——感应电动势，单位为 V；

$\Delta \Phi$——磁通增量，即磁通在原有基础上增加（减小）的量，单位为 Wb；

Δt——时间增量，单位为 s；

$\Delta \Phi / \Delta t$——磁通变化率，反应磁通变化快慢的物理量；

N——线圈匝数。

由式（5-9）可见，条形磁铁插入或抽出的速度越快，磁通的变化率越大，感应电动势越大；磁铁在线圈中不动，则 $\Delta \Phi = 0$，$e = 0$。

3. 楞次定律

【楞次定律】　楞次定律是用于判断感应电动势方向的定律，是俄国物理学家楞次（1804—1865）提出的。楞次定律为：如果回路中的感应电动势是由于穿过回路的磁通量变化产生的，则感应电动势在闭合回路中将产生一电流，由这一电流产生的磁通总是阻碍原磁通的变化。归纳为八个字就是"增反减同，来拒去留"。

下面根据楞次定律，判断感应电流的方向。

如图 5-29a 所示，当条形磁铁的 N 极插入时，磁通 Φ 增加，即 $\Delta \Phi / \Delta t$ 为正值。当仍然用右手定则判断感应电流的方向时，在公式中加一个"−"号（即可符合右手定则），见式（5-10）。

如图 5-29b 所示，当条形磁铁的 N 极抽出时，磁通 Φ 下降，即 $\Delta \Phi / \Delta t$ 为负值，和公式中所加"−"号相乘，负负为正，也符合右手定则。

结论：在感应电动势的公式中加一个"-"号，感应电流的方向仍然可用右手定则来判断。

$$e = -N\frac{\Delta\Phi}{\Delta t} \tag{5-10}$$

例 5-6 有一铁心线圈，线圈的匝数为 1000，已知铁心中的磁通在 1s 内由 0 上升到 0.1Wb，求线圈的感应电动势，又知在 1s 内磁通下降了 0.05Wb，求线圈的感应电动势。

解： ① 磁通上升时感应电动势为

$$e = -N\frac{\Delta\Phi}{\Delta t} = -1000 \times \frac{0.1}{1}\text{V} = -100\text{V}$$

式中，"-"号表示电动势的实际方向与右手定则判断出的方向相反（见图 5-29a）。

② 磁通下降时感应电动势为

$$e = N\frac{\Delta\Phi}{\Delta t} = -1000 \times \frac{-0.05}{1}\text{V} = 50\text{V}$$

式中，"+"号表示电动势的实际方向与右手定则相同（见图 5-29b）。

活学活用

磁场中的通电导体要受到力的作用，它的逆效应是：磁场中的导体受力运动要产生感应电流。

【案例 1——电动式传声器】

案例叙述

将声音转化为电信号才能被电子电路放大。转化的设备称为传声器，俗称话筒，传声器的种类很多，其中电动式传声器由于音质好，得到广泛的应用。电动式传声器是根据导体切割磁力线时产生感应电流的原理工作的。

电动式传声器的结构主要由软铁 1、衬圈 2、护罩 3、膜片 4、音圈 5、永磁铁 6 等部分组成，如图 5-30 所示。膜片多采用铝合金或聚苯乙烯材料，压制成表面为皱褶的薄片，并与音圈黏合在一起。音圈是用漆包线绕在纸管上，再将纸管套在永磁铁的心柱上，并与心柱和软铁之间保持一定的间隙。心柱和软铁之间形成强磁场，音圈在这个强磁场中移动时要产生感应电流。

当声波传到膜片上，膜片带动音圈随声波的频

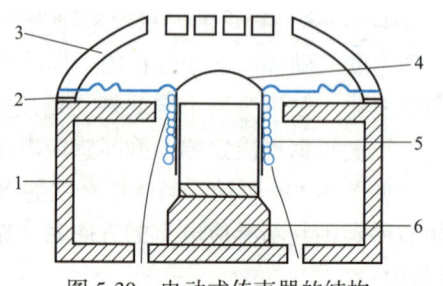

图 5-30 电动式传声器的结构
1—软铁 2—衬圈 3—护罩 4—膜片
5—音圈 6—永磁铁

第 5 章 磁路与电感应用技术

率和强弱振动，使音圈在磁场中做切割磁力线运动，从而产生感应电流，将音频信号转换成电信号。

案例分析

电动式传声器发明得最早，由于音质好，灵敏度高，现在仍然得到广泛的应用。

【案例2——直流发电机】

案例叙述

电磁感应理论的发现为发电机的诞生建立了理论基础，由此进入了由机械拖动发电机进行发电的时代。

图 5-31 所示是直流发电机原理图。两个磁极（极掌）N、S 建立恒定磁场，在磁场中装有铁心转子，铁心转子的作用是使极掌处空气隙的磁通分布均匀。在铁心转子上固定着线圈 abcd，线圈的 a、d 两端分别接在和铁心一起旋转的两片半圆形换向片上。转子铁心、转子铁心上固定的线圈以及换向片，统称为电机的电枢。电刷 A、B 分别与换向器接触通向外电路。

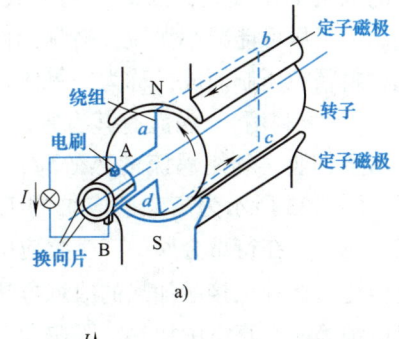

图 5-31 直流发电机原理图
a) 原理图 b) 电流波形

当转子逆时针旋转时，线圈 abcd 切割磁力线产生感应电流，电流通过换相器与电刷接触流向外电路。图示位置线圈电流的流向是由 d 到 a，当线圈转过 180°时，线圈电流的流向变为由 a 到 d，由于换向片随线圈一起转动，而电刷不动，所以负载上得到的是直流电。

案例分析

发电机的诞生，为社会生产和生活提供强大的电能，我们可以试想，如果现在停了电，会是什么后果？本节案例是一个发电机原理图，只有一个绕组，发出的电流脉动性大。实际应用中的发电机转子有多个绕组，换向器也有多组，可发出平滑的直流电。

【案例3——涡流的防止及应用】

案例叙述

如果线圈绕在铁心上，当通过线圈的电流发生变化时，穿过铁心的磁通也发生变化，由电磁感应定律可知，在铁心内部必然产生感应电动势，因为铁心是导体，在此电动势作用下，便产生感应电流，这个电流在铁心内自成闭合回路，如同水的漩涡，故叫涡流，如图 5-32a 所示。涡流也是一种感应电流，它产生的磁场阻碍原来磁场的变化。

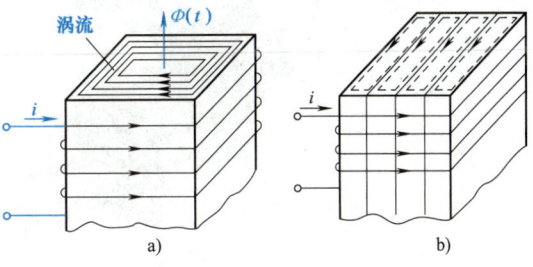

图 5-32 铁心中的涡流
a) 整块铁心 b) 叠层铁心

案例分析

【**涡流消除**】 涡流的存在，会使电器设备的铁心因发热而消耗电能，称为涡流损耗，这对电器设备是很不利的。为了减小涡流损耗，电器设备的铁心一般都不用整体的铁心，而用硅钢片叠成。硅钢片是由含硅

2.5%的硅钢轧制而成的，电阻率高、导磁性能好。其厚度为0.35~1mm，硅钢片表面涂有绝缘层，使片间相互绝缘。图5-32b所示为由硅钢片叠制成的线圈铁心，由于片间相互绝缘，加长了涡流路径，同时又因为硅钢片的电阻率比较大，因此使涡流大大减弱，从而减小了电能损耗。为了尽可能减小涡流，高频元件中的铁心采用绝缘的磁性氧化材料颗粒压制而成，称为铁氧体。

图5-33 高频感应炉的工作原理图

【涡流利用】 涡流有其有害的一面，但也有其有用的一面。在冶金行业，利用涡流的热效应，制成高频感应电炉来冶炼金属。图5-33所示为高频感应炉的工作原理图，当线圈中通入交变电流时，在待熔金属中产生感应电动势和涡流，使金属发热以至熔化。这种无接触加热的冶炼方法有许多优点：加热的效率高、速度快，并且可以把高频感应炉等放在真空中加热，既避免金属受污染，又不会使金属在高温下氧化。因此高频感应炉广泛应用于冶炼特种钢、提纯半导体材料等工艺。

【案例4——齿轮淬火】

案例叙述

工业设备中应用着大量的齿轮，齿轮是机械传动的主要部件，图5-34a是齿轮变速箱解剖图。在传动中对齿轮的耐磨性和轮齿的强度有很高的要求，轮齿在受力时不折断，齿面要耐磨。齿轮通过淬火可以提高其耐磨性（淬火就是将齿轮加热到800℃左右用水冷却，提高齿轮的强度和耐磨性）。但是淬火要有分寸，如果连轮齿的根部一同加热、淬火，轮齿的根部就会变脆，很容易折断。所以齿轮只需要对轮齿表面进行淬火，轮齿的根部不需要淬火。为了解决这个问题，人们采取了电磁感应加热。

案例分析

加热线圈是一个空心铜管，铜管工作时电流很大，发热严重，在铜管中通入流动的水将热量带走。工作时在铜管中通入中频电流（500~10000Hz），铜管线圈中产生磁通，齿轮被线圈磁化，产生强磁通。由于齿轮是导体，相当于很多闭合的同心圆环包围着磁通，这些同心圆环的直径越大，包围的磁通越大，产生的感应电流就越大。电磁感应还有一个现象叫趋肤效应，即当电流的频率比较高时，电流都集中在金属的外表面流动。结果就是电流都集中在轮齿齿面上，轮齿部分发热量最大，如图5-34b所示。

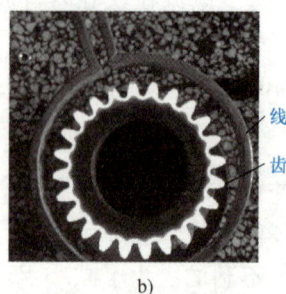

图5-34 齿轮和加热图
a) 齿轮变速箱解剖图　b) 齿轮加热

第 5 章　磁路与电感应用技术

只需几秒钟齿面的温度就能达到淬火温度，此时开通冷却水管，给齿轮冲水降温，在迅速冷却的情况下，轮齿内部分子结构重新排列，表现出很高的机械耐磨性能。

5.5　自感应与电感元件

自感应是能量守恒的一种反映形式。当线圈通电时，电能转化为磁场能；当电流消失时，磁场能释放，释放的形式就是再转化为电能。这种能量相互转化的自然现象，能帮助大家深刻理解电力电器的工作原理。

5.5.1　自感现象与自感系数

1. 自感现象

下面通过图 5-35 所示电路来研究互感现象。

【实验过程及现象】　图 5-35a 所示为实验电路连接图，实验器材：1 节 1 号电池，1 只 1kΩ 电阻，1 只发光二极管，1 只 6V 小电源变压器。用变压器的一次绕组作为电感应用。图 5-35b 所示为原理图，由原理图可见，接上电池，电感中有电流流过，发光二极管（VL）由于是反向连接，并不通过电流；当将电池断开，电池已经不再向电感供电，但此时发光二极管被点亮，说明此时发光二极管中有电流流过。而发光二极管中的电流必然是由电感提供的。

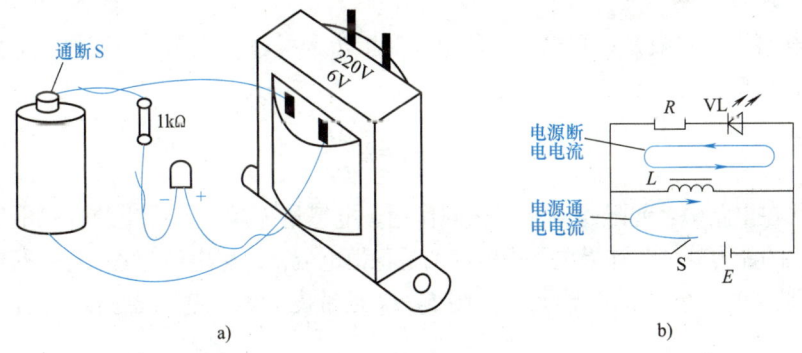

图 5-35　自感实验电路
a）实验电路连接图　b）原理图

【现象分析】　当电源断开的瞬间，线圈中电流发生变化（减小），由电流产生的磁通也同时发生变化，这个变化的磁通穿过线圈本身时，线圈中便产生感应电动势。感应电动势的作用是阻止电流的变化，使电流按原来方向流动，点亮发光二极管。这种由于线圈本身电流变化而产生感应电动势的现象，称为自感应（简称自感），所产生的电动势称为自感电动势，用 e_L 表示。

2. 自感系数 L

法拉第电磁感应定律同样适合自感电动势的分析。根据法拉第电磁感应定律，其自感电

动势为

$$e_L = -N \frac{\Delta \Phi}{\Delta t} \tag{5-11}$$

磁通是由自己线圈中的电流产生的，磁通的变化率和电流的变化率成正比，式（5-11）可以改写为

$$e_L = -L \frac{\Delta I}{\Delta t} \tag{5-12}$$

式中　e_L——自感电动势，单位为 V；

　　　$\Delta I/\Delta t$——电流的变化率，反映线圈中电流变化的快慢，单位为 A/s；

　　　L——自感系数，简称电感，是表征电感元件电感量的参数，单位为 H（亨）。

自感系数包含了电感线圈的匝数、结构、形状等因素，当线圈制作完毕，自感系数就是一个确定的值。在成品线圈中，其电感量都在线圈上标出。

电感的单位还有毫亨（mH）和微亨（μH），换算关系为

$$1H = 10^3 mH,\ 1mH = 10^3 \mu H$$

3. 电感元件

由绝缘导线绕制的线圈都具有一定的电感，在电工电路中称为电感元件。电感元件是电路的三大元件之一，是储能元件，本身并不消耗电能，在电路中进行能量转化。图形符号如图 5-36a 所示。

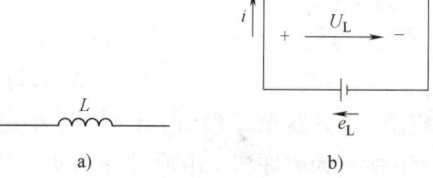

图 5-36　电感和自感电压
a）电感符号　b）自感电压和电流

在电工电路中，一般是计算电感中的电压和电流的关系，在图 5-36b 中，电感两端的电压和电势方向相反，式（5-12）可以改写为

$$U_L = -e_L = L \frac{\Delta I}{\Delta t} \tag{5-13}$$

电感元件在电路中，起阻碍电流变化的作用。电感量 L 越大，产生的自感电压 U_L 越大，阻碍电流变化的能力越强。如果电路中流动的是稳恒电流，自感电压为 0，电感不起作用。

图 5-37 是工程上常用的电感元件。图 5-37a 是带磁心的电感，磁路不闭合，电感量较

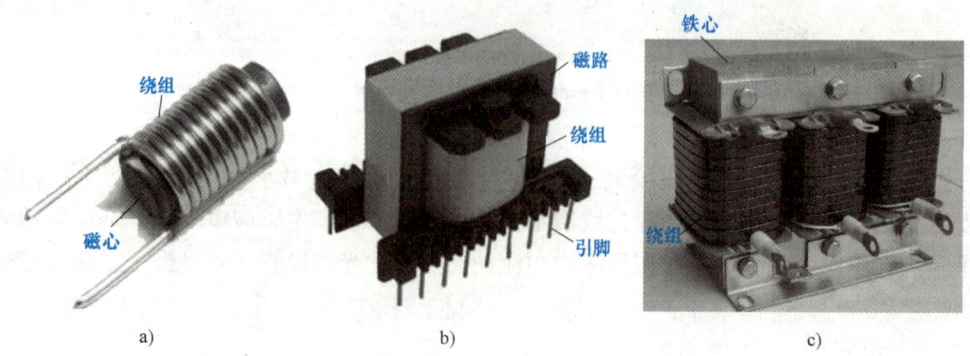

图 5-37　电感元件
a）带磁心的电感　b）带闭合磁路的电感　c）带闭合铁心的电感

小，用在高频电路中；图 5-37b 是磁路闭合，只留少量的空气缝隙，电感量大，多用在逆变器或充电电源，如手机充电器中的能量转换器件；图 5-37c 是铁心电感，用在低频电路中进行电流滤波。

5.5.2 电感线圈中的磁场能量

在图 5-35 所示的自感现象实验中，当 S 开关断开，电感线圈向发光二极管放电，显然电感线圈在通电时储存有磁场能量。

电感线圈中通过的电流越大，磁场越强，电感储存的能量就越大。实验和理论分析都可以证明，磁场能量与通过线圈的电流的二次方、线圈的电感量成正比，即

$$W_L = \frac{1}{2}LI^2 \tag{5-14}$$

式中　W_L——磁场能量，单位为 J；
　　　L——线圈的电感，单位为 H；
　　　I——线圈中的电流，单位为 A。

大功率电感电器在断电时，要采用带有灭弧功能的开关，否则在断开的瞬间会将开关的触点烧坏。

活 学 活 用

人们利用电感的储能、放能特性，开发出了广泛的应用。

【案例 1——电路滤波】

案例叙述

在电工或电子电路中，经常需要将交流电整流为直流电。但整流后的直流电并不平滑，如图 5-38a 所示。这个不平滑的直流电通过图 5-38b 所示滤波电路，就可以变为图 5-38c 所示的经滤波后的平滑直流电。

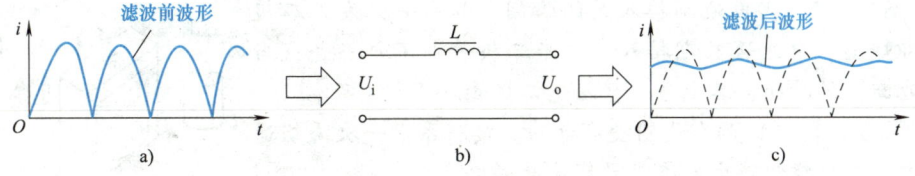

图 5-38　电流波形图
a）整流后波形　b）滤波电路　c）滤波后波形

【滤波原理】　当通过电感线圈的电流发生变化时，根据楞次定律，在电感两端产生自感电动势，阻碍电流的变化。即当电流增加，自感电动势阻碍电流的增加；当电流下降，自感电动势阻碍电流的下降。其结果是使通过电感的电流变的趋于平滑。

图 5-39 所示为一个工业电抗器外形，其结构是在有铁心的骨架上缠绕一定匝数的线圈，用于含有变动成分的直流电路。

案例分析

电感滤波适应于大电流的滤波场合，滤波电流稳定、脉动小。但电感滤波电抗器体积大，成本高，消耗有色金属。

【案例 2——自感现象的危害及防止】

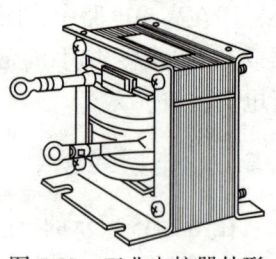

图 5-39 工业电抗器外形

案例叙述

电感是一个储能元件，储存的能量为 $W_L = \frac{1}{2}LI^2$。电动机、变压器等大型电气设备都是感性的，都可以等效为一个电感；工作在电网上的电器 70% 是感性的。这些负载工作时都通过电流储存能量。当这些负载从电源上切除时，储存的能量要在瞬间通过开关释放。假如一个中型设备储存的电能为 2000J，在 0.1s 内释放，则释放功率为 $P = W/t = 2000J/0.1s = 20000W$，这么大的释放功率足以烧坏电源开关。为了解决这个问题，在大型电感设备中都是采用专用灭弧开关。

案例分析

电感性负载的特点是通电时电流小，断电时在断开处会产生很高的自感电压，形成电弧。这不仅会烧坏开关，甚至会危及操作人员的安全。因此，切断这类电路时必须采用特制的安全开关。

5.6 互 感 应

 **话题引入**

用一只输入为 220V、输出为 6V 的小型电源变压器，两只发光二极管，一节 1.5V 的干电池。实验前用万用表测量一次绕组和二次绕组确实不通（教室当面测量），按图 5-40 进行连接，注意连接时两只发光二极管的极性相反。

【实验现象】 当电池刚接入时的瞬间，其中一只发光二极管点亮即熄灭，电池再长期接入，发光二极管也不再点亮；当将干电池断开的瞬间，其中另一只发光二极管点亮即熄灭。

【现象分析】 1) 两个线圈没有电的直接联系，一次绕组通电或断电时二次绕组产生电流，显然是电磁感应。

2) 发光二极管只是在通电、断电的瞬间发光。显然在这两个瞬间，磁路中<u>磁通发生变化，绕组中产生感应电流（动生电）</u>。当电池长期接入，虽然磁路中有磁通，但磁通不变化，不能产生感应电流。

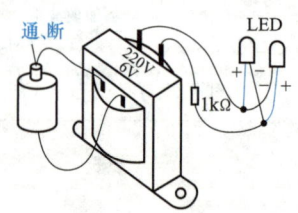

图 5-40 实验电路

一个线圈中的磁通发生变化，磁通穿过另一线圈，使另一线圈中产生感应电流的现象称为互感。

第 5 章　磁路与电感应用技术

【互感现象】　如图 5-41 所示，用两个靠在一起的空心线圈进行分析，定义一些互感参数。在线圈 2 两端接一灵敏检流计。当开关 S 闭合或断开的瞬间，我们会观察到检流计指针偏转了一个角度后又回到零位。这说明线圈 1 中电流的变化在线圈 2 中产生了感应电流。线圈 1 中电流变化产生了变化的磁通 Φ_1，其中一部分磁通 Φ_{12} 穿过线圈 2，使线圈 2 中产生了感应电动势，由此产生感应电流。

【互感定义】　这种由于一个线圈中电流变化，而在另一个线圈中产生感应电动势的现象，称为互感现象（简称互感）。所产生的电动势称为互感电动势。两个互感线圈称为磁耦合线圈。

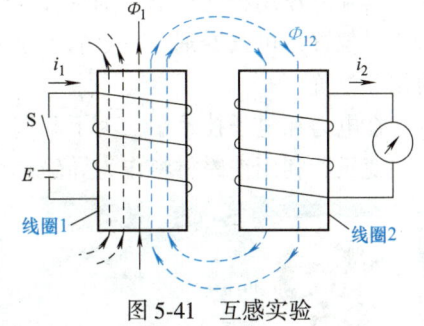

图 5-41　互感实验

对比自感现象可知，自感是线圈自身发生的电磁感应，而互感是具有耦合关系的两个（或多个）线圈之间发生的电磁感应，但其本质是一样的。

【互感系数 M】　互感系数是表征两个线圈互感耦合大小的物理量，用字母 M 表示。其单位为 H（亨）。

理论分析可知，线圈 1 对线圈 2 的互感系数 M_{12} 和线圈 2 对线圈 1 的互感系数 M_{21} 两者相等，即有

$$M_{12} = M_{21} = M \tag{5-15}$$

互感系数的大小取决于两个线圈的几何尺寸、匝数、相对位置和磁介质。当磁介质为非铁磁材料时，M 为常数。其大小反映了一个线圈电流变化时，对另一个线圈产生互感电动势的能力。互感表达式与自感表达式的形式相同，即

$$e_2 = M \frac{\Delta I_1}{\Delta t} \tag{5-16}$$

式中　e_2——线圈 1 中电流 I_1 变化在线圈 2 中产生的感应电动势。

【耦合系数 K】　工程上常用耦合系数 K 来表示两个线圈耦合的紧密程度，耦合系数的定义为

$$K = \frac{M}{\sqrt{L_1 L_2}} \tag{5-17}$$

由于互感磁通是自感磁通的一部分，所以 $K \leq 1$。当 K 接近于零时，为弱耦合；当 K 接近于 1 时，为强耦合；当 $K = 1$ 时，称两线圈为全耦合，此时的自感磁通全部为互感磁通，即线圈 1 产生的磁通全部穿过线圈 2；线圈 2 产生的磁通也全部穿过线圈 1。

两个线圈之间的耦合程度或耦合系数的大小与两个线圈的结构、相互位置及磁介质有关。如果两个线圈紧密地绕在一起，如图 5-42a 所示，则 K 可以接近

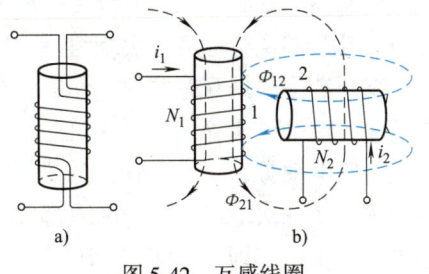

图 5-42　互感线圈
a）紧密耦合　b）非紧密耦合

于 1；如果两个线圈离的较远或轴线相互垂直，如图 5-42b 所示，线圈 1 产生的磁通不穿过线圈 2；而线圈 2 产生的磁通穿过线圈 1 时，线圈上半部和线圈下半部磁通的方向正好相反，其互感作用相互抵消，则 K 值很小，甚至可以接近于零。由此可知，改变或调整线圈的相对位置，可改变耦合系数的大小，工程上常根据这一原理来调整两个不需要耦合的线圈的相互位置。

在电力和电子技术中，为了利用互感原理传递能量或信号，常采取紧密耦合的方式。例如，变压器利用铁磁材料作为导磁磁路，以使 K 值接近于 1。

活 学 活 用

没有变压器，就没有高压电网，就得不到各种电压值的电能；我们生活小区的变压器如果出了毛病，小区就会一片黑暗……

【案例 1——变压器】

案例叙述

变压器是变换交流电压、电流和阻抗的电气设备，当一次绕组中通有交流电流时，铁心中便产生交流磁通，使二次绕组中感应出电压（或电流）。图 5-43 所示是变压器的外形图。

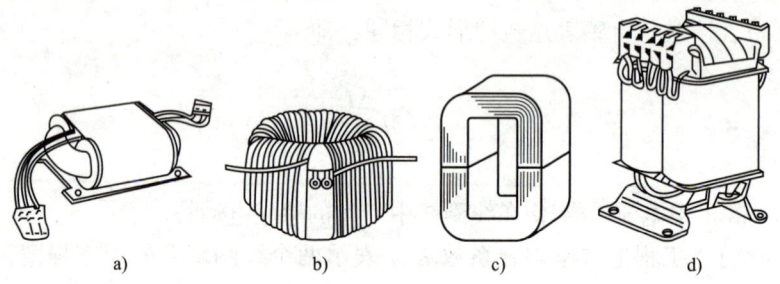

图 5-43 变压器的外形图

a) R 形变压器 b) 环形变压器 c) C 形变压器铁心 d) C 形变压器

变压器由铁心和绕组组成，一般有两个或两个以上的绕组，其中接电源的绕组称为一次绕组，其余的绕组称为二次绕组，如图 5-44 所示。

变压器是根据互感原理工作的，当一次绕组加上电压 u_1 时，流过电流 i_1，在铁心中产生交变磁通 Φ，产生自感电动势 e_1。由于铁心的磁导率远高于空气的磁导率，使一次绕组产生的磁通都集中在铁心中，都穿过二次绕组，即 $K=1$。当 Φ 穿过二次绕组时，在二次绕组上产生感应电动势 e_2。

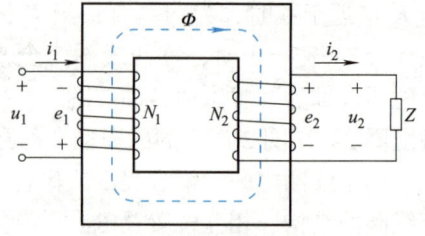

图 5-44 变压器原理图

根据电磁感应定律，有

$$e_1 = -N_1 \frac{\Delta \Phi}{\Delta t}$$

$$e_2 = -N_2 \frac{\Delta \Phi}{\Delta t} \text{（因为} \Phi \text{全部穿过二次绕组）}$$

将两式相除，电动势 e 用有效值 E 表示（有效值的概念在第 6 章中介绍），有

$$\frac{E_1}{E_2} = \frac{N_1}{N_2}$$

因为在数值上有 $U_1 = E_1$，$U_2 = E_2$，则上式可表示为

$$\frac{U_1}{U_2} = \frac{E_1}{E_2} = \frac{N_1}{N_2} \tag{5-18}$$

由式（5-18）可见，变压器的一、二次电压之比，等于一、二次绕组的匝数之比。通过改变变压器的匝数之比，可得到任意的二次电压值。

【案例分析】

变压器具有隔离、变压、变流、传递能量、变换阻抗等特性。在电力系统中用作电压变换和电能的传递；在电子技术中用作电压隔离和信号传递，用途非常广泛。

【案例 2——耦合线圈】

【案例叙述】

耦合线圈的耦合系数小于 1，是把一次绕组的部分能量传递给二次绕组。因此，耦合线圈多为空心或磁心，且磁路不闭合。图 5-45 所示是几种常用耦合线圈的外形。

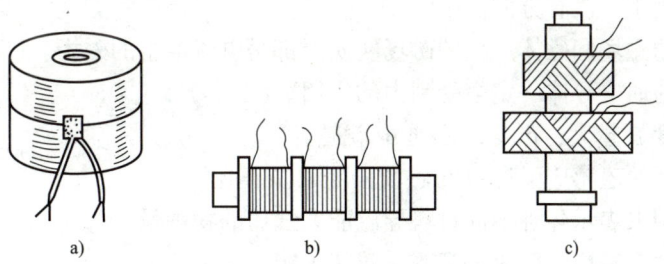

图 5-45 常用耦合线圈的外形

a）铁氧体线圈　b）空心线圈　c）蜂房式线圈

【案例分析】

现在很多电气设备属于智能控制的强弱电混合电路，强电和弱电可以进行信号传递，但不能共地。这就需要隔离器件。现在常用的隔离器件有光耦合器、电磁耦合线圈等。电磁耦合线圈具有工作可靠、耦合效率高等优点，得到大量应用。耦合线圈还多应用在电子电路中作为信号传递、电路振荡及选频等方面。

小知识 法拉第电磁感应定律的由来

1831 年 8 月，由法拉第提出了电磁感应定律，其表述：穿过闭合回路的磁通发生变化，闭合回路中就产生感应电流。这个定律表述的是磁场能量转化为电场能量，是一个伟大的发现，从此开启了由机械化到电气化的进程。人们都认为法拉第是一个天才物理学家，那电磁感应定律是法拉第凭空想象出来的吗？不是的。

当时，世界工业化进程的发展推动了应用科学的进步，1801 年，科学界根据物理现象的因果关系，提出了能量守恒定律，其表述：能量既不会凭空产生，也不会凭空消灭，它只会从一种形式转化为另一种形式，或者从一个物体转移到其他物体，而能量的总量保持不变。

在能量守恒定律发表时，通电导体的周围产生磁场已经被人们所认识，即磁场能是由电能转化而来的。根据能量守恒，磁场能量在一定的条件下，是否会转化为电场能量？很多科学家开始研究磁场转化为电场的逆过程。在能量守恒定律发表 30 年之后，于 1831 年法拉第发现了电磁感应定律。

人类社会的发展是这样，个人的发展也是这样，继承前人的知识经验才可能做好今天的工作。今天我们坐在教室里学习就是为了明天的工作，轻视理论，轻视前人的经验，会使我们一事无成。

习 题

5-1 判断题

1. 任何磁体都有两个磁极，即 N 极和 S 极。（　　）
2. 磁场只有大小，没有方向。（　　）
3. 电流产生的磁场和磁体产生的磁场实质上都是电流产生的磁场。（　　）
4. 在磁场中的通电导体一定会受到力的作用。（　　）.
5. 磁感应强度 B 越大，产生的磁通 Φ 就越大。（　　）
6. 非导磁材料的磁感应强度 B 与磁场强度 H 成正比。（　　）
7. 磁导率是用来表示各种不同材料导磁能力强弱的物理量。（　　）
8. 导磁材料的磁感应强度 B 与磁场强度 H 成正比。（　　）
9. 两个完全相同的环形螺线管，一个用硬纸板作管中介质，一个用铁心作管中介质。当两个线圈通以相同的电流时，两线圈中的 B、Φ、H 值相等。（　　）
10. 线圈产生的磁通势大小与其通过的电流成正比。（　　）
11. 铁磁材料的磁导率很大且为常数。（　　）
12. 软磁材料适合制造电器的铁心，而硬磁材料适合制造永久磁铁。（　　）
13. 磁路采用表面绝缘的硅钢片制造，唯一目的是为了减小磁路的磁阻。（　　）
14. 磁路中有很小的空气隙不会增加磁路的磁阻。（　　）
15. 只要导体在磁场中切割磁力线，导体中就有感应电动势。（　　）

16. 穿过线圈的磁通越大,线圈中的感应电动势越大。(　　)

17. 穿过线圈的磁通量变化越大,线圈中的感应电动势越大。(　　)

18. 穿过线圈的磁通变化率越大,线圈中的感应电动势越大。(　　)

19. 感应电流产生的磁场方向总是和原磁场的方向相反。(　　)

20. 线圈中的电流变化越快,产生的自感电动势越大。(　　)

21. 自感电动势的大小与线圈的电感量成正比。(　　)

22. 因为自感电动势总是阻止电流的变化,所以自感电动势的方向总是与电流的方向相反。(　　)

23. 如果线圈 A 中电流产生的磁通穿过了线圈 B,则线圈 A、B 之间一定存在互感现象。(　　)

24. 如果线圈 A、B 为紧耦合（$K=1$）,则 A 线圈中电流产生的磁通 100% 穿过 B 线圈。(　　)

25. 只要两个线圈存在互感磁通,则两个线圈就存在互感电动势。(　　)

26. 变压器是靠变化的磁通将一次绕组的电能传递到二次绕组。(　　)

27. 电磁感应中的自感、互感及涡流现象等,它们都存在有利的一面和有害的一面。(　　)

5-2　应用题

1. 如图 5-46 所示,分别标出各载流导体所受电磁力的方向。

2. 有一匀强磁场,磁感应强度 $B = 0.13\text{T}$,磁力线垂直穿过 $S = 10\text{cm}^2$ 的平面,介质的相对磁导率 $\mu_\text{r} = 3000$。求磁场强度 H 和穿过平面的磁通 Φ。

3. 已知铸铁的 $B_1 = 0.3\text{T}$,铸钢的 $B_2 = 0.9\text{T}$,硅钢片的 $B_3 = 1.1\text{T}$,请分别从图 5-15 中查取 H_1、H_2、H_3 各为多少。

4. 在图 5-47 中,有效长度 $l = 0.3\text{m}$ 的直导线,在 $B = 1.25\text{T}$ 的匀强磁场中以 $v = 40\text{m/s}$ 的速度垂直磁场方向运动。设导线的电阻 $R_0 = 0.1\Omega$,外电路电阻 $R = 19.9\Omega$,试求:导线中感应电动势的方向;通过闭合回路中电流的大小和方向。

5. 有一电感量为 2mH 的空心线圈,若在 $2 \times 10^{-6}\text{s}$ 内使通过线圈的电流从零增加到 3A,求线圈的自感电动势。

6. 如图 5-48 所示,线圈 B 的匝数 $N = 2000$。当线圈 A 中的电流变化时,线圈 B 中的磁通量在 0.1s 内增加了 $2 \times 10^{-2}\text{Wb}$,求线圈 B 中感应电动势的大小和方向。若线圈 B 中的磁通量在 0.1s 内减少了 $2 \times 10^{-7}\text{Wb}$,所产生的感应电动势又为多少？

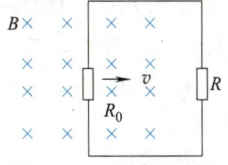

图 5-47　应用题 4 图

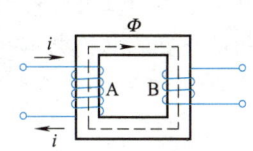

图 5-48　应用题 6 图

第6章 单相正弦交流电路

电工技术基础与技能

本章导读

知识目标

1. 掌握正弦交流电三要素的基本概念。
2. 掌握电阻、电容、电感三大电路元件中的电压电流关系及电路性质。
3. 理解 RL 串联电路的电压电流关系及工程应用。
4. 理解 RLC 串、并联电路的特点及工程应用。

技能目标

1. 掌握电工电路常用电器、电动机、变压器的用途和工作原理；掌握强电电路安装规范和安装技能。
2. 会用万用表测量交流电路的电压电流，了解电能表、断路器、熔断器等的结构、性能及用途，掌握照明电路板的安装。

6.1 正弦交流电及正弦交流电的产生

话题引入

前面学习了电路的三大元件和直流电，在工程实际中，光有直流电是远远不够的，还需要有交流电和动态直流电，电容和电感只有在交流电路或动态直流电路中才能起作用。交流电和动态直流电的相关内容是电工技术的重要组成部分，是以后工作必须要具备的基本知识。

例如现在的供电电网，发电机发出的电压较低，为了减小传输损耗，通过变压器升压，以很高的电压传输。在用电地点，通过变压器降压，将电能提供给用户。变压器能够变压，关键是变压器通过的是变化的电流，在磁路中产生变化的磁通，通过电磁感应传递能量。控

第 6 章　单相正弦交流电路

制变压器的一次绕组和二次绕组的匝数比,得到所需要的电压。在无线电传输过程中,通过变化的电流激起变化的磁场,在磁场和电场的相互转化中向远方发射。就以上两例已经看出交流电的重要性了。没有交流电,电源不能升压,就不能远距离传输;没有交流电,就没有我们现在的信息化时代。在动力机械上,主要应用的是交流电动机,因为交流电动机比直流电动机的价格低、寿命长,且维护简便。交流电是社会生产、生活离不开的一种电能模式,因此,我们必须学好交流电的基本规律及应用。下面通过一个实验来引入交流电的概念。

【实验电路连接】　将两只单方向导电的发光二极管反方向并联,如图 6-1a 所示。按图中实线连接时,左边的发光二极管点亮;按图中虚线连接时(电路中的电流反向),右边的发光二极管点亮,我们记住这个现象;再把这两个反方向并联的发光二极管接入变压器中,如图 6-1b 所示,接通电源,两个发光二极管都点亮。

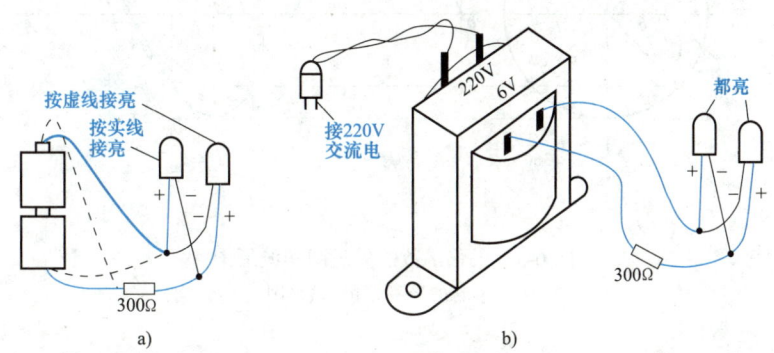

图 6-1　实验电路
a) 直流电实验　b) 交流电实验

【实验现象分析】　如图 6-1a 所示,电路中的发光二极管只能通过单方向流动的电流,电源反接,另一只发光二极管才点亮。如图 6-1b 所示,当两只发光二极管接在变压器上时,同时点亮,即变压器上流过的是方向交替变化的电流。

6.1.1　正弦交流电的概念

1. 正弦函数定义

【正弦量表达式】　在直角三角形 ABC 中(见图 6-2),$\angle C = 90°$,AB 是 $\angle A$ 的斜边 c,BC 是 $\angle A$ 的对边 a,CA 是 $\angle A$ 的邻边 b。取比值:对边比斜边,即 a/c,称为 $\angle A$ 的正弦,用 $\sin A$ 表示,表达式为

$$\sin A = a/c \qquad (6\text{-}1)$$

该式称为三角形的正弦表达式。

【正弦函数定义】　当 $\angle A$ 是一个变量,用 x 表示,比值 a/c 用 y 表示,则式(6-1)改写为

$$y = \sin x \qquad (6\text{-}2)$$

式中　y——正弦函数对边比斜边的比值;

　　　x——$\angle A$ 变量。式(6-2)称为正弦函数。

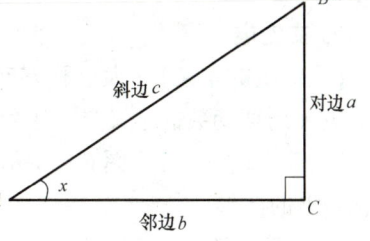

图 6-2　直角三角形

2. 正弦函数的矢量图、波形图表示法

当正弦函数的角度 x 在 0~360° 范围内变化时，可以画出 y 和 x 的矢量图和波形图。

(1) 旋转矢量图　建立一个直角坐标系，选择三角形的斜边 c 为旋转矢量，并取 $c=1$，该矢量以坐标原点为中心逆时针旋转，旋转一周便得到一个单位圆，如图 6-3a 所示。在图中，三角形 abc 的 x 角在 0~360° 范围内变化时，得到的 y 值是 $y=a/1=a$，即 y 值为 a 边在 y 轴上的投影值。无论 x 为何值，都有一个确定的 y 值与其对应。

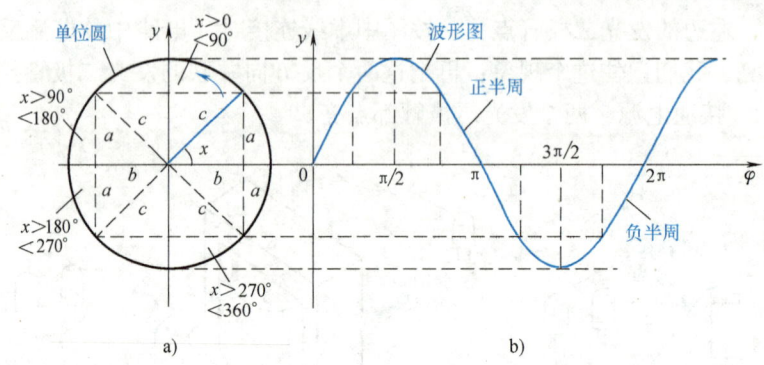

图 6-3　正弦函数的矢量图和波形图
a) 旋转矢量图　b) 波形图

当 x 从 0 逐渐上升时，y 也逐渐上升，当 $x=90°$ 时，y 达到最大值（$y=c=1$）；当 $x>90°$ 时，y 值随着 x 值的增大而逐渐下降，当 $x=180°$ 时，$y=0$。

当 $x>180°$ 时，a 边变为负值，即 y 为负值。当 $x=270°$ 时，y 达到负的最大值（$-y=c=-1$）。当 $x>270°$ 时，负值逐渐下降，当 $x=360°$ 时，$y=0$。

由图 6-3a 可见，旋转矢量 c 在 y 轴的投影，和角度 x 有一一对应关系。有一个确定的 x 值，就有一个确定的 y 值与之对应。因此，用旋转矢量可以表示正弦函数。旋转矢量法是分析正弦交流电的常用方法之一。

(2) 波形图　当 x 在一个周期内变化时，可绘出正弦函数的波形图，如图 6-3b 所示。波形图可以非常直观地表现出 y 值随 x 值变化的情况，尤其是正半周波形和负半周波形表示的非常清楚。

旋转矢量图和波形图都有一个共同特点，即都与正弦函数有一一对应的关系，都可以用来表示正弦函数。在本课程中，我们用数学表达式、波形图、矢量图来表示和分析正弦交流电。

3. 交流电

【交流电的定义】　大小和方向都随时间作周期性变化的电压、电流或电动势，统称为交流电（周期函数的定义是：正负半周的面积相等，一个周期的平均值为 0）。

【交流电的波形】　图 6-4 所示是交替变化的电流在导线中流动的情况，图 6-5 所示是几种交流电的波形。

4. 正弦交流电

【正弦交流电的定义】　按正弦规律变化的电压或电流，称为正弦交流电（见

图 6-5a）。正弦交流电有时也简称为交流电。正弦交流电有着广泛的应用，我国的电力网采用的就是频率为 50Hz 的正弦交流电，又称工频交流电，以下优点使它在世界上得到广泛应用：

1）可以利用变压器升压或降压，便于电能的远距离输送。

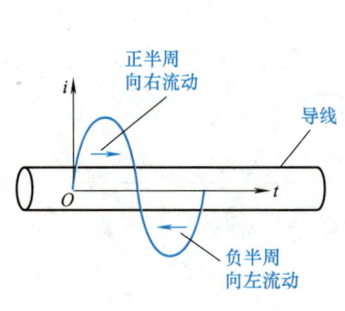

图 6-4 导线中交替变化的电流

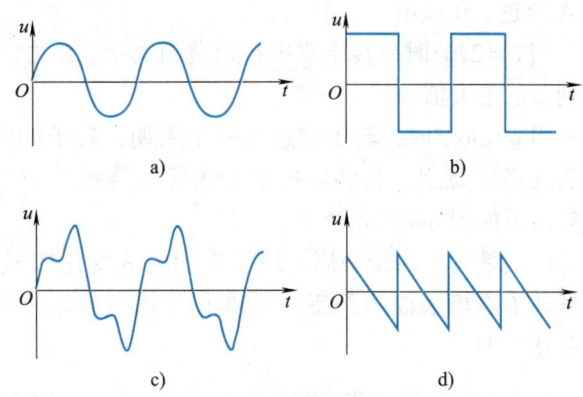

图 6-5 几种交流电的波形
a）正弦波 b）矩形波 c）复合波 d）锯齿波

2）交流电动机结构简单、成本低、电磁噪声小、使用维护方便。

3）可以通过整流将交流电变为直流电，供直流设备应用。

【交流电路与直流电路的区别】 由于正弦交流电随着时间作周期性变化，因此交流电路和直流电路有着很大的区别。下面将恒定直流电和交流电做一比较：

1）直流电和交流电都可以通过电阻做功，即电阻电路的一切特性在直流电路和交流电路中都适用。

2）直流电不能通过电容流动，也不能在电感上产生自感电压，而交流电可以在电容中流动，在电感上产生自感电压。此现象可以衍生出交流电丰富的应用。

在交流电路中工作的各种电器以及电路元器件（电路负载），根据其工作性质不同，可以用电阻、电容、电感来等效。

6.1.2 正弦交流电的产生

我国工业电力网提供的频率为 50Hz 正弦交流电，是由发电机发出的。图 6-6 所示是发电机的正面示意图。

图中转子具有一对 N、S 磁极，磁极的表面制造得比较特殊，使磁感应强度相对绕组按正弦规律分布，当转子匀速转动时，定子绕组中产生正弦交流电；A、B 是绕组的两个有效边，固定在定子上，两个端点接负载，图 6-6 中虚线表示绕组的背面连在一起。

下面分析转子按逆时针方向匀速转动时，绕组切割磁力线产生感应电动势的情况。

当 $\alpha=0$ 时，转子的中性面扫过绕组的 A、B 边，由

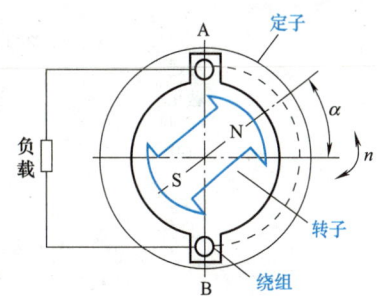

图 6-6 发电机的正面示意图

于此时绕组的 A、B 边不切割磁力线,绕组中没有感应电动势。

当 α=90°时,转子磁极扫过绕组的 A、B 边,磁感应强度最大,绕组中的感应电动势也最大,电流方向为 A 流出、B 流进。

当 α>180°时,对于绕组而言,磁极已经反向,绕组中的感应电动势亦反向,电流方向为 A 流进、B 流出。

当 α=270°时,转子磁极扫过绕组的 A、B 边,磁感应强度最大,绕组中的感应电动势达到负的最大值。

当 α=360°时,转子转过了一个周期,转子的中性面又经过绕组,其感应电动势为零。绕组感应电动势波形如图 6-7 所示。

以上是转子旋转一周,绕组中的电流变化情况。根据转子磁极表面的磁感应强度相对绕组按正弦规律变化,即

$$B = B_m \sin\alpha \tag{6-3}$$

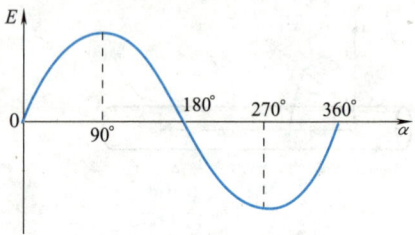

图 6-7 绕组感应电动势波形图

又根据电磁感应公式 $E=Blv$,有

$$e = vlB_m\sin\alpha = E_m\sin\alpha \tag{6-4}$$

式中　v——转子的旋转速度,单位为 m/s;

　　　l——绕组的 A、B 有效边长度之和,单位为 m;

　　　E_m——感应电动势的最大值,单位为 V。

式(6-4)是发电机发出的电动势表达式,输出电压的表达式为

$$u = U_m\sin\alpha \tag{6-5}$$

当发电机的转子在匀速旋转时,绕组中就输出正弦交流电。由式(6-4)和式(6-5)可见,发电机的输出电压是转子旋转角度的函数。

实验电路如图 6-8 所示,当给电路接入交流电时,图中的哪个小灯泡最亮?哪个最暗?

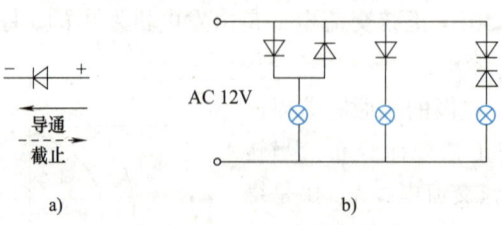

图 6-8 实验电路
a) 正极管极性和导通方向　b) 原理图

第6章 单相正弦交流电路

6.2 正弦交流电的基本物理量

交流电不同于直流电,它每时每刻都在变化,时间不同,交流电的大小不同,频率不同,变化的快慢不同。为了正确地反映交流电的变化情况,方便交流电的测量和使用,我们必须规定交流电的基本物理量。

6.2.1 正弦交流电的三要素

1. 周期 T

正弦交流电按周期性变化,完成一次周期性变化所用时间称为一个周期,用 T 表示,如图6-9所示。周期的单位是 s(秒)。

2. 最大值 I_m

正弦交流电变化过程中所达到的极值称为最大值,又称为交流电的振幅,用 I_m、U_m、E_m 表示。图6-9中,I_m 是电流的最大值。

3. 频率 f 和角频率 ω

【频率】 正弦交流电在单位时间内完成周期性变化的次数,称为频率,用 f 表示,频率和周期互为倒数,即

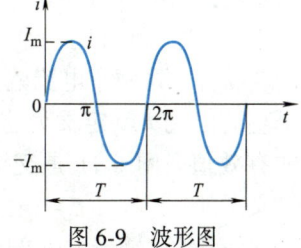

图6-9 波形图

$$f = \frac{1}{T},\ T = \frac{1}{f} \tag{6-6}$$

【频率的单位】 频率的单位是 Hz(赫兹,简称赫)。比较高的频率用 kHz(千赫)或 MHz(兆赫)作单位,其换算关系为

$$1\text{kHz} = 10^3 \text{Hz}$$
$$1\text{MHz} = 10^3 \text{kHz} = 10^6 \text{Hz}$$

【角频率】 正弦函数总是与一定的角度相对应,正弦交流电也是如此,当其变化一个周期时,电角度也变化了 $2\pi\text{rad}$(rad 是角度单位,$2\pi\text{rad} = 360°$)。因此,正弦交流电变化的快慢除了用频率表示外,还可以用角频率 ω 来表示,角频率是交流电每秒所变化的电角度。角频率和周期、频率的关系为

$$\omega = \frac{2\pi}{T} = 2\pi f \tag{6-7}$$

由角频率的定义可知,经过 t 秒后,变化的电角度 α 与角频率的关系为 $\alpha = \omega t$,故式(6-5)可变换为

$$u = U_m \sin\omega t$$

【角频率的单位】 角频率的单位是 rad/s(弧度/秒)或 s^{-1}(1/秒)。

4. 初相角 ψ_0

正弦交流电是随时间连续变化的,一般没有一定的起点或终点。在分析过程中,为了研

究方便，必须选择一个计算时间的起点。在图 6-10 中，当计时起点 $t=0$ 时，正弦交流电已具有电角度 ψ_0，ψ_0 就称为正弦交流电的初相角。显然，初相角的选择与计时起点有关，如果选择正弦交流电从通过零值向正的方向增加的瞬间作为计算时间的起点，则 $\psi_0=0$。

以上介绍了正弦交流电的最大值、角频率和初相角，只要有了这三个基本参数，就可以确定一个正弦交流电，因此这三个基本参数又称为正弦交流电的三要素。

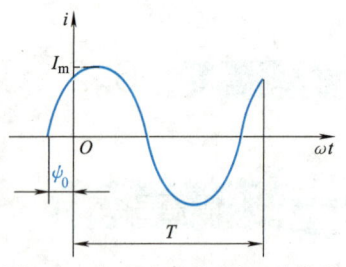

图 6-10　初相角为 ψ_0 的正弦电流

6.2.2　正弦交流电的有效值和平均值

1. 正弦交流电的有效值

交流电的测量

【有效值的定义】　正弦交流电（以下简称交流电）是随时间变化的电量，不便于测量和计算。直流电是恒定电量，计算测量都很方便。人们应用电能的目的就是做功，于是就想出一个计算测量交流电的方法，从做功的角度进行等效：一个直流电流 I 和一个交流电流 i，在相同的时间内（交流电的一个周期 T），通过同一个电阻，如果做的功相等，这两个电流就是等效的，这个直流电流 I 就定义为这个交流电流 i 的有效值。图 6-11 是交流电有效值的定义图。

【有效值与最大值的关系】　根据有效值定义，又参照图 6-11，用电功表达式表示为

$$W=I^2RT=i^2RT$$

通过数学计算，整理可得

$$I=\frac{I_\mathrm{m}}{\sqrt{2}}\approx 0.707I_\mathrm{m} \quad (6-8)$$

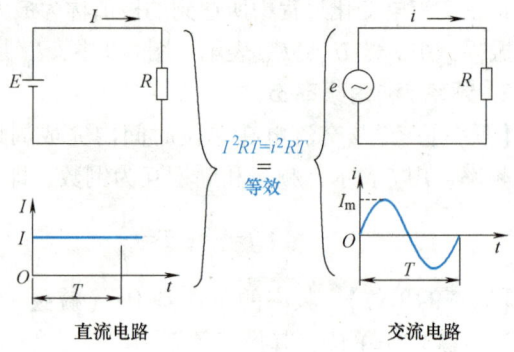

图 6-11　交流电有效值的定义图

式 (6-8) 表明，一个 1A 的直流电流 I，和一个最大值 I_m 为 1.414A 的交流电流 i 是等效的。因为任何一个正弦交流电，其最大值是不随时间变化的，是一个确定的值，所以用有效值表示交流电，便于测量。同理，可得交流电压和交流电动势的有效值与其最大值的关系为

$$U=\frac{U_\mathrm{m}}{\sqrt{2}}=0.707U_\mathrm{m} \quad (6-9)$$

$$E=\frac{E_\mathrm{m}}{\sqrt{2}}=0.707E_\mathrm{m} \quad (6-10)$$

有了交流电的有效值，交流电的测量、计算及应用就方便多了。我们平常所说的交流电压 220V、380V 等都是指的有效值。由于交流电的有效值是从做功的角度和直流电等效，因此，用交流电的有效值可以计算交流电路的功率、电能等。如果交流电路是一个电阻电路，则在直流电路中学习的计算方法，都可以用于分析和计算交流电阻电路。

需要说明的是：上述有效值的关系只适用于正弦交流电，非正弦交流电是不适用的。

例 6-1 正弦交流电压 $u=311\sin(314t+30°)$ V，求该电压的最大值 U_m、有效值 U 和频率 f。

解：
$$U_m = 311V$$

$$U = \frac{U_m}{\sqrt{2}} = \frac{311}{\sqrt{2}}V \approx 220V$$

$$f = \frac{\omega}{2\pi} = \frac{314}{2\pi}Hz = 50Hz$$

例 6-2 已知交流电压有效值为220V，在电路中接有一只 40W 的白炽灯，请计算白炽灯的电阻和通过白炽灯的电流。

解：
$$I = \frac{P}{U} = \frac{40}{220}A = 0.182A$$

$$R = \frac{U}{I} = \frac{220}{0.182}\Omega = 1209\Omega$$

2. 正弦交流电的平均值

正弦交流电是对称于横轴的，在一个周期内其平均值为零。因此，一般所说的平均值是指半个周期内的平均值。根据计算分析，正弦交流电在半个周期内的平均值为

$$E_{av} = 0.637E_m$$
$$U_{av} = 0.637U_m$$
$$I_{av} = 0.637I_m \tag{6-11}$$

正弦交流电的平均值是在交流电的半个周期内取的平均值，和有效值的定义有本质的区别，在数值上也不相等。平均值只能作为电路分析时的辅助量，不能用于功率等的计算。

阅读材料

工程中常用正弦交流电的频率

工程中根据交流电的用途确定交流电的频率。如我国交流电工频是50Hz，收音机的中频是465kHz，电视机的中频是38MHz 等。工程中的一些特定频率一经国家相关部门确定，一般不能轻易改动。

无线电波是正弦交流电在空间传播的一种形式，不同频率的无线电波有不同的特征和用途。我们天天离不开的广播、电视、手机通信等，其信号都是由无线电波传递的。在无线电波中，将频率分成不同的频率段，在特定的频率段内，只允许规定的无线电设备使用，表 6-1 所列是常用无线电波的频率和用途。

表 6-1 常用无线电波的频率和用途

频率	波长①	名　　称	特　　征	用　　途
300kHz~3MHz	1~100km	中波 MF 又称中频	通过电离层反射而传播，传播距离较远，但由于电离层白天和夜间有变化，使接收受到影响	中波广播（535~1605kHz）、船舶的无线电通信等

(续)

频率	波长①	名 称	特 征	用 途
3~30MHz	10~100m	短波 HF 又称高频	通过电离层和地面之间的反复反射可传播到很远处（地球的背面）	船舶、航空、业余无线电通信、军事通信及收音机短波广播
30~300MHz	1~10m	超短波 VHF 又称甚高频	直线传播性增强，传播距离短，与短波相比，能传播更多的信息	电视、FM 广播；航空、业余无线电通信；警察、消防及出租车的联络等
300MHz~3GHz(3000MHz)	10cm~1m	分米波 UHF 又称特高频	直线传播性更强，用于更小范围的通信和广播。其天线的尺寸小，适用于移动通信	电视广播、汽车电话、个人无线通信及业余无线电通信等
3~30GHz	1~10cm	微波 SHF 又称超高频	信息传播量大，具有直线传播性，用于特殊范围内的通信和卫星通信。用抛物面天线接收	微波通信、雷达、通信卫星与广播卫星

① 波长等于电波的传播速度除以周期，即波长 $=(3×10^8 \text{m/s})/T$。

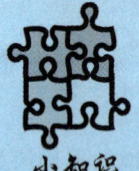

正弦交流电测量仪表及测量

测量交流电的仪表（指电压表和电流表）和测量直流电的仪表是不同的，两者不能混用。如第 5 章介绍的磁电系仪表，只能测量直流电，如果用于测量交流电，必须在表内安装整流电路。将交流电变为直流电，再按平均值和有效值的换算关系进行刻度。测量交流电可用电磁系仪表，电磁系仪表有一个固定电流线圈，当线圈通入被测交流电流时，产生方向不变的电磁吸力，吸引和指针同轴的动铁片转动，使指针指示出被测电压值。测量交流电除了选用交流电表之外，还要注意电表的频率范围，交流电表都会注明频率使用范围。如果被测频率超出了所选电表的频率范围，则会产生很大的测量误差。交流电流表与直流电流表、交流电压表与直流电压表的使用方法相同，不过因为交流电没有正负，使用时不用考虑电表接线端的正负问题。交流电表都是按有效值进行刻度，其指示值都为有效值。

数字式万用表将被测信号转换为数字信号，然后再按照有效值理论将其转换为有效值，通过显示屏直接显示数字。数字式万用表防振能力强，比指针式万用表耐用。

课堂实验 用万用表交流电压档测量交流电压

如图 6-12 所示，将万用表打到交流 700V 电压档（档位千万不能打错，要在教师指导下进行），测量 220V 交流电压。在测量过程中，观察指针是否稳定（指针稳定地指示在电源电压的有效值上，并不随电压的周期变化而抖动），以此理解电压的有效值。

图 6-12 测量交流电压

6.3 相位与相位差

6.3.1 相位

【相位的定义】 在图 6-10 中,电流的初相角为 ψ_0,当这个正弦电流随时间变化时,它的角度变化为 $\omega t+\psi_0$,$\omega t+\psi_0$ 就称为这个交流电流的相位。

【相位的意义】 从物理意义上讲,相位是反映正弦交流电变化进程的。例如,在相位 $\omega t+\psi_0=\dfrac{1}{2}\pi$ 时,正弦电流为最大值;当相位 $\omega t+\psi_0=\pi$ 时,正弦电流为零。显然,有了相位这个物理量以后,就可以比较两个同频率正弦量谁先到达最大值或谁先到达零。

6.3.2 相位差

【相位差的定义】 相位差是指两个同频率的正弦量的相位之差,用 φ 表示为

$$\varphi=(\omega t+\psi_{01})-(\omega t+\psi_{02})=\psi_{01}-\psi_{02} \tag{6-12}$$

从式 (6-12) 中可见,两个同频率正弦交流电的相位之差等于它们的初相之差。

【具有相位差的同频率正弦波波形】 图 6-13 所示为几个同频率的正弦交流电的波形。图 6-13a 所示为具有正初相角的两个电流波形,它们的相位差为 $\varphi=\psi_{01}-\psi_{02}$,称为 i_1 超前 i_2 φ 角,或 i_2 落后 i_1 φ 角;图 6-13b 中 i_2 波形为正初相角,i_1 波形为负初相角,它们的相位差为 $\varphi=\psi_{02}-(-\psi_{01})=\psi_{01}+|\psi_{02}|$,称为 i_1 滞后 i_2 或者 i_2 超前 i_1 φ 角。图 6-13c 所示为两电流同相;图 6-13d 所示为两电流反相;图 6-13e 中 i_1 超前 i_2 $\dfrac{\pi}{2}$,又称为两电流正交。

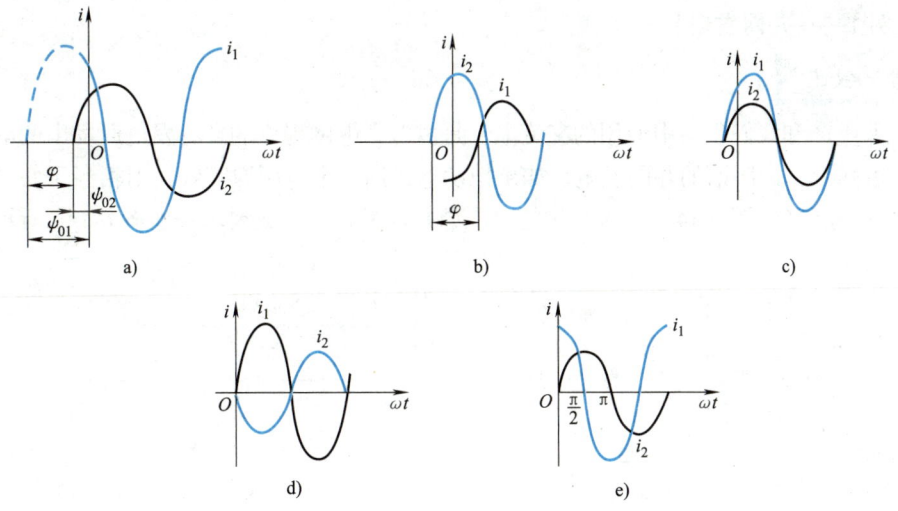

图 6-13 同频率正弦交流电的波形

a) i_1 超前 i_2 b) i_1 滞后 i_2 c) 两电流同相 d) 两电流反相 e) 两电流正交

例 6-3 已知两个正弦交流电流的频率 $f=50\text{Hz}$，数学表达式为 $i_1 = I_{m1}\sin\left(\omega t + \dfrac{\pi}{3}\right)\text{A}$，$i_2 = I_{m2}\sin\left(\omega t + \dfrac{\pi}{6}\right)\text{A}$，求两电流的相位差。

解：i_1 的初相为 $\dfrac{\pi}{3}$，i_2 的初相为 $\dfrac{\pi}{6}$，相位差为

$$\varphi = \psi_{01} - \psi_{02} = \dfrac{\pi}{3} - \dfrac{\pi}{6} = \dfrac{\pi}{6}$$

1. 有两个同频率的正弦交流电流，其中一个落后另一个 30° 电角度，有人说工作时间长了落后的就可以赶上超前的，相位差可以小于 30° 电角度。你同意这种说法吗？
2. 有人说，自行车的车轮在滚动时，轮子上的辐条都为同频率转动，不管走多远，辐条之间的夹角不变，你说对吗？

活 学 活 用

我们现在用的交流电取自电力电网，电力电网上并联着很多台发电机，你知道发电机满足什么条件才能并联吗？

【案例 1——并网发电】

案例叙述

在工业生产和我们生活中使用的交流电，是由电力电网提供的。各发电厂发出的电能都并联在电力电网上，即所谓的并网发电。如果把发电机用一个电压源等效，则相当于一系列的电压源并联在一起（见图 6-14a）。这么多的电压源并联是否有什么要求呢？图 6-14b 所示为交流

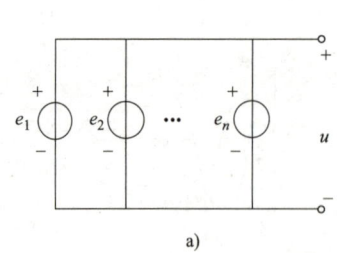
a)

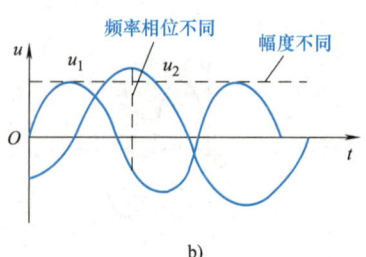
b)

图 6-14 并网发电
a) 并网电路 b) 不同步波形图

第6章 单相正弦交流电路

发电机工作时，输出电压、频率和相位都不一致的情况。因为相位不同，一个流进，一个流出；因为幅度不同，造成输出高的向输出低的充电，总的效果就是大家都不能工作。

根据上述分析，交流电压源在并联时，要满足三个条件：

1) 发电机输出的电压频率与系统的电压频率相同。
2) 发电机输出电压的幅值与系统电压的幅值相同。
3) 发电机输出电压的相位与系统电压的相位一致。

以上三个条件就是交流电的三要素。现在，各发电厂都是由计算机控制，使发电机与电力电网同步运行。

案例分析

本案例说明了正弦交流电的频率、相位和最大值三个参数的重要意义。

【案例2——变压器的同铭端】

案例叙述

变压器是用于电压变换的静止电器。图6-15a是变压器结构图。图中有一个一次绕组N_1和两个二次绕组N_2。两个二次绕组（N_2）的匝数相等，连接时可以并联也可以串联。并联时可以得到单一绕组的电压和2倍单一绕组的电流；串联可以得到2倍单一绕组的电压和单一绕组的电流，如图6-15b所示。如果串联时两个绕组相位接错，输出电压为0（见6-15b）；并联时相位接错，绕组短路。

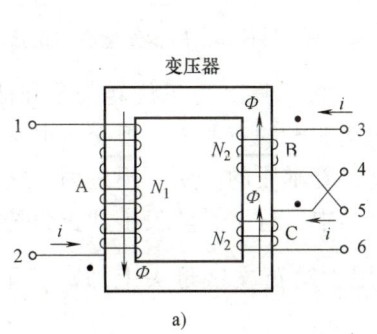
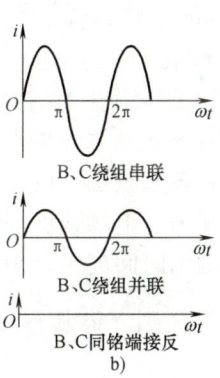

图6-15 变压器的同铭端
a) 变压器结构图　b) 绕组连接输出电压

案例分析

在多个二次绕组连接时，必须知道变压器的同铭端（同极性端）。如果连接错误，不但得不到所需的电压值，严重时还会将变压器烧坏。变压器同铭端定义：当给变压器的一次绕组（或二次绕组）通以电流时，如果在磁路中产生的磁通方向相同，则称各绕组电流的流入端为同铭端，用"·"表示。如图6-15a所示，2、3、4端为同铭端。二次绕组串联时，4和5连接在一起，3和6为输出端；二次绕组并联时，3和4连接在一起，5和6连接在一起，两个并联点为输出端。此种连接方式在多绕组变压器中得到普遍应用。

6.4 交流电的矢量表示及同频率正弦量的加减运算

在交流电应用中，有时需要进行加减运算或更复杂的分析，采用解析式或波形图是非常麻烦的。下面介绍交流电的矢量法，用矢量法来进行正弦量的加减运算或表示正弦量的大小和方向，会变得更容易和直观。

6.4.1 正弦交流电的旋转矢量表示法

【旋转矢量表示法】 如图 6-16 所示，图的左边为正弦交流电用旋转矢量表示。在直角坐标系中，取正弦量的最大值 I_m（也可以用有效值）作为旋转矢量的模，旋转矢量的起始位置与 x 轴正方向的夹角为正弦交流电的初相角 ψ_0，以正弦交流电的角频率 ω 为角速度逆时针方向绕坐标原点旋转。在任意时刻，旋转矢量在 y 轴的投影，就等于该时刻正弦交流电的瞬时值，与 Ox 轴的夹角，就等于正弦交流电相位 $\omega t_1 + \psi_0$。

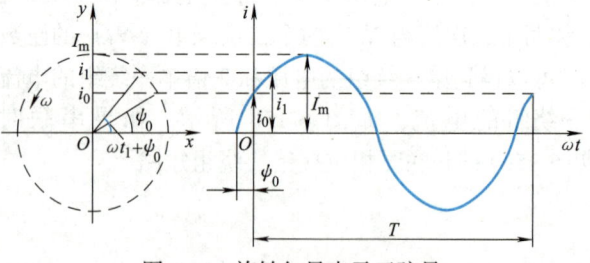

图 6-16 旋转矢量表示正弦量

【旋转矢量与正弦交流电】 图 6-16 的右边为旋转矢量所表示的正弦交流电的波形图，可见旋转矢量和波形图有一一对应的关系，即用旋转矢量也可以完全地表明交流电的三要素。但交流电本身并不是矢量，而是代数量，它和力、电场强度等空间矢量有着本质的区别。不过因为它是时间的函数，才能按一定的法则用时间矢量来表示。在电学中，这个旋转矢量和正弦量的相位有关系，为了与其他矢量相区别，将其称作相量，用大写英文字母头上加点表示，如 $\dot{I}_m$、$\dot{U}_m$、$\dot{E}_m$ 等。

6.4.2 相量表示法

当有两个（或多个）同频率的正弦交流电用相量表示时，由于它们的角频率 ω 相同，它们的相位差不变（也就是在任意时刻两相量的相对位置是不变的，类似于自行车车轮上的辐条，无论走多远，两辐条之间的相对位置不变），因此，研究这两个同频率的相量时，就可以不考虑旋转角频率 ω，而只研究它们在初相时的关系。将几个同频率的正弦交流电用相量表示，并根据这几个相量的大小和相位关系，将其画在同一坐标系中，形成相量图，图 6-17 所示为两个同频率的正弦交流电的相量图。

为了使相量图更加简洁，相量关系更加明确，坐标系可以不画出，图 6-18 所示为几个相量去掉坐标系后的相量图。用相量法表示正弦量，目的是解决同频正弦量的运算和分析。

第6章 单相正弦交流电路

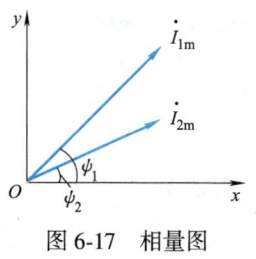

图 6-17 相量图

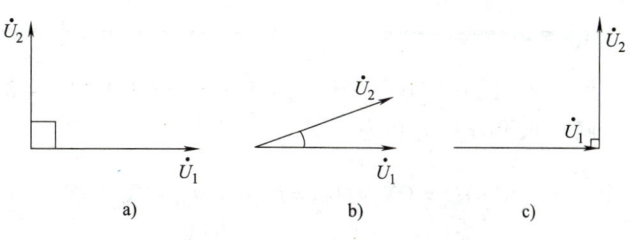

图 6-18 去掉坐标系后的相量图

a) $\dot{U}_2$ 超前 $\dot{U}_1$ 90°　b) $\dot{U}_2$ 超前 $\dot{U}_1$ 一定角度　c) $\dot{U}_2$ 超前 $\dot{U}_1$ 90°

6.4.3 同频率正弦交流电相加的矢量（相量）运算

同频率的正弦交流量相加，其和仍为同频率的正弦交流量。根据正弦交流电的三要素，只要求出合成正弦量的最大值和初相角 ψ，即可确定相加后的正弦量。下面用相量法求解。

【相量作图法】 作图法就是根据相量的平行四边形法则求合成相量。其方法是：在直角坐标系中按两相量的大小、相位关系画出两个相量，并以这两个相量为平行四边形的两个相邻边，根据平行四边形法则作图，将作出的相量和再用尺子测量其长度及其与 x 轴的夹角。测量出的和相量的长度（乘比例系数）就是和电流的大小；与 x 轴的夹角就是和相量的初相角，如图 6-19 所示。

【相量计算法】 计算法的原理和作图法相同，它是根据合成相量在 y 轴的投影等于两个分相量在 y 轴的投影之和、在 x 轴的投影等于两个分相量在 x 轴的投影之和的特点，用几何方法进行计算的。参照图 6-20 所示，可以写出合成电流的最大值 I_m 和初相角的计算公式，即

$$I_m = \sqrt{OX^2 + OY^2} = \sqrt{(OX_1 + OX_2)^2 + (OY_1 + OY_2)^2}$$
$$= \sqrt{(I_{1m}\cos\psi_{01} + I_{2m}\cos\psi_{02})^2 + (I_{1m}\sin\psi_{01} + I_{2m}\sin\psi_{02})^2} \tag{6-13}$$

$$\psi = \arctan\frac{OY}{OX} = \arctan\frac{I_{1m}\sin\psi_{01} + I_{2m}\sin\psi_{02}}{I_{1m}\cos\psi_{01} + I_{2m}\cos\psi_{02}} \tag{6-14}$$

最后根据实际求出的 I_m 和 ψ 值，写出合成电流的瞬式表达式 $i = I_m\sin(\omega t + \psi)$。

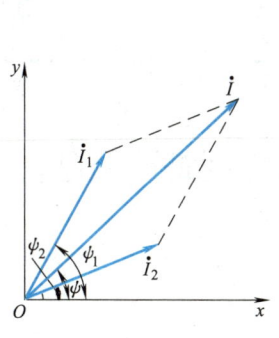

图 6-19 由作图法求和相量

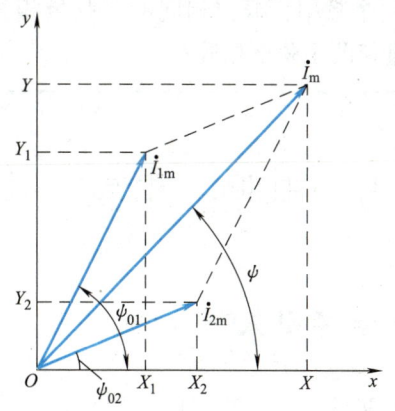

图 6-20 用矢量法求和相量

例 6-4 已知图 6-20 中，$i_1=3\sin(\omega t+60°)$ A，$i_2=2\sin(\omega t+30°)$ A，求 $i=i_1+i_2$。

解：水平分量的和为

$$OX=OX_1+OX_2=I_{1m}\cos\psi_{01}+I_{2m}\cos\psi_{02}=\left(3\times\frac{1}{2}+2\frac{\sqrt{3}}{2}\right)\text{A}=3.23\text{A}$$

垂直分量的和为

$$OY=OY_1+OY_2=I_{1m}\sin\psi_{01}+I_{2m}\sin\psi_{02}=\left(3\times\frac{\sqrt{3}}{2}+2\times\frac{1}{2}\right)\text{A}=3.6\text{A}$$

总电流的最大值为

$$I_m=\sqrt{OX^2+OY^2}=\sqrt{3.23^2+3.6^2}\text{ A}=4.84\text{A}$$

$$\psi=\arctan\frac{OY}{OX}=\arctan\frac{3.6}{3.23}=48.1°$$

合成电流的瞬时表达式为

$$i=4.84\sin(\omega t+48.1°)\text{ A}$$

【分析结论】

1) 正弦量相加减，如果频率、相位相同（即 ψ_0 相同），可用代数和相加减（见 6-15 的同铭端）。

2) 频率相同的正弦量，初相角 ψ_0 不同，要按相量法相加减。

3) 根据上述分析和计算可见，用相量图来表示正弦量，可以表示正弦量的大小、相位、两个正弦量之间的相位关系，又可以进行几个正弦量的大小、相位比较、加减运算。所以相量图是分析正弦量的得力工具。

1. 两个频率、振幅相同的正弦量相叠加，相位差多少时加出的正弦量最大？

2. 两个频率、振幅相同的正弦量相叠加，相位差多少时加出的正弦量最小？

3. 两个频率、振幅相同的正弦量相叠加，相位差多少时加出的正弦量与两正弦量相等？

6.5 电阻、电感、电容在交流电路中的特性

话题引入

在交流电路中，电阻、电感、电容是电路的三大基本元件。在直流电路中，电容是不导电的，电感除了本身很小的导体电阻之外，在直流电路中是短路的。在交流电路中就不同

第6章 单相正弦交流电路

了，电容可以导电，电感也不再是短路状态，总之，电阻、电感、电容在交流电路中都按照自己的导电规律工作。它们都有怎样的导电规律，是本节分析的主要内容。

交流电路的电压 u 和电流 i 是随时间变化的交变电量，有两个作用方向。为了分析方便，假设其中的一个方向作为电流或电压的参考方向，且在同一电路中电流和电压的参考方向一致（也称为关联参考方向），如图 6-21 所示。某一时刻，若交流电的实际方向与参考方向相同，则其瞬时值为正值；若交流电的实际方向与参考方向相反，则其瞬时值为负值。这样就可以根据所规定的参考方向确定交流电在某一时刻的实际方向。

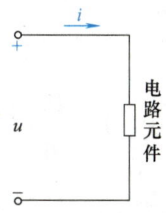

图 6-21 电压和电流的关联方向

6.5.1 纯电阻电路

我们通过下面实验来观察交流电阻电路中 R、U、I 之间的关系。

> **课堂实验 交流电阻电路中 R、U、I 关系**
>
> 【实验器材】 220V 调压器 1 只，交流电流表（或数字式万用表）1 只，500Ω/10W 线性绕线电阻 1 只，万用表 1 只。
>
> 【实验内容】 按图 6-22 所示连接好测量电路，再按表 6-2 中电压数据取点测量，将测量值填入表 6-2 中（测量数据均为有效值）。用欧姆定律计算各个测量点的电阻值。
>
> 【实验结果】 我们发现计算出的各点电阻值基本相等（误差为操作和读数不准所致），说明电阻在交流电路中也符合欧姆定律。
>
>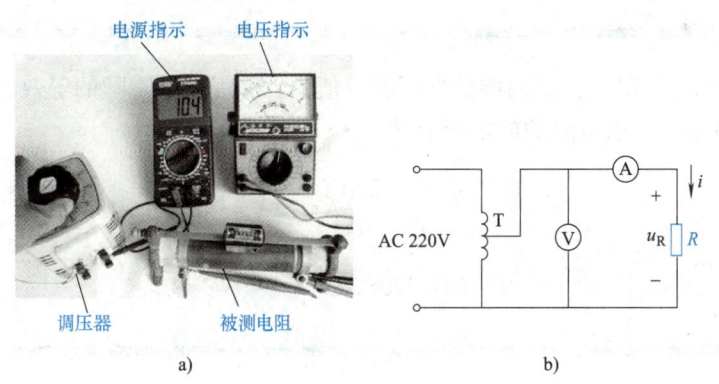
>
> 图 6-22 测量电路
> a) 测量电路 b) 测量原理图
>
> 表 6-2 测量数据
>
> | 给定电压/V | 2 | 5 | 10 | 15 | 20 |
> | --- | --- | --- | --- | --- | --- |
> | 测量电流/mA | 4.0 | 9.9 | 20.1 | 30.0 | 40.1 |
> | 计算电阻/Ω | 500 | 505 | 498 | 500 | 499 |

电路如图 6-23 所示，设电阻两端电压按正弦规律变化，$u = U_m \sin\omega t$，根据欧姆定律 $i = \dfrac{u}{R}$，则电流为

$$i = \frac{U_m}{R}\sin\omega t = I_m \sin\omega t$$

式中，$I_m = \frac{U_m}{R}$，两边同除以 $\sqrt{2}$（最大值除以 $\sqrt{2}$ 为有效值），则有

$$I = \frac{U}{R} \tag{6-15}$$

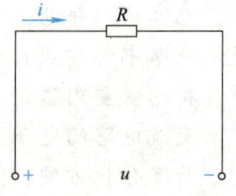

图 6-23 纯电阻电路

【分析结论】 由以上分析，可得两点结论：
1）电阻中电流与电压同相位，即它们的初相角相等，波形图和相量图如图 6-24 所示。
2）电流和电压的瞬时值、最大值、有效值都服从欧姆定律，即

$$i = \frac{u}{R}$$

$$I_m = \frac{U_m}{R}$$

$$I = \frac{U}{R}$$

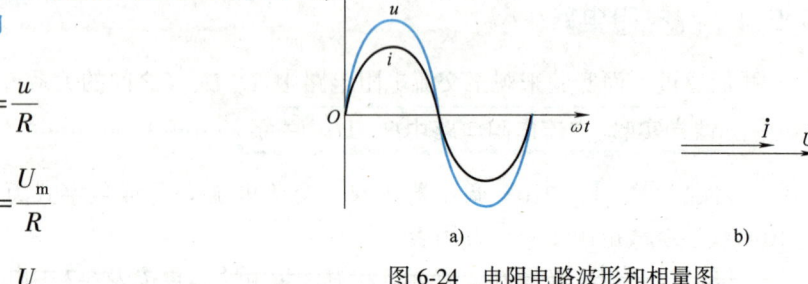

图 6-24 电阻电路波形和相量图
a）波形图　b）相量图

3）因为电阻中电压和电流同相位，电流和电压之积总为正值，即电阻在交流电路中仍为耗能负载，将电能转变为热能。

例 6-5 已知一电阻炉，其两端的电压有效值 $U=220\text{V}$，电阻丝的等效电阻 $R=10\Omega$，电阻丝的电感忽略不计，求电阻炉的电流有效值 I 和消耗的电功率。

解：
$$I = \frac{U}{R} = \frac{220}{10}\text{A} = 22\text{A}$$

$$P = UI = 220 \times 22\text{W} = 4840\text{W}$$

6.5.2 纯电感电路

在交流电路中，许多电器设备或元件是由线圈绕制而成的，线圈中既存在电感，又存在导体电阻和电容。当电阻、电容对电路的影响与电感相比可以忽略不计时，即可把线圈用纯电感来表示，只有纯电感这一种负载的电路称为纯电感电路。

1. 电压与电流有效值之间的关系

下面通过图 6-25 所示的实验来观察电压和电流之间的关系。

实验电路的接法与图 6-22b 相同，就是将电阻换成电感。测量方法相同。

表 6-3 是用接触器的空心线圈测得的一组数据。用欧姆定律计算每个数据点的感抗值，计算值见表 6-3。

第6章 单相正弦交流电路

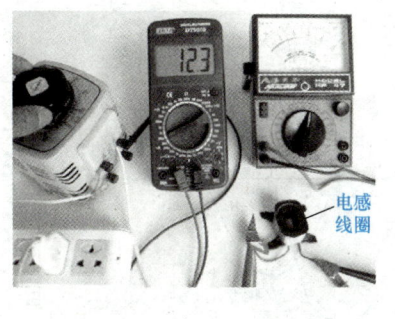
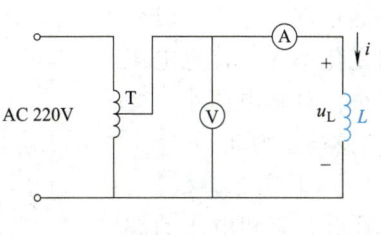

a)   b)

图 6-25　实验电路

a) 接线图　b) 原理图

表 6-3　电感测量数据

给定电压/V	5	10	15	20	25
测量电流/mA	4	7.9	11.7	15.6	19.4
计算感抗/kΩ	1.25	1.26	1.28	1.28	1.29

表中计算数据基本相等（误差为万用表精度低、读数不准所致），说明电感元件在交流电路中，有效值符合欧姆定律，即

$$U_L = X_L I$$

或

$$X_L = \frac{U_L}{I} \tag{6-16}$$

式中　X_L——比例系数，称为电感的感抗，它在交流电路中起阻碍电流流动的作用。

【感抗】　实验和理论都证明，电感的感抗 X_L 是电感量 L 和电压角频率 $\omega(f)$ 的函数，其表达式为

$$X_L = \omega L = 2\pi f L \tag{6-17}$$

式 (6-17) 中，当 ω 的单位为 1/s (1/秒)、L 的单位为 H (亨) 时，X_L 的单位为 Ω。由式 (6-17) 可见，当电感量 L 一定（电感线圈制造完毕，L 即为一确定值），电压的角频率 ω 越高，X_L 就越大；ω 越低，X_L 越小；如果电流为直流电，$\omega=0$，则 $X_L=0$，即电感在直流电路中不起作用。

【感抗和电阻的区别】　电阻和感抗都有阻碍电流流动的作用，但作用原理不同。电阻是阻碍电流流动，将电能变成热能；感抗是阻碍电流的变化，根据法拉第电磁感应定律，当电流变化时，产生一个反电动势阻碍电流的变化。交流电是变化量，其时刻都在变化，如果阻碍了电流变化，就等于阻碍了电流流动。所以说感抗具有阻碍电流流动的作用。感抗在电路中并不消耗电能。

2. 电压与电流瞬时值之间的关系

【电压电流瞬时值分析】　在上一章中，我们介绍了电感中电压与电流的变化率成正比，即

$$u_L = -e_L = L\frac{\Delta i}{\Delta t} \tag{6-18}$$

在正弦交流电路中，设电感中电流按正弦规律变化：$i = I_m \sin\omega t$，根据电感的自感原理，正弦电流的变化率大，自感电压大；变化率小，自感电压小；变化率为 0，自感电压为 0。

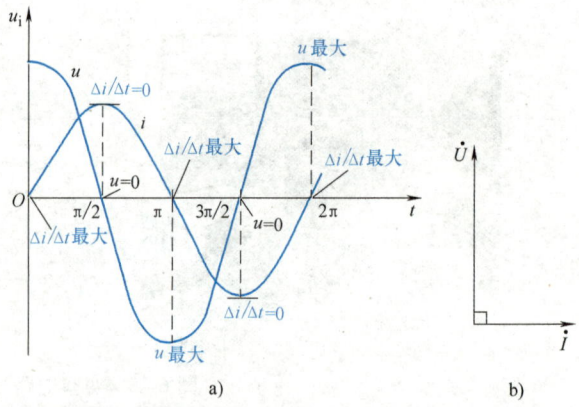

图 6-26　电感中电流和电压的波形图和相量图
a）波形图　b）相量图

【电压电流相位关系分析】

图 6-26a 所示是电流和电压的波形图，我们按电流的变化率来分析电压和电流的相位关系。

当电流穿过横坐标轴（即过"0"点）的瞬间，变化率最大，自感电压最大；随着电流的上升，变化率逐渐下降，电压也由最大值逐渐减小。当电流达到最大值、正在下降的一瞬间，变化率为 0，自感电压为 0$\left(\text{图中的}\dfrac{\pi}{2}\text{点}\right)$。

当电流过了最大值开始下降，变化率由正变负，自感电压也由正变负；电流的变化率向负的方向逐渐增加，自感电压也向负的方向逐渐增加。当电流过"0"点，变化率最大，电压达到负的最大值（图中的 π 点）。电流过"0"点后，变化率逐渐减小（还是负方向），电压也逐渐减小。当电流达到负的最大值，变化率为 0，自感电压为 0$\left(\text{图中的}\dfrac{3}{2}\pi\text{点}\right)$。

当电流过了负的最大值，变化率为正，自感电压为正；电流过"0"点时，变化率最大，自感电压又达到正的最大值。

【分析结论】　通过上述分析，我们得出以下重要结论：

1) 电感中电流为正弦波，电压也为正弦波。

2) 电感中电压超前电流 90°电角度，即 $i = I_m\sin\omega t$，则 $u = U_m\sin\left(\omega t + \dfrac{\pi}{2}\right)$，其波形图和相量图如图 6-26 所示。解析式、波形图和相量图是分析交流电路的得力工具，大家要牢记。

3) 电感的感抗是频率的函数，频率高，感抗大；频率低，感抗小。

4) 电感在交流电路中因为电压和电流有 90°的相位差，两者之积时正时负，为正时电感储能，为负时电感放能，所以电感本身并不消耗电能，只是和电路进行能量的交换。因此电感是储能器件。

上述 4 点结论，是选用和分析电感电路的依据。

例 6-6　有一电感线圈，电感量为 15mH（体电阻忽略不计）。将线圈接到电压为 100V，频率分别为 10kHz 和 1kHz 的电路中，求电感中的电流。

解：线圈接到 10kHz 的交流电路中时

$$X_L = 2\pi f L = 6.28 \times 10^4 \times 15 \times 10^{-3} \Omega = 942\Omega$$

$$I = \dfrac{U}{X_L} = \dfrac{100}{942} A = 0.11 A$$

线圈接到 1kHz 的交流电路中时

$$X_L = 2\pi fL = (6.28 \times 10^3 \times 15 \times 10^{-3})\Omega = 94.2\Omega$$

$$I = \frac{U}{X_L} = \frac{100}{94.2}A = 1.1A$$

由计算可知，同一电感所加的电压有效值虽然相同，但由于频率不同，电感中电流则不同。这就提示我们，工作在某一额定频率的感性电气设备不能接到其他频率的电源上，否则电气设备不能正常工作，或因电流太大而烧毁。但在电子电路中，根据电感工作频率不同、感抗不同的特点，可用电感来进行滤波或选频。

例 6-7 在电压为 220V、频率为 50Hz 的交流电源上接入电感量为 0.1H 的线圈（体电阻忽略不计），试求：电感线圈的感抗 X_L；电感线圈的电流 I；写出电流初相角为零时的电流和电压的瞬时值。

解：

$$X_L = 2\pi fL = 6.28 \times 50 \times 0.1\Omega = 31.4\Omega$$

$$I = \frac{U}{X_L} = \frac{220}{31.4}A \approx 7A$$

$$i = 7\sqrt{2}\sin\omega t\,A, \quad u = 220\sqrt{2}\sin\left(\omega t + \frac{\pi}{2}\right)V$$

6.5.3 纯电容电路

在电容电路中，如果电路中的电阻、电感的特性可以忽略，就可以看作是纯电容电路。在第 3 章中我们介绍了电容器，并分析了电容器不能通过直流电。但将电容器接入交流电路时，由于电压交替变化，电容器不停地充电和放电，充电和放电电流在电路中交替变化，这和交流电流通过电容器的效果相同，即电容器可以通过交流电。

1. 电压和电流有效值之间的关系

测量电路如图 6-27 所示，图中电压表和电流表分别用来指示电容上的电压和电流有效值。调整调压器 T 的输出电压，按表 6-4 进行选点测量。测量值和计算值见表 6-4。

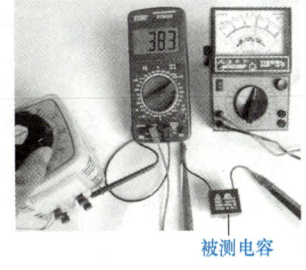
被测电容
a)

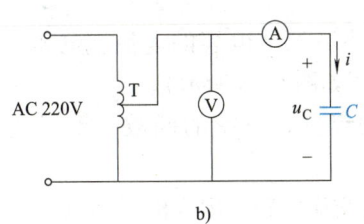
b)

图 6-27 实验电路
a) 测量接线图 b) 测量原理图

表 6-4 电容测量数据

给定电压/V	5	10	15	20	25	30
测量电流/mA	6.4	13.0	19.3	26.0	32.0	38.4
计算容抗/kΩ	0.78	0.77	0.78	0.77	0.78	0.78

由表中测量和计算数据可见，电流和电压的有效值符合欧姆定律（误差为测量、读数不准所致），用公式表示为

$$U_C = X_C I$$

或

$$X_C = \frac{U_C}{I} \tag{6-19}$$

【容抗】 式 (6-19) 中，X_C 是比例系数，称为电容器的容抗，对交流电流具有阻碍作用。实验和理论均可证明，电容器的容抗 X_C 与电源角频率 ω 和电容器的容量 C 之积成反比，即 ω、C 值越大，X_C 越小；反之越大。当 $\omega=0$，则 $X_C=\infty$，即电容器不能通过直流电。X_C 的表达式为

$$X_C = \frac{1}{\omega C} = \frac{1}{2\pi f C} \tag{6-20}$$

式中　X_C——电容器的容抗，单位为 Ω；
　　　ω——电源角频率，单位为 1/s；
　　　C——电容器的容量，单位为 F；
　　　f——电源频率，单位为 Hz。

电容的频率特性

2. 电容器中瞬时电流和电压的关系

【分析结论】 电容器是一个动态元件，充电电流和电压的变化率成正比，即

$$i = C \frac{\Delta u_C}{\Delta t} \tag{6-21}$$

设电容器两端电压按正弦规律变化，$u_C = U_m \sin\omega t$，仿照电感的分析方法，可得结论为

1）电容器的电压按正弦规律变化，电流也按正弦规律变化。

2）电容中电流超前电压 90°电角度，即 $u_C = U_{Cm}\sin\omega t$，$i = I_m\sin(\omega t + 90°)$。电流超前电压 90°电角度，是电容电路的一个重要特征，我们要牢记（电容的电流、电压波形图和相量图如图 6-28 所示）。

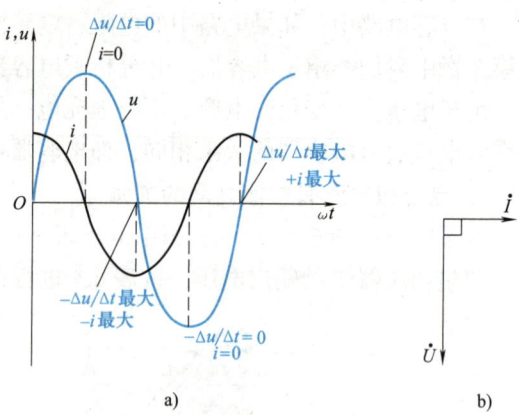

图 6-28 电流电压波形图和相量图
a）波形图　b）相量图

3）电容的容抗是频率的函数，频率高，容抗小；频率低，容抗大；和感抗的性质相反。

4）电容在交流电路中因为电压和电流也有 90°相位差，本身也不消耗电能，也是在电路进行能量的交换。电容两端的电压越高，电容储能越大；电容两端的电压越低，电容储能越少。电容两端电压为 0，储能为 0。

上述 4 点结论，也是选用和分析电容电路的依据。

例 6-8 将 10μF 的电容器接到电压为 220V，频率分别为 50Hz 和 500Hz 的交流电源上，试求电容器中的电流。

解：接在 50Hz 交流电源上时，有

$$X_C = \frac{1}{2\pi fC} = \frac{1}{6.28 \times 50 \times 10 \times 10^{-6}}\Omega = 318.5\Omega$$

$$I = \frac{U}{X_C} = \frac{220}{318.5}A = 0.69A$$

接在 500Hz 的交流电源上时，有

$$X_C = \frac{1}{2\pi fC} = \frac{1}{6.28 \times 500 \times 10 \times 10^{-6}}\Omega = 31.85\Omega$$

$$I = \frac{U}{X_C} = \frac{220}{31.85}A = 6.9A$$

由计算可知，电压有效值相同，频率不同，通过电容器的电流不同；频率越高，通过电容器的电流越大。

1. 有人说：已知电感中电流落后电压 90°电角度，电容中电流超前电压 90°电角度。如果将电感和电容串联后接到电路中，电感和电容上其中一个电压，一定会比总电压高。对吗？

2. 有人说：感抗 X_L 和容抗 X_C 是频率的函数，并且两者一个随着 f 的上升而上升；一个随着 f 的上升而下降。如果将两者串联，改变通入电流的频率，一定有一个频率使 $X_L = X_C$。对吗？

3. 假如电感和电容串联后 $X_L = X_C$，总电压等于多少？

活 学 活 用

人们利用感抗或容抗是频率函数的特性，开发出了很多工程应用。

【案例1——交流电抗器】

案例叙述

在电工电路中，有一个重要的部件叫交流电抗器，顾名思义就是阻碍交流电流流动和变

化的电器。因为电感的特点一是储能放能，二是阻止电流的变化，电抗器就是应用了这个特点达到工程滤波的。图 6-29a、b 是交流电抗器的外形和图形符号。

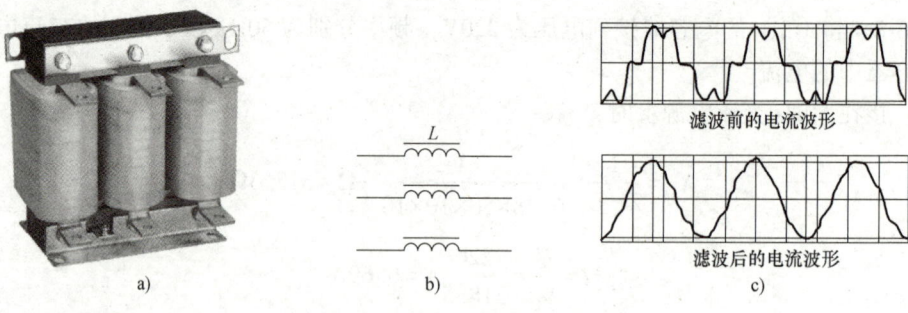

图 6-29　交流电抗器
a) 外形　b) 图形符号　c) 滤波效果图

【案例分析】

电抗器为了增加其电感量，都用铁心做磁路，为了防止磁饱和，磁路都有留出一定的缝隙。电抗器的用途有几个方面：

【电路减压】　交流电动机起动时，为了降低加在电动机上的电压，减小流入电动机的电流，在电动机和电源之间加装电抗器，达到限流的作用。

【电流滤波】　图 6-29c 是滤波效果图，因为电抗器具有储能放能和阻止电流变化的作用，通过在电路中串联电抗器，在电流的尖峰吸收储能、凹处放能补平，达到平稳电流的作用。

【案例 2——交流耦合】

【案例叙述】

在电子电路中，有时交流电和直流电混合在一起，为了将交流电提取出来耦合到下一级，就在电路中串联一个电容器，根据电容隔直取交原理，可以把交流信号提取出来。耦合电路如图 6-30 所示。

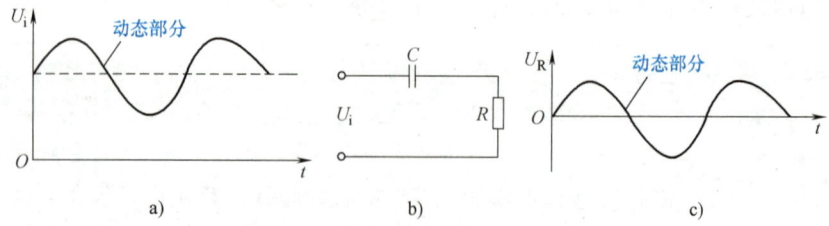

图 6-30　耦合电路
a) 交直流混合信号　b) 电路　c) 电阻上取出的交流信号

【案例分析】

在电子电路中，因为放大用的晶体管都是单方向导通器件，要想进行信号放大，必须加上直流电才能工作。如果放大的是交流信号，根据叠加原理，在直流电上叠加一个交流信号，就变为脉动直流量，如图 6-30a 所示。图中的直流电是载体，交流信号才是目的，为了将有用的交流信号取出来，就在电路中串联一个电容器，如图6-30b所示。图6-30c是电阻上取得的交流信号。

需要注意的是，电容器做耦合应用时其容量要足够大，否则输出波形会失真。

【案例3——电容旁路电路】

案例叙述

在电子电路中，有时需要将电路中的交流电剔除，可以采用电容旁路连接，当电容的容抗很小时，交流电被短路，直流电不变。电容旁路电路如图6-31所示，图6-31a是交直流混合信号，图6-31b是旁路电路，图6-31c是输出直流信号。

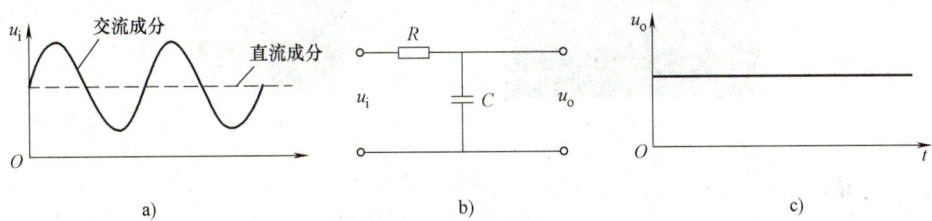

图6-31 电容旁路电路

a) 交直流混合信号 b) 旁路电路 c) 输出直流信号

案例分析

在电子电路中，有的需要保留交流电，有的需要保留直流电。案例2保留交流电，利用电容隔直取交原理将交流电取出并且隔断了直流电。该例是保留直流电而剔除交流电，同样也是利用电容隔直取交原理。当电容的容量选择的足够大，其容抗足够小时$\left(X_C = \dfrac{1}{2\pi fC}，当C足够大，X_C \ll R 时\right)$，旁路电容$C$上的交流电压可以忽略不计，在电路的输出端就可得到平滑的直流电。

6.6 RL串、并联电路

话题引入

在电气设备中，如变压器、电抗器、电动机、继电器及电感线圈等，我们要了解这些设备的电压、电流、阻抗、功率等各电量之间的关系，就要对它们的电路进行分析。这些设备都是由多匝线圈绕制而成，在线圈中既有电感，又有线圈自身的体电阻。当线圈匝数较多、电阻不可忽略时，将线圈的电感用纯电感来等效，将线圈的体电阻用纯电阻来等效，一个实际的电感线圈就等效为一个电阻与电感的串联电路；在电路的应用中，由于电感具有感抗，在交流电路中具有限流降压的作用，有时为了限制电气设备中的电流，在电气设备上串联上一个电抗器，电抗器和电气设备的串联也可以等效为一个电阻和电感的串联电路；在电子电路中，为了满足一定的电路要求，也往往将一个电感和一个电阻串联起来应用。因此，分析 RL 串联电路有着实际应用意义，图 6-32 所示为两种工业线圈，工作时因为体电阻而发热，使用时必须考虑体电阻的影响。

电动机、变压器等一些工业电器，工作中是进行能量的交换，负载和设备之间又可以等效为 RL 并联电路。所以分析 RL 并联电路也有着实际意义。

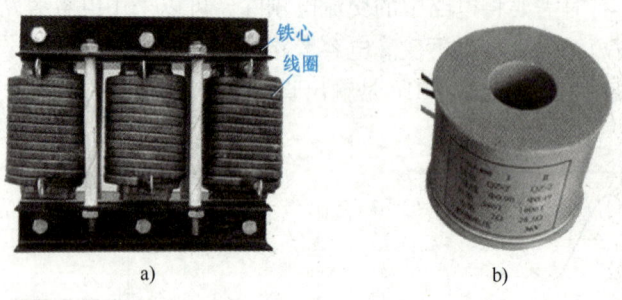

图 6-32 两种工业线圈
a) 三相电抗器 b) 电磁铁线圈

6.6.1 RL 串联电路

1. 电压、电流之间的关系

电阻、电感
串联电路

【RL 串联电路分析】 RL 串联电路如图 6-33a 所示。设电路中的电流按正弦规律变化，即 $i = I_m \sin\omega t$，$u = U_{Rm}\sin\omega t + U_{Lm}\sin\left(\omega t + \dfrac{\pi}{2}\right)$。下面用相量法定量分析各电量之间的关系。

图 6-33 RL 串联电路
a) RL 串联电路 b) RL 串联电路相量图

由于两个同频率的正弦量相加后，其和仍为同频率的正弦量，所以总电压有效值的相量表达式为

$$\dot{U} = \dot{U}_R + \dot{U}_L \tag{6-22}$$

已知电阻两端电压与电流同相位，电感两端电压超前电流 $\dfrac{\pi}{2}$，如果以电流为参考相量，可作出如图 6-33b 所示相量图。从相量图中可见，$\dot{U}$、$\dot{U}_L$、$\dot{U}_R$ 组成一个相量电压三角形，根据此三角形可求得各电压有效值之间的关系为

$$\begin{cases} U_R = U\cos\varphi \\ U_L = U\sin\varphi \\ U = \sqrt{U_R^2 + U_L^2} \\ \varphi = \arctan\dfrac{U_L}{U_R} \end{cases} \qquad (6\text{-}23)$$

【分析结论】 由以上分析可知,电路总电压 u 超前总电流 i 相角 φ ($0<\varphi<90°$),通常将电压超前电流的电路称为感性电路,具有感性特征的负载称为感性负载。总电压的有效值与分电压的有效值遵从相量和的相加关系(三角形关系),而不是代数和的相加关系,这与电阻串联电路有着本质的区别。

2. 电阻、感抗与阻抗之间的关系

【RL 串联电路的阻抗三角形】 由于 RL 串联电路中通过的是同一电流 I,如将各电压分别除以电流 I,即 $\dfrac{U}{I} = |Z|$、$\dfrac{U_R}{I} = R$、$\dfrac{U_L}{I} = X_L$,可得阻抗三角形如图 6-34 所示。由阻抗三角形可知

$$|Z| = \dfrac{U}{I} = \sqrt{R^2 + X_L^2} \qquad (6\text{-}24)$$

$$\varphi = \arctan\dfrac{X_L}{R} \qquad (6\text{-}25)$$

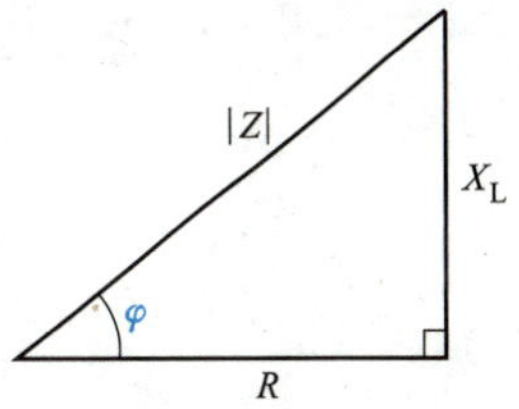

图 6-34 阻抗三角形

式中 $|Z|$——RL 串联电路的阻抗,单位为 Ω。

阻抗不是相量,但电阻、感抗和阻抗三者遵从相量和的关系,而不是代数和的关系。由于 X_L 是频率 f 的函数,所以 $|Z|$ 也是频率的函数:f 增大,$|Z|$ 增大;f 减小,$|Z|$ 减小。

当 U、I 用有效值表示时,$|Z|$、U、I 三者遵从欧姆定律,即 $|Z| = U/I$。

例 6-9 有一电感线圈,已知其体电阻 $R = 6\Omega$,电感 $L = 25.5\text{mH}$。将其接入频率为 50Hz、电压为 220V 的电路上,分别求 X_L、I、U_R、U_L、φ,并作出电压相量图。

解: $X_L = 2\pi f L = 2\pi \times 50 \times 25.5 \times 10^{-3}\Omega = 8\Omega$

$|Z| = \sqrt{R^2 + X_L^2} = \sqrt{6^2 + 8^2}\,\Omega = 10\Omega$

$I = \dfrac{U}{|Z|} = \dfrac{220}{10}\text{A} = 22\text{A}$

$U_R = RI = 6 \times 22\text{V} = 132\text{V}$

$U_L = X_L I = 8 \times 22\text{V} = 176\text{V}$

$\varphi = \arctan\dfrac{X_L}{R} = \arctan\dfrac{8}{6} = 53°$

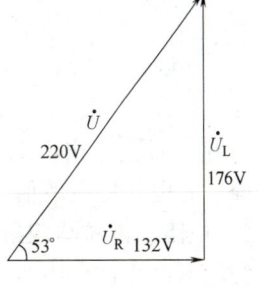

图 6-35 例 6-9 图

相量图如图 6-35 所示。

6.6.2 RL 并联电路

1. 电压、电流之间的关系

【RL 并联电路分析】 RL 并联电路如图 6-36a 所示。设电路两端电压按正弦规律变化：$u=U_m\sin\omega t$，则 $i_R=I_{Rm}\sin\omega t$，$i_L=I_{Lm}\sin\left(\omega t-\dfrac{\pi}{2}\right)$。因为电感和电阻两端加的是同一个电压，以电压为参考相量定量分析各量之间的关系。

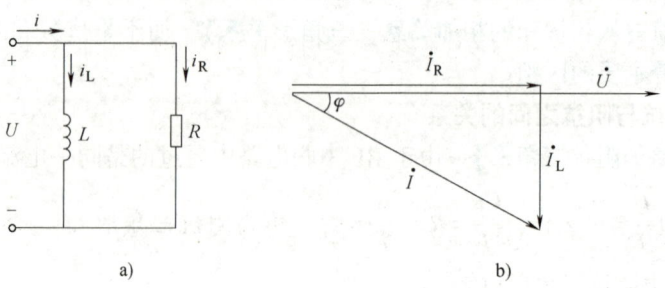

图 6-36 RL 并联电路
a) RL 并联电路 b) RL 并联电路相量图

根据并联电路原理，电流相量关系表达式为

$$\dot{I}=\dot{I}_R+\dot{I}_L \tag{6-26}$$

已知电阻两端电压与电流同相位，电感两端电压超前电流 $\dfrac{\pi}{2}$，如果以电压为参考相量，可作出如图 6-36b 所示相量图。从相量图中可见，$\dot{I}$、$\dot{I}_R$、$\dot{I}_L$ 组成一个相量电流三角形，根据此三角形可求得各电流有效值之间的关系为

$$\begin{cases} I_R=I\cos\varphi \\ I_L=I\sin\varphi \\ I=\sqrt{I_R^2+I_L^2} \\ \varphi=\arctan\dfrac{I_L}{I_R} \end{cases} \tag{6-27}$$

【分析结论】 由以上分析可知，电路总电压 u 超前总电流 i 相角 φ（$0<\varphi<90°$），为感性电路。总电压的有效值与分电压的有效值遵从矢量和的相加关系（三角形关系）。

2. 电阻、感抗与阻抗之间的关系

【RL 并联电路的阻抗三角形】 由于 RL 并联电路加的是同一电压 U，如将电压分别除以各个电流，即 $\dfrac{U}{I}=|Z|$、$\dfrac{U}{I_R}=R$、$\dfrac{U}{I_L}=X_L$，可得阻抗三角形，如图 6-37 所示。由阻抗三角形可知

$$|Z|=\dfrac{U}{I}=\sqrt{R^2+X_L^2}$$

$$\varphi = \arctan \frac{X_L}{R}$$

式中　$|Z|$——RC 串联电路的阻抗,单位为 Ω。

阻抗表达式和 RL 串联电路相同,即无论 RL 是串联还是并联,最后的等效电路都是感性电路,电流落后电压,所以表达式相同。

阻抗不是相量,但电阻、感抗和阻抗三者遵从相量和的关系,而不是代数和的关系。由于 X_L 是频率 f 的函数,所以 $|Z|$ 也是频率的函数,f 增大,$|Z|$ 增大;f 减小,$|Z|$ 减小。

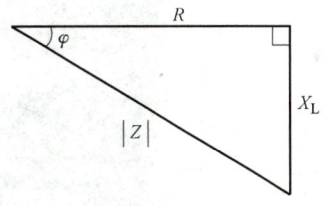

图 6-37　阻抗三角形

当 U、I 用有效值表示时,$|Z|$、U、I 三者遵从欧姆定律,即 $|Z| = U/I$。

活　学　活　用

在交流电阻电路中串联电感,可起到良好的减压限流作用。

【案例 1——电焊机引弧电抗器】

案例叙述

图 6-38a 所示是电焊机外形图,电焊机由降压变压器和电抗器组成。电焊机工作时是通过焊条和焊件之间产生电弧,将焊条和焊件一同熔化,进行焊接的电器设备,应用广泛。图 6-38b 是电路原理图,380V 交流电通过变压器减压为 70V 左右,通过感抗为 $X_L = 0.21Ω$ 的电抗器限流,加到焊条和焊件之间,正常工作电流为 300A。

电路工作原理为:当正常工作时,电抗器具有稳流作用,使电弧发热均匀,保证焊接质量。当焊条起弧前如果焊死而造成短路时,电抗器限制短路电流,保护变压器。

图 6-38c 是等效电路,图 6-38d 是相量图,在正常工作时,电抗器上的电压为

$$U_L = IX_L = 300 \times 0.21\text{V} = 63\text{V}$$

电弧上的电压为

$$U_R = \sqrt{U_2^2 - U_L^2} = \sqrt{70^2 - 63^2}\text{V} = 30.5\text{V}$$

当焊条焊死,U_R 为 0,U_2 电压加在电抗器 L 上,电抗器中的电流为

$$I = \frac{U_2}{X_L} = \frac{70}{0.21}\text{A} = 333.3\text{A}$$

由计算可知,电焊机的短路电流只比工作电流多出 33.3A(多出 11%),因此电焊条短路时电焊机也不会烧毁。

案例分析

电抗器在电路中起到了稳流作用,使电路工作时电流稳定,短路时保护了变压器。电抗

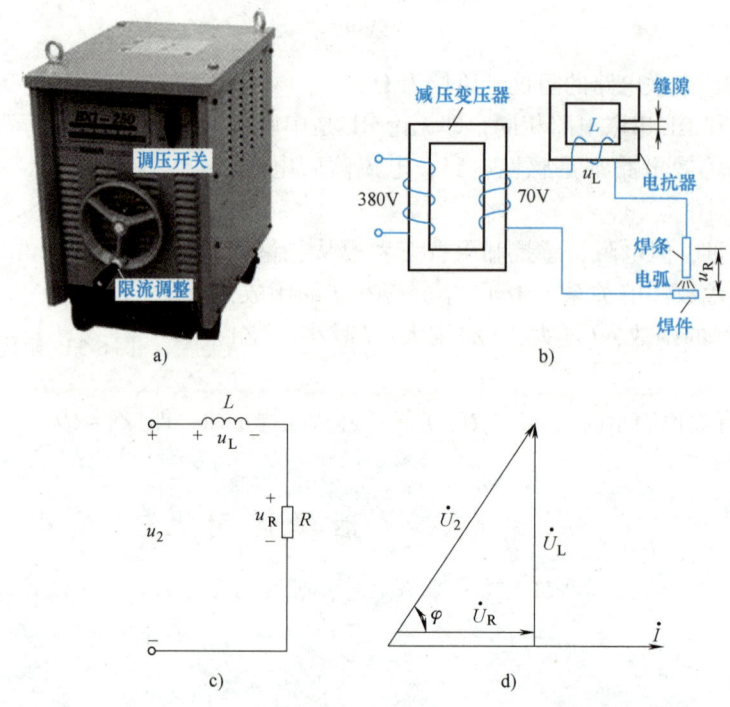

图 6-38 电焊机
a）电焊机外形图 b）电路原理图 c）等效电路 d）相量图

器除稳流作用外，还有起弧的功能。焊条接触焊件的瞬间电弧放电，称为起弧。起弧时需要高电压和大电流，条件不具备则不能起弧。电感具有储能功能，焊条接触焊件的瞬间产生333A 电流，电抗器开始储能；焊条和焊件断开的瞬间，电抗器放电，放电产生的电弧将空气击穿，形成稳定的电弧，电弧电压维持在 30V 左右。如果没有电抗器，电焊机无法工作。很多电器为了工作中稳定负载电流，就在电路中串联电抗器。如荧光灯、节能灯，都串联电抗器镇流，目的是稳流和启辉。

【案例2——变压器分析】

案例叙述

变压器是具有广泛用途的静止电器，是通过电磁感应原理进行电能的传递。在第 5 章中从磁路的角度已经做了介绍。图 6-39a 是电力变压器外形图，电力变压器是三相变压器，一般由 3 个相同的一次绕组和 3 个相同的二次绕组组成，进行变压器分析时，一般是按单相变压器进行。图中，3 个高压接线端子连接到 10kV 高压线上，4 个低压接线端子输出 380V 或 220V 低压交流电，下面再从电路的角度对其中 1 相进行分析。

如图 6-39b 所示，当变压器二次绕组没有接负载时，一次绕组中通过的是空载励磁电流 i_0，产生主磁通 Φ_0。该电流是一个感性电流，即一次绕组等效为一个电感 L_0。当二次绕组接上负载时，因为二次绕组具有电压，产生二次电流 i_2，i_2 电流产生磁通 Φ_2，使磁路中主磁通发生变化。根据法拉第电磁感应定律，当磁路中的磁通发生变化，一次绕组中的电流就发生变化，来产生一个阻止 Φ_2 变化的磁通 Φ_1，在方向上 Φ_2 与 Φ_1 相反，在数量上 Φ_2 与

第 6 章 单相正弦交流电路

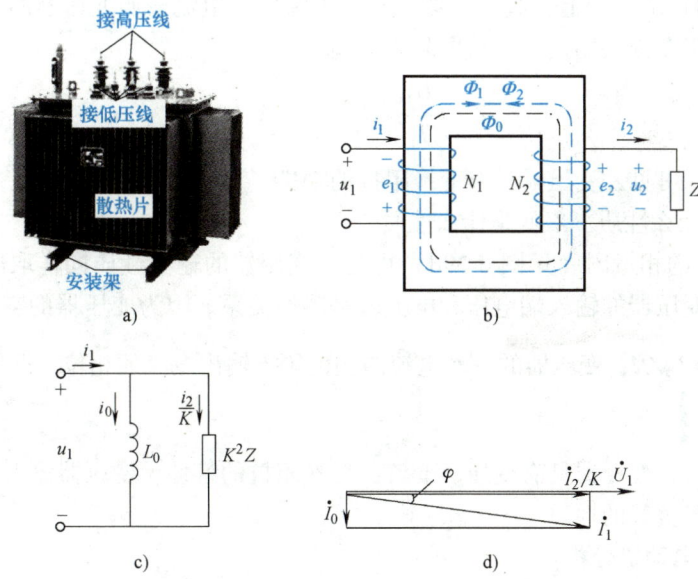

图 6-39 变压器
a) 三相变压器外形 b) 单相变压器原理 c) 等效电路 d) 相量图

Φ_1 相等。

通过上述分析，变压器在工作时，空载电流 i_0 是不变的，Φ_0 也是不变的，只是相当于在电感两端并联上一个等效电阻。等效电路如图 6-39c 所示。变压器的输出性质取决于负载，如果负载是阻性，变压器因为有空载感性电流，一次电流 $\dot{I}_1$ 要落后电压一定角度，如图 6-39d 所示。

案例分析

1) 由第 5 章给出的变压器各量之间的关系为

$$\frac{U_1}{U_2}=\frac{E_1}{E_2}=\frac{N_1}{N_2} \tag{6-28}$$

式中 U_1、E_1、N_1——一次绕组的电压、自感电动势和匝数；

U_2、E_2、N_2——二次绕组的电压、自感电动势和匝数。如果取式（6-28）的比值为 K，则有

$$\frac{U_1}{U_2}=\frac{E_1}{E_2}=\frac{N_1}{N_2}=K \tag{6-29}$$

式中 K——变压器的电压比。$K>1$，为减压变压器；$K<1$，为升压变压器。

2) 根据变压器能量守恒原理，输入的电功率等于输出的电功率，有

$$U_1 I_1 = U_2 I_2$$

整理得

$$\frac{I_1}{I_2}=\frac{U_2}{U_1}=\frac{1}{K} \qquad I_1=\frac{I_2}{K} \tag{6-30}$$

即变压器具有变流功能。

3）当变压器输出端带上负载 Z，要产生 i_2 电流，i_2 电流按照变压器的变压比反射到输入端，也就相当于在输入端接上负载电阻 Z'，即

$$Z' = \frac{U_1}{I_1} = K^2 \frac{U_2}{I_2} = K^2 Z \tag{6-31}$$

由式（6-31）可见，变压器具有变换阻抗的功能。因为 K^2 只是一个系数，不改变负载的性质，即 Z 是什么性质，Z' 就是什么性质。

4）由变压器的相量图（见图 6-39d）可见，变压器的输出性质同样取决于负载，图中负载是感性的，变压器的输入端电压和电流就是感性关系。因为变压器的空载电流 I_0 很小，当忽略了 $\dot{I}_0$，$\dot{I}_1 = \dot{I}_2/K$，变压器的一次电流的相位等于输出电流的相位，即取决于负载。

> 结论

通过上述分析，变压器具有变压、变流、变换阻抗的特性，变压器输入的电压和电流的相位关系，取决于负载的性质。

【案例3——电动机分析】

> 案例叙述

电动机是铁心线圈结构，图 6-40a 所示是电动机的定子和转子，当定子绕组通上交流电，定子铁心中产生交变磁通，磁通穿过转子铁心，在转子绕组中产生感应电流。因为转子感应电流处于磁场中，根据在磁场中的载流导体要受到力的作用的原理，转子会受力转动。定子磁场是旋转的，转子的转动方向与定子的转动方向相同。由于转子转速低于定子旋转磁场的转速，故称为感应电动机。电动机将电能转换为机械能输出。电动机的工作原理和变压器相同，区别是电动机转子因为需要转动，定子和转子之间留有气隙，定子绕组中需要的空载电流 i_0 较大。

从电路上分析，电动机是一个电感与电阻并联电路。等效电路如图 6-40b 所示，图中 L_0 是电动机空转时的定子等效电感，R_L 是电动机工作时的等效电阻，该电阻是由输出转矩产生的等效电阻，直接消耗输入电能。定子绕组的相量图如图 6-40c 所示。

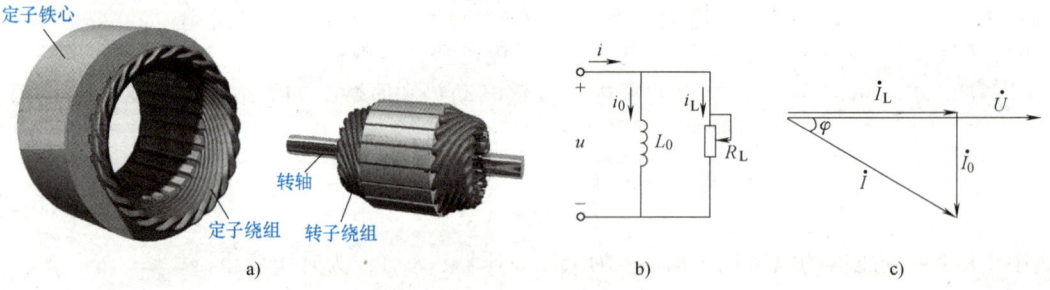

图 6-40 电动机
a）定子和转子 b）等效电路 c）定子绕组的相量图

> 案例分析

本案例要认识电动机的两个重要物理量的含义：

第6章 单相正弦交流电路

1) 空载电流 i_0。电动机空载（转子上没有转矩输出）时，定子绕组中必须有一定的励磁电流 I_0，电动机才能正常工作，i_0 称为空载电流。该电流因为不做功，为感性。该电流的大小和电动机的铁心磁导率、铁心截面积的大小、绕组匝数的多少等有关系。为了使电动机的体积最小，又能够得到最大的输出功率，空载电流要设置在铁心磁化曲线的线性部分（$H=IN$），如图 5-15 所示。

2) 转矩电流 i_L。当电动机转子上有输出转矩，使定子电流增加，因为增加的转矩电流 i_L 和空载电流 i_0 是相加关系，所以等效电路为并联（见图 6-40b）。增加的定子电流通过电磁感应原理，转换为转子的输出转矩。因为电流转换为输出转矩，<u>电压和电流同相位，呈现电阻特性，</u>该电阻随转矩的变化而变化，为可变电阻。由上述分析，空载电流 i_0 和转矩电流 i_L 的相量和为定子电流 i，落后电压 φ 角（见图 6-40c）。即电动机为感性负载。

结论

因为电动机空载电流较大，又为感性，如果轻载工作，空载电流又不做功，会造成电动机电能的浪费。

---

1. 任何含有电阻的电感线圈两端电压都超前电流一定的电角度吗？

2. RL 串联电路总电压的有效值等于电阻和电感上电压有效值的代数和吗？

3. 有人用电阻表测量一线圈的电阻为 10Ω，当将线圈接于 10V 交流电源后，发现线圈电流小于 1A，怀疑电阻测量不准。后将线圈接在 10V 直流稳压电源上，线圈电流就是 1A，他不知何故。你知道吗？

4. 有人从国外带回一台电器，已知该电器中的电动机额定电压为 220V，额定频率为 60Hz，请问：该电器能否在国内使用？为什么？

6.7 RLC 串联电路

 **话题引入**

在电工技术中，有些设备需要将电感线圈和电容器串联起来应用。如单相电动机的起动绕组，利用绕组与电容器串联来改变电流的相位，以达到起动电动机的目的；在电子电路中，LC 串联可组成谐振电路，广泛用于选频与滤波。因为实际电感线圈中含有电阻，所以研究 RLC 串联电路亦有着实际意义。

6.7.1 电流与电压的关系

【实验电路连接】 实验电路如图 6-41 所示，将电阻、电感、电容三个元件串联后接到交流电源上。将电源的输出调整为 200V，分别测得 $U_R = 111.2V$，$U_C = 178.6V$，$U_L = 18.7V$。显然 $U_R + U_C + U_L \gg U$，即三个电压不是代数相加的关系。下面我们从理论上进行分析。

【RLC 串联电路分析】 RLC 串联电路如图 6-42 所示。

串联电路中各元件通过的为同一电流，设电流按正弦规律变化：$i = I_m \sin \omega t$，则 u_R 与电流同相位，u_L 超前电流 90°电角度，u_C 滞后电流 90°电角度。电压的相量表达式为

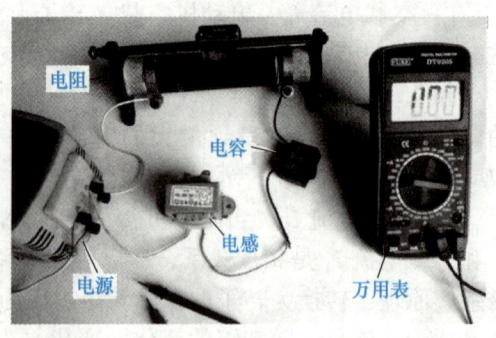

图 6-41　电阻、电感、电容串联测量实验电路

$$\dot{U} = \dot{U}_R + \dot{U}_L + \dot{U}_C$$

根据电压相量表达式，以电流为参考相量，并假设 $U_L > U_C$，根据各电压的初相角作出相量图如图 6-43 所示。图中，$\dot{U}_X = \dot{U}_L + \dot{U}_C$，$\dot{U}_X$ 称为电抗的电压相量，其有效值为 $U_X = U_L - U_C$。由相量图可知，$\dot{U}_R$、$\dot{U}_X$ 和 $\dot{U}$ 组成一个直角电压三角形，如图 6-44a 所示，根据此电压三角形，可写出各电压有效值之间的关系为

$$\begin{cases} U = \sqrt{U_R^2 + U_X^2} = \sqrt{U_R^2 + (U_L - U_C)^2} \\ \varphi = \arctan \dfrac{U_L - U_C}{U_R} \end{cases} \quad (6-32)$$

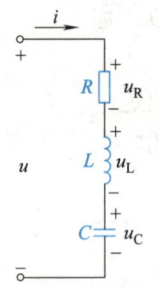

图 6-42　RLC 串联电路

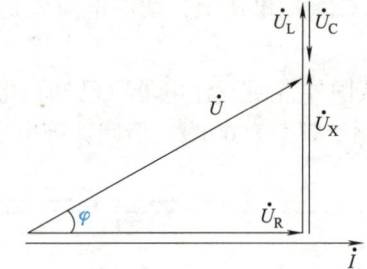

图 6-43　RLC 串联电路相量图

【RLC 串联电路分析结果】 由式（6-32）可以看出，RLC 串联电路总电压的有效值与分电压的有效值遵从直角三角形关系，而不是代数和的关系。

6.7.2 阻抗之间的关系

【RLC 串联电路阻抗三角形】 因为串联电路通过的是同一电流 I，如将各电压分别除以电流 I，即 $\dfrac{U}{I} = |Z|$、$\dfrac{U_R}{I} = R$，$\dfrac{U_X}{I} = X$，可得一阻抗三角形，如图 6-44b 所示

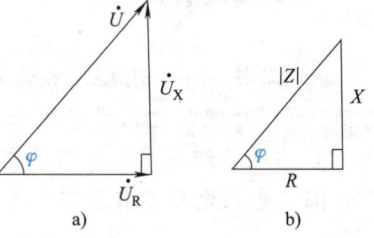

图 6-44　电压三角形和阻抗三角形
a) 电压三角形　b) 阻抗三角形

（阻抗三角形不是相量三角形，而是标量三角形），根据此阻抗三角形可写出阻抗表达式为

$$|Z|=\frac{U}{I}=\sqrt{R^2+(X_L-X_C)^2}=\sqrt{R^2+X^2} \qquad (6\text{-}33)$$

$$X=X_L-X_C=\omega L-\frac{1}{\omega C} \qquad (6\text{-}34)$$

式（6-33）为串联电路总阻抗的一般表达式。式（6-34）中，X 称为电路的电抗，单位为 Ω。电抗是决定电路性质的参数。

通过以上分析，当求得了电路的总电压 U、阻抗 Z 及相角 φ 后，可写出电压的解析式为

$$u=\sqrt{2}U\sin(\omega t+\varphi)=\sqrt{2}|Z|I\sin(\omega t+\varphi)$$

6.7.3 电路的三种性质

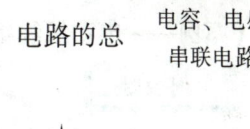

电容、电感
串联电路

由以上分析，可总结出 RLC 串联电路的三种性质为：

1) 当电路的感抗大于容抗，即 $X_L>X_C$，$X>0$，$\varphi>0$，$U_L>U_C$，电路的总电压超前电流一个 φ 角，电路呈感性，相量图如图 6-45a 所示。

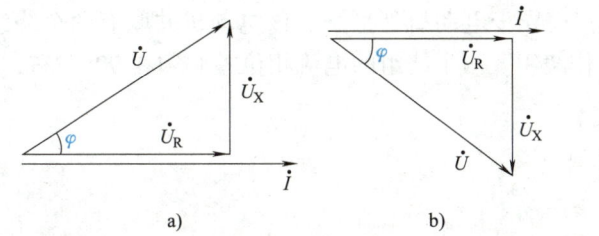

图 6-45 RLC 串联电路三种性质

a) 感性电路相量图 b) 容性电路相量图 c) 谐振状态相量图

2) 当电路的感抗小于容抗，即 $X_L<X_C$，$X<0$，$\varphi<0$，$U_L<U_C$，电路的总电压滞后电流一个 φ 角，电路呈容性，相量图如图 6-45b 所示。

3) 当电路中的感抗与容抗相等，即 $X_L=X_C$，$X=0$，$\varphi=0$，$U_L=U_C$，此时电路中的总电流和总电压同相位，电路呈阻性，这种状态称为谐振，相量图如图 6-45c 所示。电路处于谐振状态具有许多特点，在电子工程上得到广泛应用。

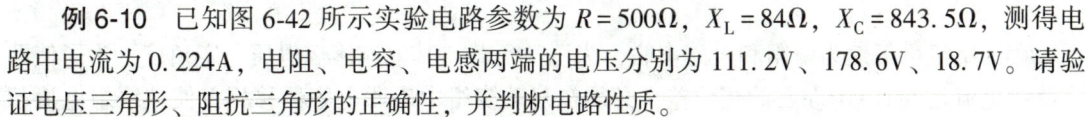

例 6-10 已知图 6-42 所示实验电路参数为 $R=500\Omega$，$X_L=84\Omega$，$X_C=843.5\Omega$，测得电路中电流为 0.224A，电阻、电容、电感两端的电压分别为 111.2V、178.6V、18.7V。请验证电压三角形、阻抗三角形的正确性，并判断电路性质。

解： ① 根据电压测量值，$U_C>U_L$，判断电路为容性。

② 根据电压三角形公式，计算测出的总电压值为

$$U=\sqrt{U_R^2+U_X^2}=\sqrt{111.2^2+(178.6-18.7)^2}\,\text{V}=195\text{V}$$

③ 计算总阻抗 Z 和由总阻抗计算总电压 U

$$|Z|=\sqrt{R^2+(X_C-X_L)^2}=\sqrt{500^2+(843.5-84)^2}\,\Omega=909.3\Omega$$

$$U = I|Z| = 0.224 \times 909.3 \text{V} = 203.7 \text{V}$$

根据测量参数计算出的总电压值为 195V 和 203.7V，非常接近给定值 200V（误差为读数不准和表具误差），即验证了电压三角形和阻抗三角形的正确性。

活学活用

在电感电路中串联电容，可起到良好的分相作用。

【案例——电动机绕组移相】

案例叙述

图 6-46a 所示是单相电容式异步电动机外形图。该电动机并联有两个绕组（N_1、N_2），一个是起动绕组，一个是工作绕组。两个绕组的电流相位差必须在 90°左右，才能产生旋转磁场，使转子发生转动。

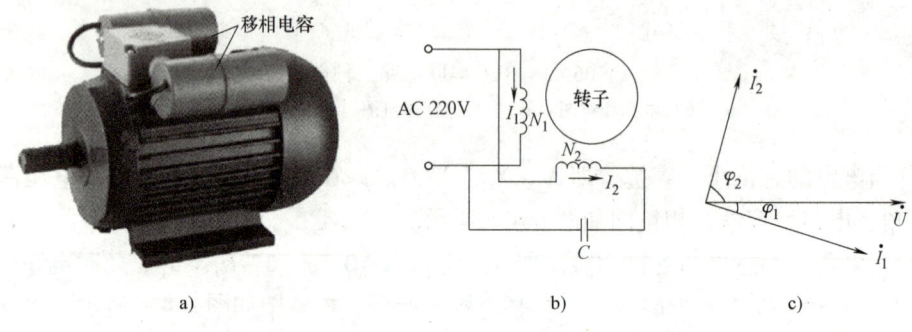

图 6-46　单相电容式异步电动机
a) 电动机外形　b) 原理图　c) 相量图

因为绕组可等效为电阻和电感串联，为感性负载，其电流落后电压一定角度。为了使两个绕组电流之间有 90°左右的相位差，必须在起动绕组中串联电容器移相，使该绕组电流超前电压，变为容性，根据电感电压超前电流 90°电角度，电容电压落后电流 90°电角度，必须 $X_C > X_L$，才能使电路为容性。图 6-46b 是原理图，图 6-46c 是相量图。改变串联电容器容量的大小，可改变移相电流的大小。

案例分析

通过在绕组上串联电容器，起到了分相作用，使两个绕组中电流相位不同，解决了单相异步电动机的起动问题。

6.8 LC 并联电路

在交流电路中工作的电器，很多都属于感性负载。由于感性负载电流的相位角落后于电压的相位角，从而造成电网电能的浪费。因为电容器电流的相位角超前电压 90°电角度，当将电容器与感性负载并联时，正好补偿电感中电流落后电压的电角度，可减小总电压与总电流的相位差，减少电网电能的浪费。

【电压与电流的关系】 图 6-47 所示为感性负载与电容器并联电路。将感性负载用电阻和电感串联来等效，此电路实际是 RL 串联后再与 C 并联电路。由于并联电路各支路所加的为同一电压，以电压为参考量分析较为方便。设电压按正弦规律变化，即

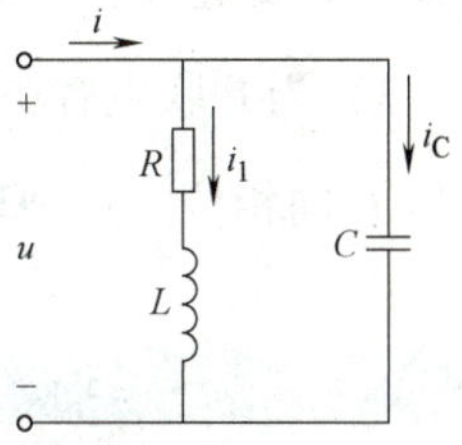

$$u = U_m \sin\omega t$$

电感支路中的电流有效值为

$$I_1 = \frac{U}{|Z_1|} = \frac{U}{\sqrt{R^2 + X_L^2}}$$

图 6-47 感性负载与电容器并联电路

该支路电流在相位上落后电压 u 一个 φ_1 角，其值为

$$\varphi_1 = \arccos \frac{R}{|Z_1|}$$

电容器支路中的电流有效值为

$$I_C = \frac{U}{X_C}$$

该支路中电流 i 在相位上超前电压 u $\frac{\pi}{2}$。

由于两条支路中电流相位不同，所以总电流的有效值 I 不等于两条支路中电流有效值的代数和，而应是它们的相量和，即

$$\dot{I} = \dot{I}_1 + \dot{I}_C \tag{6-35}$$

以电压相量为参考，画出相量图如图 6-48a 所示。为了便于分析，现把 $\dot{I}_1$ 分解为水平分量（实部分量）$\dot{I}_{1h}$ 和垂直分量（虚部分量）$\dot{I}_{1v}$，$\dot{I}_{1v}$ 与 $\dot{U}$ 相差 90°电角度，为无功分量，如图 6-48b 所示。作了上述分解后，便可求得总电流的有效值为

$$\begin{aligned}I &= \sqrt{I_{1h}^2 + (I_{1v} - I_C)^2} \\ &= \sqrt{(I_1\cos\varphi_1)^2 + (I_1\sin\varphi_1 - I_C)^2}\end{aligned} \tag{6-36}$$

总电流与总电压之间的相位差为

$$\varphi = \arctan \frac{I_1\sin\varphi_1 - I_C}{I_1\cos\varphi_1} \tag{6-37}$$

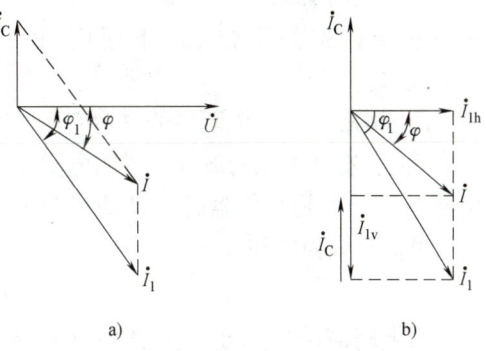

图 6-48 相量图
a) $\dot{I}_1$、$\dot{I}_C$ 相量图 b) 相量分量图

【LC 并联电路结论】

1）感性负载两端并联电容器后，可使总电流减小。这是因为电容中无功电流 I_C 与 I_1 电流的无功分量 I_{1v} 方向相反，相互抵消的缘故，使总电流 I 比 I_1 电流还要小。

2）感性负载两端并联电容器后，使总电流与电压之间的相位差 φ 小于感性负载上的电流与电压之间的相位差 φ_1，提高了总电路的功率因数。由此可知，若要提高感性电路的功率因数，可在感性负载两端并联电容器。

3）当并联电容中的电流 $\dot{I}_C$ 与电感中的电流 $\dot{I}_1$ 的垂直分量大小相等时，则总电流 $\dot{I}$ 与电压 $\dot{U}$ 同相位。这种现象称为并联谐振。并联谐振电路的总阻抗最大，总电流最小。

电感、电容并联电路

6.9 交流电路的电功率

6.9.1 三大电路元件的电功率

 话题引入

在分析三大电路元件在交流电路中的作用时，我们注意到一个问题：电阻电路电压和电流同相位，而电感、电容电路电压和电流相位相差 90°。在分析电感和电容时，我们定义它们是储能元件，本身并不消耗电能。电感和电容器在交流电路中电流和电压的不同相位，正是储能元件的具体体现。在交流电路中，判断元件是储能还是耗能，就看电压和电流的相位是否相同。

1. 电阻电路消耗的功率

【交流电中电阻电路的电功率】 在第 1 章中定义了直流电的电功率为 $P=UI$，在交流电中，因为电压和电流是变化的，其定义式为瞬时值，用小写字母表示为：$p=ui$，因为电阻电路中的电流和电压同相位，表达式为

$$u = U_m \sin\omega t, \quad i = I_m \sin\omega t$$

$$p = U_m \sin\omega t \cdot I_m \sin\omega t$$

正弦量相乘仍然为正弦量，下面用图 6-49 来表示：

如图 6-49a 所示，电阻中的电功率在 1 个周期内，有 2 个正的波峰，说明电阻在交流电中仍然是耗能器件，其功率为电压与电流有效值之积，表达式为

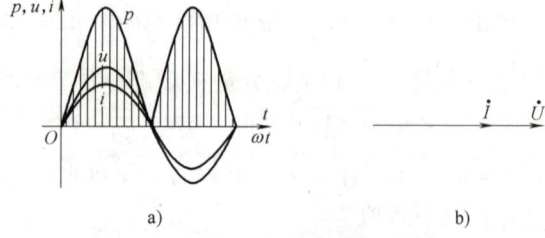

图 6-49 纯电阻电路的波形图和相量图
a) 波形图　b) 相量图

$$P = UI \tag{6-38}$$

电阻电路消耗的平均功率也称为电阻电路的有功功率，它等于电阻两端电压与电流有效值之积。在交流电路中，当交流电用有效值表示时，在前面学习的直流电路的基本概念均可用于交流电阻电路的分析。

例 6-11 已知电阻两端电压的有效值 $U=220\text{V}$，电阻 $R=100\Omega$，求 I 和 P。

解：
$$I=\frac{U}{R}=\frac{220}{100}\text{A}=2.2\text{A}$$
$$P=UI=220\times 2.2\text{W}=484\text{W}$$

2. 电感电路的功率

（1）电感电路的瞬时功率

【电感电路的瞬时功率】 根据功率的定义，瞬时功率为
$$p=ui$$

由数学可以证明，两个同频率正弦函数之积，仍为正弦函数，即瞬时功率亦为正弦函数。

下面用波形图进行分析。如图 6-50 所示，当电压和电流同时为正或同时为负时，功率为正；当电压和电流一正一负时，功率为负。

【电感元件是储能元件】 当瞬时功率为正时，电感从电源中取用能量，相当于电源的负载；当瞬时功率为负时，电感向电路释放能量，相当于一个电源。因此，电感元件只与电源交换能量，而不消耗能量，所以电感元件又称为储能元件。

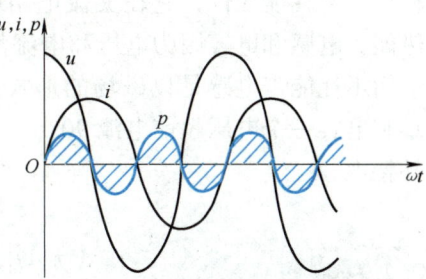

图 6-50 电感电路的功率曲线

（2）电感电路的无功功率

【电感电路的无功功率】 为了表示电感与电源之间能量交换的能力，引入了无功功率的概念。电感电路中电压和电流的有效值之积，称为无功功率，即

$$Q_\text{L}=UI=I^2X_\text{L}=\frac{U^2}{X_\text{L}} \tag{6-39}$$

式中 Q_L——无功功率，单位为 var（乏）。

具有电感性质的电气设备，如电动机、变压器等，在工作时其线圈的内部都要建立磁场，因此，需要电源向它提供无功功率。"无功"的含义是"交换"，而不是消耗，更不能理解为无用，它是感性电气设备工作的一个必要条件，若感性设备失去了"无功"功能，它就失去了存在的价值。当然，从电网的角度看，希望电路的无功功率越小越好。

3. 电容电路的功率

（1）瞬时功率

【电容电路的瞬时功率】 根据功率的定义有
$$p=ui$$

电容中的瞬时功率亦为一正弦函数，其曲线如图 6-51 所示。

【电容元件是储能元件】 在一个周期内功率时正时负，当瞬时功率为正值时，电容器充电，相当于电路的负载；当瞬时功率为负值时，电容

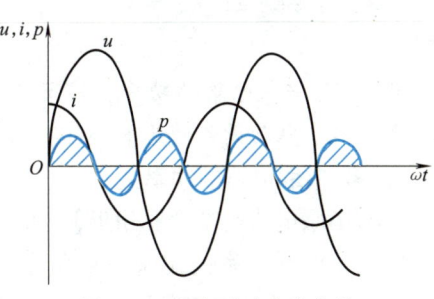

图 6-51 电容瞬时功率曲线

器放电,相当于一个电源。电容器在一个周期内存储的能量等于放出的能量,所以电容器本身并不消耗能量,因此电容器亦称为储能元件。

(2) 无功功率

【电容电路的无功功率】 为了表示电容电路与电源交换能量的快慢,也引入了无功功率的概念。纯电容电路中电流与电压的有效值之积,称为无功功率,用 Q_C 表示,单位为 var(乏)。无功功率的表达式为

$$Q_C = UI = I^2 X_C = \frac{U^2}{X_C} \tag{6-40}$$

【分析结论】 通过以上对三大电路元件的分析,可得结论为:电阻因为电流和电压同相位,为耗能元件,它在交流电路中和在直流电路中一样,都是将电能不可逆地转化为热能;电感和电容因为电压和电流都是相差 90°电角度,都是储能元件,都与电源交换能量而不耗能。电感是以磁场的形式储存能量,电容是以电场的形式储存能量,又因为电感和电容一个电压超前电流 90°,一个电压落后电流 90°,两个元件在电路中具有功率互补特性。

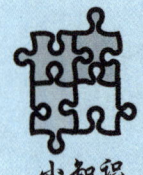

无功功率的功与过

电路中的电容、电感在工作时,会产生无功功率。无功功率对电网是不利的。一是无功功率在电网中流动,产生电能损耗;二是无功功率使电源的功率因数降低,带负载能力下降。

无功率是感性设备工作时的副产品。在感性负载中,电动机工作时要产生旋转磁场,而旋转磁场是由无功功率建立和维持的;变压器的一次绕组和二次绕组由无功功率产生磁场,进行电压的变换和能量传递;继电器由无功功率产生磁场,使铁心吸合;总之,一切电磁设备都是由无功功率产生磁场来工作的。

看来,一方面,电磁设备要由无功功率来建立磁场,非常有用;另一方面,无功功率对电网不利。在电网中增加电容功率补偿器可以进行无功功率补偿。

6.9.2 RL 串联电路的功率和功率因数

 话题引入

研究 RL 串联电路的功率,实际上还是研究电感线圈的电功率。电感线圈是组成电动机、变压器、电动设备的基本部件,因此,研究 RL 串联电路的电功率有着实际意义。

1. RL 串联电路的功率

【RL 串联电路的功率三角形】 在 RL 串联电路中,已知电压三角形,又知 RL 通过的是同一电流,根据功率的定义,如将电压三角形中各边同乘以电流 I,即 $UI = S$、$U_R I = P$、$U_L I = Q_L$,便得到功率三角形,如图 6-52 所示。

第6章 单相正弦交流电路

【功率表达式】 根据功率三角形有

$$\begin{cases} S = UI = \sqrt{P^2 + Q_L^2} \\ P = U_R I = S\cos\varphi \\ Q_L = U_L I = S\sin\varphi \\ \varphi = \arctan\dfrac{Q_L}{P_R} \end{cases} \quad (6\text{-}41)$$

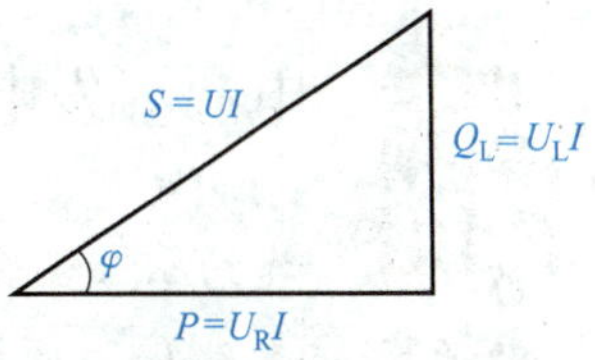

图 6-52 功率三角形

式中　S——视在功率，为总电压和总电流的有效值之积，单位为 V·A；

　　　P——有功功率，即电阻中消耗的功率，为电阻上电压和总电流的有效值之积，单位为 W；

　　　Q_L——无功功率，电感与电源之间的交换功率，为电感上电压和总电流的有效值之积，单位为 var（乏）。

2. RL 串联电路的功率因数

【功率因数】 由式（6-41）可知，电源提供的视在功率分为两部分，其中有功功率 P 被电路所取用。有功功率 P 与视在功率 S 的比值，反映了电路对电源输出功率的利用率，称为电路的功率因数，用 λ 表示，即

$$\lambda = \frac{P}{S} = \cos\varphi \qquad (6\text{-}42)$$

功率因数是交流电路运行状况的重要指标，国家电网对用户设备的功率因数有严格的规定，设备工作时的功率因数要保持在 0.95～0.97 之间。λ 越大，表明电路对电源输出功率的利用率越高。

例 6-12 有一电感线圈，已知体电阻 $R=6\Omega$，电感 $L=25.5\mathrm{mH}$，将其接入频率为 50Hz、电压为 220V 的电路上，分别求 λ、φ、P、Q、S。

解：

$$X_L = 2\pi f L = 2\pi \times 50 \times 25.5 \times 10^{-3}\Omega = 8\Omega$$

$$|Z| = \sqrt{R^2 + X_L^2} = \sqrt{6^2 + 8^2}\Omega = 10\Omega$$

$$I = \frac{U}{|Z|} = \frac{220}{10}\mathrm{A} = 22\mathrm{A}$$

$$U_L = X_L I = 8 \times 22 \mathrm{V} = 176\mathrm{V}$$

$$\lambda = \cos\varphi = \frac{R}{|Z|} = \frac{6}{10} = 0.6, \varphi = 53°$$

$$P = UI\cos\varphi = 220 \times 22 \times 0.6\mathrm{W} = 2904\mathrm{W}$$

$$Q = U_L I = 176 \times 22 \mathrm{var} = 3872\mathrm{var}$$

$$S = UI = 220 \times 22 \mathrm{V \cdot A} = 4840 \mathrm{V \cdot A}$$

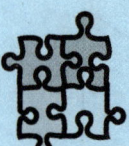

电源（发电机、变压器）的额定容量与负载功率因数的关系

发电机、变压器等都是用视在功率 $S=UI$ 来表示容量的，当输出的视在功率达到额定值时（输出电压达到了额定电压 U，输出电流达到了额定电流 I），即为满载工作。但是输出的有功功率并没有达到最大值。如一台容量为 $10kV·A$ 的变压器，它的额定输出电压为 220V，额定输出电流为 45A。在工作中只要它输出电压为 220V，输出电流达到 45A，就为满载工作。当电源带感性负载时，$\lambda<1$，变压器实际输出的有功功率 $P<10kW$，变压器的利用率较低。因此，为了提高变压器的利用率，就要提高其所带负载的功率因数。

例6-13 有一变压器可带相同规格、功率因数 λ 为 0.5 的电动机 10 台，如果将该电动机的 λ 提高到 1，此变压器能带此类型的电动机多少台？

解： 根据功率因数的定义有

$$\lambda = 0.5 = \frac{10P}{S}$$

则

$$S = 20P$$

当电动机的功率因数 λ 提高到 1 时，变压器的负载能力增加了 1 倍，由此可见，提高负载的功率因数可以带来巨大的经济效益。

活 学 活 用

利用电感电容并联相位的互补特性，可解决很多工程问题。

【**案例1——功率因数补偿**】

案例叙述

在电网的用户端，通过降压变压器将 10kV 高压变为 220V 或 380V 低压供各种低压电器使用。为了对感性负载进行功率因数补偿，在低压线路上并联功率因数补偿器。功率因数补偿器工作时将多个电容器并联在 220V 交流电路中，和感性负载均为并联关系。根据 LC 并联电路具有初相角互补的特性，将电网中功率因数角 φ 补偿为接近于 0。因为功率因数角 φ 是动态的，所以功率因数补偿器设置多个自动开关，根据功率因数角的变化，自动切换补偿器的投入量。功率因数补偿器是根据电容补偿原理制造的专用电气设备，其外形如图 6-53a 所示，其原理图如图 6-53b 所示。图中，开关 S 由计算机控制，计算机根据电路的功率因数来控制电容器的投入或切除，从而使电路的功率因数补偿到 0.9 以上。图 6-53c 中 $\dot{I}_1'$ 和 φ' 是补偿后的电流和相位角。

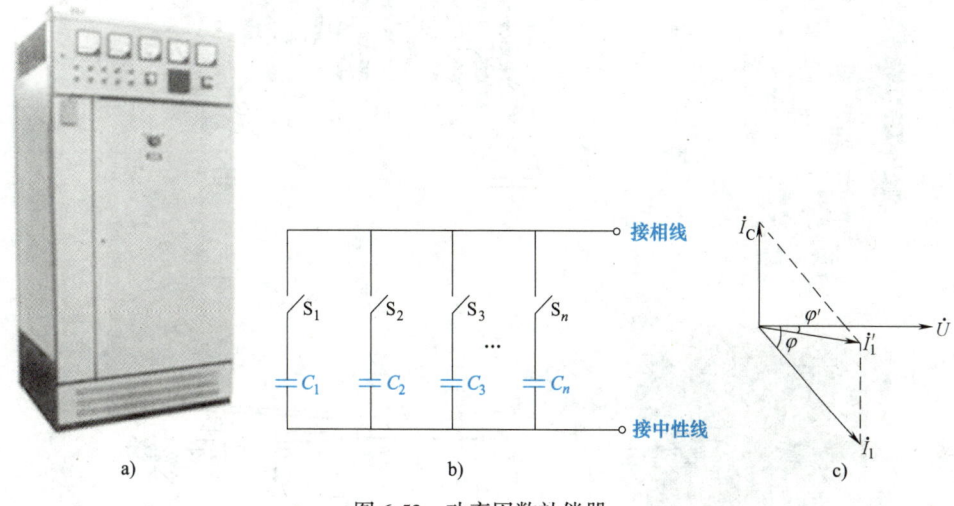

图 6-53 功率因数补偿器
a）补偿柜外形 b）原理图 c）补偿后的电流和相位角

案例分析

低压电网通过功率补偿，大大提高了电能的利用率，减少了无功电流在导线上造成的电能损耗，在不增加电网发电量的前提下，提高了电网的带负载能力。功率因数补偿器是现在国家电网标准配置电器，对补偿要求有明文规定，变压器总容量在 100kV·A 以上的高电压等级用电企业的功率因数要达到 0.95 以上，其他用电企业的功率因数要达到 0.9 以上。

【案例2——断路器】

案例叙述

断路器又称空气开关、负荷开关，用于电路中负载的接通或分断，是低压电路中的主体开关。当电路中发生过载、短路、欠电压时，断路器能自动跳闸保护，断路器设有灭弧功能，保护触点分断时免遭烧坏。

图 6-54a 是断路器外形，有 3 个入线接线端子和 3 个出线接线端子，工作时连接到 3 个相线上。内部有 3 组主触点，通过触点的闭合或断开，控制 3 个相线的通断。通过面板上的开关手柄控制主触点的接通或断开。断路器在工作中有几个问题需要解决，一是触点断开时电弧放电，会把触点烧坏；二是电路出现过载、短路时必须保护跳闸（跳闸就是切断电路）；三是电路出现欠电压时也要保护跳闸。解决这三个问题，就用到了我们前面学习的理论知识。

案例分析

1. 灭弧问题

因为电路中连接着大量的电动机等感性负载，感性负载工作中储存磁场能量，储能公式为 $W_L = 0.5LI^2$，因为 I^2 巨大，所以工作中储存的磁场能量巨大，在触点断开的瞬间磁场能量释放，产生的自感电压将触点间的空气击穿、放电，放电电流形成的电弧会把主触点烧

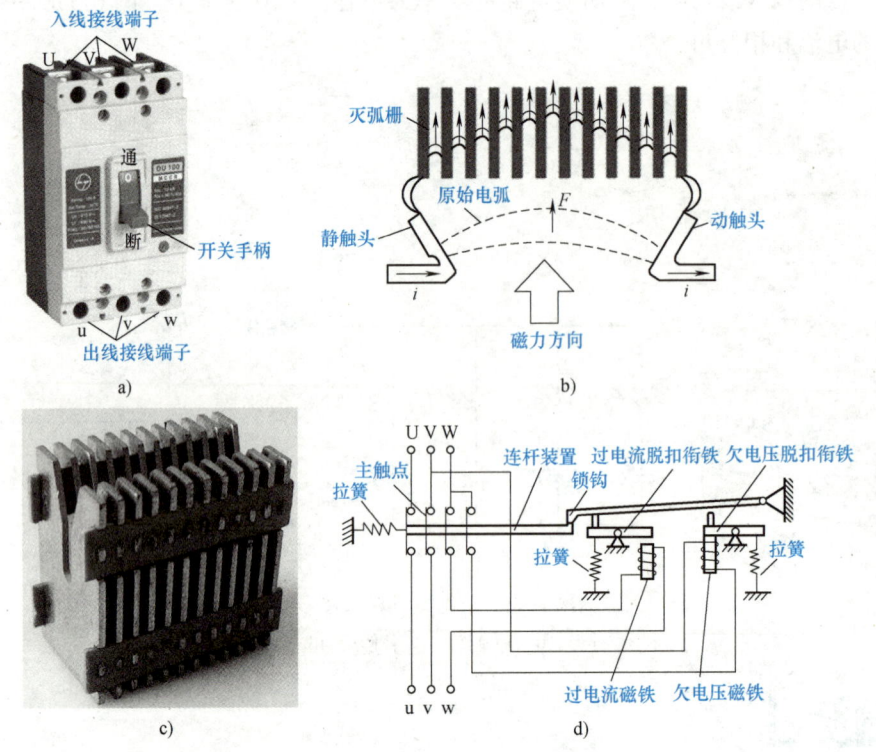

图 6-54 断路器

a) 断路器外形　b) 灭弧原理图　c) 金属灭弧栅　d) 保护电路结构原理图

坏。大家知道,处在磁场中的载流导体要受到力的作用,在空气中流动的电荷同样也会受到力的作用(洛仑兹力),根据此原理,在触点两端加上磁场,当电弧放电时,由电磁力将电弧吹走,电弧进入到冷却灭弧栅中冷却降温而消灭,避免了触点被烧坏。灭弧原理图如图 6-54b 所示,在电磁力的作用下,电弧被吹进灭弧栅。图 6-54c 所示是金属灭弧栅。

2. 过载、短路保护

图 6-54d 是保护电路结构原理图,图中 3 组主触点是通过连杆装置控制的,连杆装置一端接拉簧,一端接锁钩。锁钩抬起,拉簧收缩,主触点断开。

保护过程:当 U、V、W 电路中电流超过了额定电流、大于保护设定值时,保护机构动作。如图 6-54d 所示,保护控制电流取自 W 相,W 相电流流进过电流磁铁的线圈,使过电流磁铁对过电流脱扣衔铁产生吸力。当电流达到保护电流的设定值时,衔铁被吸合,衔铁的杠杆顶开锁钩,连杆装置被拉簧拉动左移,主触点脱开断电。

3. 欠电压保护

当电路中电压低于额定值时,就要进行断电保护。保护原理和过电流保护基本相同,保护信号取自 V-W 相之间的线电压,正常值为 380V±10%,当低于 342V 时,欠电压保护机构动作。

保护机构如图 6-54d 所示,欠电压磁铁的线圈连接在 V-W 相线上,由欠电压磁铁和欠电压脱扣衔铁组成脱扣机构。当线圈电压低于欠电压值时,欠电压磁铁吸力不足而释放,欠电压脱扣衔铁被拉簧拉动而上移,锁钩脱开,主触点左移断电。

第6章 单相正弦交流电路

> 结论

1. 知识点

该案例中应用了5个知识点：①电感储能原理；②磁场能和电场能相互转换原理（法拉第电磁感应定律）；③电磁灭弧原理（在磁场中流动的电荷也会受到力的作用，称为洛仑兹力）；④磁路、电磁铁原理；⑤电路中需要保护什么量，就用什么量作为保护信号。

2. 断路器必须要有灭弧装置

在工程上还有很多高压、大电流的断路器（就是带载通断），这些断路器灭弧装置是其核心组成部分。

3. 断路器的选用

作为隔离开关使用时，断路器的额定电流值（就是标在铭牌上的额定电流值）等于电路的额定电流值。作为负荷开关使用时，其额定电流值按电路的最大电流选取。

【案例3——接触器】

> 案例叙述

接触器是电动开关电器，触点的通、断是由电磁铁控制的。图 6-55a 是接触器外形图，接触器内部安装有线圈和铁心，铁心分为衔铁和静铁心，线圈通电后衔铁带动动铁心与静铁心接触，动触点和静触点闭合，接通电路；线圈失电，动铁心在顶力弹簧的作用下和静铁心

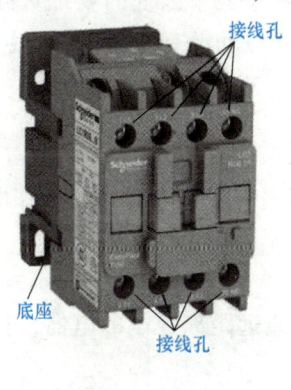

a)

b)

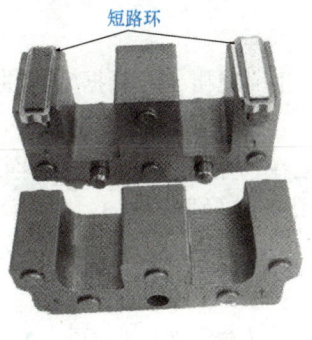

c)

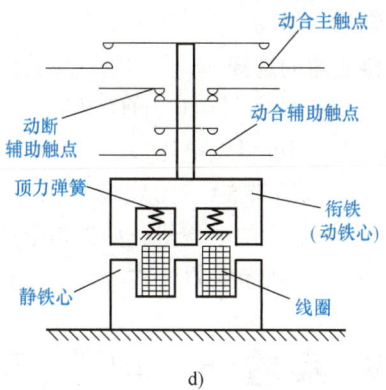

d)

图 6-55 接触器

a) 接触器外形 b) 线圈 c) 铁心 d) 结构示意图

脱开，静动触点同时也被断开。

案例分析

1. 工作原理

图 6-55b、c 是电磁线圈和铁心，将线圈套在铁心的芯柱上，静铁心和外壳固定，衔铁（见图 6-55d）被两个顶力弹簧施加一定的分断力，线圈失电时衔铁在顶力弹簧的作用下和静铁心分离，同时带动主触点和静触点分离。当线圈得电时，衔铁被吸合，带动动触点向下移动，与静触点闭合，接通主电路（接触器共有 3 组主触点，图中只画出了一组）。

2. 铁心消振

接触器线圈通入的是交流电，当交流电为 0 时，铁心的吸力也为 0。由于衔铁被顶力弹簧预加有分断力，在吸力为 0 时会被弹起，这会引起衔铁振动产生噪声。为了消除噪声，就要消除吸力过 0。方法是将磁路的一部分套上短路环（见图 6-55c），根据法拉第电磁感应定律，短路环中会产生感应电流，感应电流产生的磁通阻止原磁通的变化，在相位上和原磁通有 90°的相位差，两个磁通合起来产生的磁场力就没有了 0 点，也就没有了振动噪声。部分铁心上的短路环就是为了改变部分磁通的相位，进行磁通移相。

3. 触点灭弧

较大功率的接触器同样要在触点上加灭弧装置，较小功率的接触器因为触点电流不是很大，电弧放电很有限，就没有灭弧装置。一般主触点电流为 20A 以上的要加灭弧罩，在 10kV 以上的高压电路中，采用的是真空接触器，真空中电荷流动没有碰撞，不产生电弧。

结论

1. 知识点

该案例有 2 个知识点，一个是磁通移相，要想改变磁路中的磁通相位角，就在部分磁路中套短路环；二是部分磁通移相 90°可以形成旋转磁场，用于单相交流电动机。

2. 接触器的应用

接触器是由电磁线圈控制触点通断的，是一个自动且能远距离控制的电器，控制速度快，可靠性高，是现在用途最广、用量最大的低压控制电器。

在低压控制电路中，由断路器作为隔离开关，用接触器作为工作开关，是低压控制电路的规范连接模式。

3. 接触器的选择

1）接触器线圈供电电压有 36V、110V、220V、380V 几种规格，要根据实际供电电源选择接触器线圈的供电电压值。

2）触点电流有 5A、10A、20A……600A 一系列规格，在选用时，要根据负载实际电流值选择接触器触点的电流值。如果是阻性负载，负载电流按照接触器电流 1∶1 选择；如果是电动机负载，则负载电流在 1∶1.6~1∶1.2 中选择。

实验一　电阻、电容、电感 U-I 特性测量

【实验目的】

第6章 单相正弦交流电路

1) 学习交流电压表、交流电流表的使用方法。
2) 学习交流调压器的使用方法。
3) 验证电阻、电容、电感三大电路元件电流和电压有效值是否符合欧姆定律。

【实验器材】

单相调压器 1 台，万用表 1 块，单相刀开关 1 只，交流电压表、交流电流表各 1 块；500Ω/100W 绕线电阻一只，无极性 10μF/250V 电容器 1 只，接触器线圈 1 只。部分实验器材如图 6-56 所示。

图 6-56 实验器材
a) 绕线电阻　b) 无极性电容　c) 接触器线圈

【实验说明】

1. 电阻测量

测量电路如图 6-57 所示。

电阻是一个耗能元件，当电流流过电阻，电阻将电能变为热能，使电阻自身的温度上升。绕线电阻采用的是金属丝，金属都具有正温度系数（见表 2-1），随着温度的上升，阻值变大。因为电阻的给定值是冷态值，在测量的过程中阻值已经发生了变化，所以测出的结果会有误差。为了尽量减小测量误差，选择较低的测量电压和电流，如实验中采用 500Ω/100W 的绕线电阻，电压给到 50V，消耗功率为 5W，电压给到 110V，消耗功率为 24.2W，电压给到 220V，消耗功率为 97W。所以在 50V 以下测量可以得到较准确的数据。

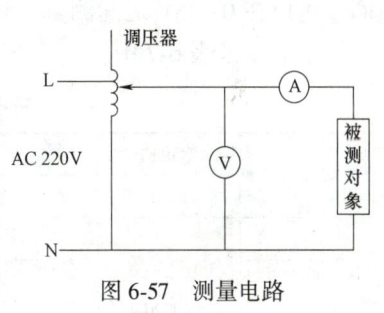

图 6-57 测量电路

测量时根据电阻的功率大小，选定 5 个测量点，如在 0~50V 之间测量，则选定 10V、20V、30V、40V、50V。将给定值和测量值填入表 6-5 中。

2. 电容测量

测量电路如图 6-57 所示。

电容器是储能器件，自身并不消耗电能，测量时只要电容器的耐压足够，可以在较大电压范围内测量。如选用 AC 300V 的交流电容器，可以在 0~200V 之间选点测量，如 40V、80V、120V、160、200V。将给定值和测量值填入表 6-6 中。

3. 电感测量

（1）测量方法　测量电路如图 6-57 所示。一个电感线圈含有电阻和感抗，因为感抗 $X_L =$

表 6-5 电阻、电压、电流测量数据

次数	给定值	测量值		计算值	平均值
	R/Ω	U/V	I/mA	R'/Ω	R_{AV}/Ω
1					
2					
3					
4					
5					

表 6-6 电容器电压、电流测量数据

次数	给定值	测量值		计算值		平均值
	$C/\mu F$	U/V	I/mA	X_C/Ω	$C'/\mu F$	$C_{AV}/\mu F$
1						
2						
3						
4						
5						

$2\pi f L$，是频率的函数，当频率为工频 50Hz 时，一只空心线圈，其阻值比感抗还大。所以电感测量时测量的是电感和电阻串联电路，测出的是总电压和总电流。如果采用一只接触器线圈，可以在 0~25V 之间测量，测量点为 5V、10V、15V、20V、25V。将电感线圈的给定值和测量值填入表 6-7 中。

表 6-7 电感电压、电流测量数据

次数	给定值	测量值		计算值			说明
	R/Ω	U/V	I/mA	U_R/V	U_L/V	X_L	
1	（用万用表测出线圈的阻值）						计算 U_R：$U_R = IR$ 计算 U_L：$U_L = \sqrt{U^2 - U_R^2}$ 计算 X_L：$X_L = U_L/I$
2							
3							
4							
5							
6							

（2）参数计算 根据 RL 串联电路原理，电感电压超前电流 90°电角度，由测量出的总电流 I 和总电压 U，又根据已知电阻的阻值，可计算出电阻两端电压 U_R 和电感两端电压 U_L。根据 RL 串联电路电压三角形、阻抗三角的关系（见图 6-58），当已知电阻的阻值 R 和通过电阻的电流 I，可计算出电阻上的电压 U_R 为

$$U_R = I R$$

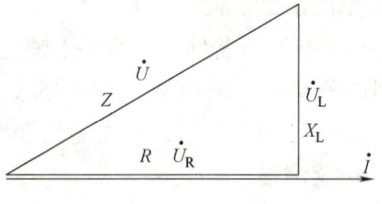

图 6-58 电压、阻抗三角形

第6章 单相正弦交流电路

根据 U 和 U_R 可计算出 U_L 为

$$U_L = \sqrt{U^2 - U_R^2}$$

有了 U_L 和电流 I，可计算出电感的感抗 X_L 为

$$X_L = \frac{U_L}{I}$$

【实验操作】

本实验为强电实验，要按照实验室的安全操作规程进行操作，实验中要精力集中，在完全掌握了操作要领和实验目的后再进行操作。

【实验总结】

1) 在图 6-59 中，描点绘出电阻、电容、电感的 U-I 特性线，并分析有效值符合欧姆定律。

2) 根据电路中电阻、电容、电感三大交流电路元件电压电流符合欧姆定律的特点，当测量出电路的电压 U 和电抗（电阻 R、容抗 X_C、感抗 X_L），能否计算出电路的电流？

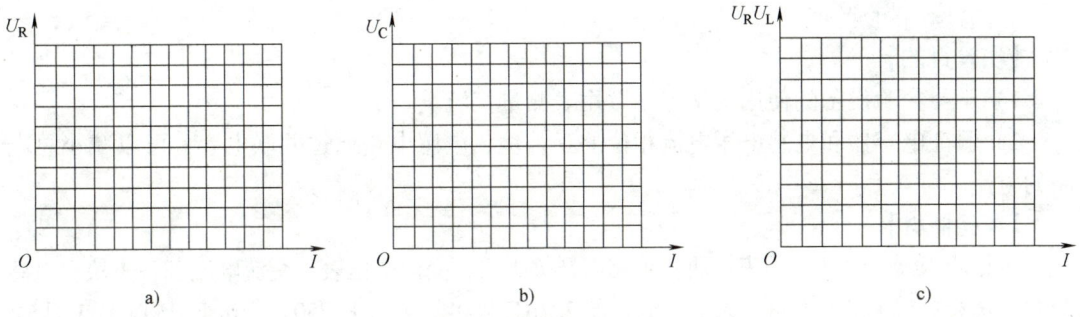

图 6-59　U-I 有效值关系图

a) 电阻 U-I 图　b) 电容 U-I 图　c) 电感 U-I 图

【评价标准】

自评互评表见表 6-8。

表 6-8　自评互评表

班级		姓名		学号		组别		
项目	考核要求		配分	评分标准			自评分	互评分
仪器的使用	能正确使用单相调压器，正确使用电压表、电流表、万用表等测量仪表		20 分	错用一种仪表扣 4 分，烧坏电流表或万用表的电流档不给分				
电路连接	按要求连接电路，要求连接正确、牢固		20 分	电路连接错误、不牢固。每错一个，扣 4 分				
测量记录	要求及时、正确做好实验记录		30 分	在实验过程中，要求及时地做好实验记录，不做记录不给分，不及时记录扣 4 分，测错一个数据扣 2 分				

(续)

班级		姓名		学号		组别		
项目	考核要求		配分	评分标准			自评分	互评分
实验结果分析	能对实验数据进行正确分析		20分	要求会对本实验中表6-5~表6-7进行分析,会描点作图,做出的图线性不好,每个图酌情扣2~4分				
安全文明操作	工作台上工具排放整齐,严格遵守安全操作规程符合管理要求		10分	违反安全操作、工作台脏乱、不符合管理要求,酌情扣3~10分				
合计			100分					

学生交流改进总结:

教师签名:

实验二 LC并联电路实验

【实验目的】

1)学习实验设备的使用,学习用万用表测量交流量。

2)验证电容器和电感电压电流相位的互补性,电感电路通过并联电容,可以减小总电路的电流。

【实验器材】

单相调压器1台,万用表1块,单相刀开关1只,交流电压表、交流电流表各1块;电感线圈(荧光灯镇流器)1只,无极性电容器2.2μF/250V、4.7μF/250V、10μF/250V各1只。

【实验说明】

测量电路如图6-60所示。

根据实验一可知,一个实际的电感元件,因为是由金属丝绕制而成,除了具有感抗之外,还有导体电阻,是一个RL串联电路。一个实际的LC并联电路,是一个RL串联、再和电容器并联的电路。其电路的相量图如图6-61所示。

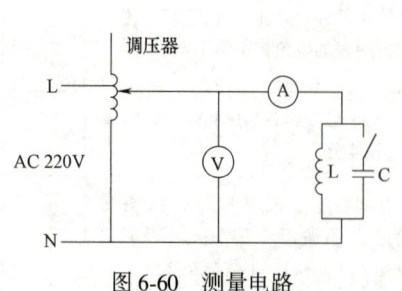

图6-60 测量电路

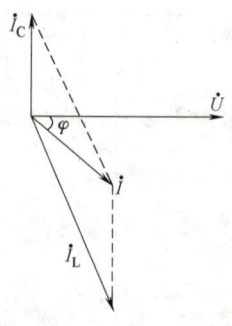

图6-61 LC并联相量图

第 6 章 单相正弦交流电路

由图 6-61 中可见,电感线圈没有并联电容器时,电流落后电压,并联上电容器后,电容器电流超前电压,因为两者方向相反,具有抵消作用,所以在电感线圈上并联电容器可以使电路的总电流减小。

【实验操作】

1)单独连接电感线圈,给定一定电压,测量线圈中电流,并将电流填入表 6-9 中。

2)在电感线圈上并联电容,先从小到大,分别并入,并将每次并联后的电流值填入表 6-9 中。

表 6-9 测量记录

测次	给定值		测量记录		备注
			电压 U/V	电流 I/mA	
1	线圈	$R=$ $\Omega, L=$ mH			
2	电容 1	$C_1=$ μF			
3	电容 2	$C_2=$ μF			
4	电容 3	$C_3=$ μF			
5	电容 4	$C_4=$ μF			

【实验总结】

1)根据实验记录可见,在电感线圈上并联电容器,可以降低电路的总电流,是否并联的电容器容量越大,总电流下降得越多?

2)在线圈上并联电容,线圈中的电流是否减小?

3)在工业生产中,应用的都是电动机一类的感性电器,为了降低电路的总电流,可以采取什么方法?

【评价标准】

自评互评表见表 6-10。

表 6-10 自评互评表

班级		姓名		学号		组别		
项目	考核要求		配分	评分标准			自评分	互评分
仪器的使用	能正确使用单相调压器,正确使用电压表、电流表、万用表等测量仪表		20 分	错用一种仪表扣 4 分,烧坏电流表或万用表的电流档不给分				
电路连接	按要求连接电路,要求连接正确、牢固		20 分	电路连接错误、不牢固。每错一个,扣 4 分				
测量记录	要求及时、正确做好实验记录		30 分	在实验过程中,要求及时地做好实验记录,不做记录不给分,不及时记录扣 4 分,测错一个数据扣 2 分				
实验结果分析	能对实验数据进行正确分析		20 分	要求会对本实验的表 6-9 进行分析,会描点作图,做出的图线性不好,每个图酌情扣 2~4 分				

（续）

班级		姓名		学号		组别		
项目	考核要求		配分		评分标准		自评分	互评分
安全文明操作	工作台上工具排放整齐，严格遵守安全操作规程符合管理要求		10分		违反安全操作、工作台上脏乱、不符合管理要求，酌情扣3~10分			
合计			100分					

学生交流改进总结：

教师签名：

实训　荧光灯电路的安装与功率因数的测量

【实训目的】

1）学习电路测量及电路故障的诊断方法，学习电路故障的排除。
2）掌握荧光灯的安装方法，训练电器安装操作技能。
3）学习电工绘图和识图方法。
4）学习使用功率表和功率因数表。
5）了解提高功率因数的意义和功率的计算。

【实训器材】

平装或吊装式 30~40W 荧光灯组件 1 套，尖嘴钳、偏口钳、剥线钳、一字和十字螺钉旋具等安装工具 1 套，万用表 1 块，试电笔 1 支，单相功率表 1 块，交流电流表 1 块，调压器 1 台，两刀刀开关 1 块，电容箱 1 台。

【实训指导】

1. 电路介绍

图 6-62 所示是荧光灯电路原理图。电路由灯脚、灯头、灯管、辉光启动器和镇流器等组成。

（1）镇流器　镇流器是一个铁心电感线圈，结构如图 6-63 所示。图中，上下铁心之间留有空气隙，用以增加磁路的磁阻，当镇流器工作在额定状态时铁心不会磁饱和。在铁心中装有两个线圈，两个线圈串联工作，并引出两个接线端子。镇流器根据荧光灯管的功率大小，有不同规格，如 8W、12W、20W、30W、40W 等，用来和相同规格的荧光灯管配合使用。

（2）荧光灯管　如图 6-64 所示，荧光灯管是一个玻璃管，在玻璃管的内壁涂有荧光粉。灯管两端安装有灯丝，灯丝上涂有受热后易发射电子的氧化物，灯丝通过引脚引出。在封装前先抽真空，然后充入汞蒸气和惰性气体，然后进行封装。当给荧光灯两端灯丝加上较高电压时，管内汞蒸气击穿导通，灯丝发射电子，电子撞

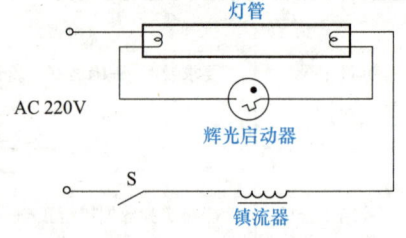

图 6-62　荧光灯电路原理图

击玻璃管的内壁荧光粉发出白光。荧光灯管根据发光强弱,有各种规格,如 8W、12W、20W、30W、40W 等,与相同功率的镇流器配合使用。

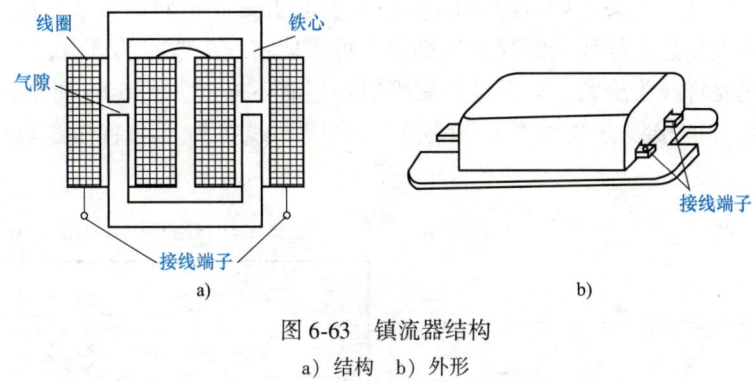

图 6-63 镇流器结构

a) 结构 b) 外形

(3) 辉光启动器　辉光启动器如图 6-65 所示。由辉光放电管和一个小电容组成。辉光放电管中装有两个金属片,一个是固定静触片,另一个是由两种不同热膨胀系数的金属制成的 U 形片,当受热时 U 形片伸长,与固定静触片接通导电。与辉光放电管并联的小电容可以减小荧光灯启动时产生的无线电干扰。辉光启动器根据辉光启动电压的高低有 4~8W、15~20W 和 30~40W 以及通用型 4~40W 等规格。

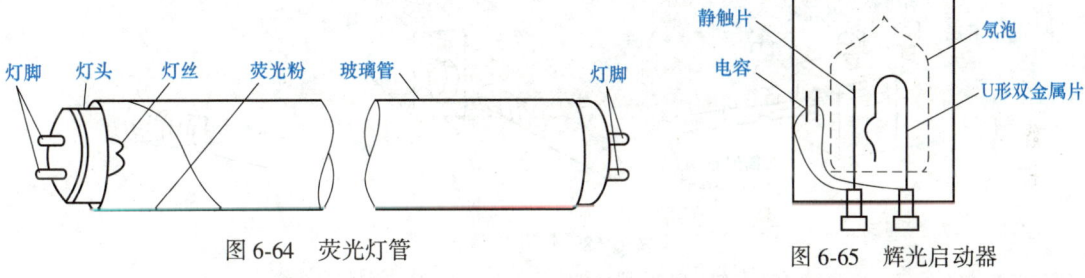

图 6-64　荧光灯管　　　　　　　图 6-65　辉光启动器

(4) 荧光灯电路工作原理　在图 6-62 中,将 S 开关闭合,220V 交流电压加在辉光启动器上,辉光启动器的氖泡中产生辉光放电,U 形双金属片发热伸长,和静触片接触,电路接通。此时电流通过灯管的灯丝、辉光启动器、镇流器构成回路。灯丝被加热到一定温度后,大量发射电子。辉光启动器由于内部的金属片短路,辉光放电停止,同时也停止发热,U 形双金属片缩回,辉光启动器又变为开路,切断电流回路。此时镇流器储存的磁场能量释放,在灯管两端产生高压,灯丝发射的电子被加速,使灯管内的汞蒸气击穿导电,将灯管点亮。灯管点亮后,两端的电压下降,灯丝因为有电流通过发热,发射能力增强,在低压下也能保持足够的电子发射能力,因此,荧光灯管通过镇流器稳流降压,两端的电压保持在 60~70V 之间,并发出稳定的白光,故又将荧光灯称为日光灯。

2. 安装指导

安装板可以采用吊装和平板安装,也可以采用荧光灯专用实训板,如图 6-66 和图 6-67 所示。在安装中,要注意以下几点:

(1) 接线正确　在强电施工中,导线必须安装正确,如果接线错误,造成短路,会引起严重后果。

(2) 接线要牢固　导线与灯座的桩头连接时，压紧螺钉要旋紧；导线的绝缘层不要剥掉的太多，导线压紧后桩头与导线绝缘层的距离小于 2mm。不同的接线桩线头的处理方法不同，针孔接线桩接独股导线当线径又较细时，可采取将线头弯回的方法，以提高压紧的可靠性；多股导线要将线头旋紧，以保证压紧螺钉顶压时不松散。图 6-68 所示为针孔接线桩。螺钉和瓦楞接线桩的接线方法如图 6-69 所示。多股导线接头可加装接线鼻子，如图 6-70 所示。

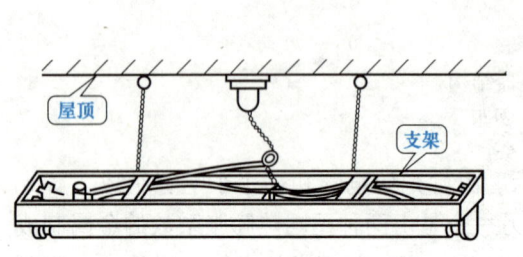

图 6-66　吊装式荧光灯外形图

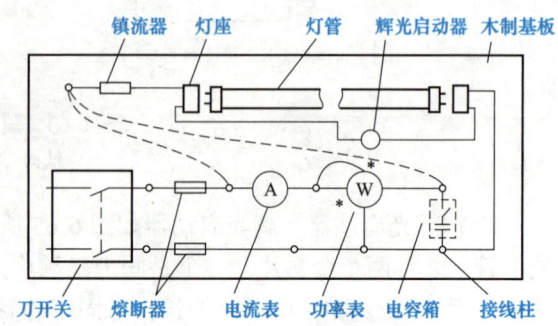

图 6-67　荧光灯专用实训板

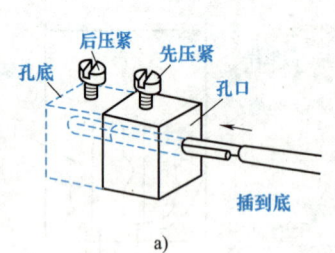
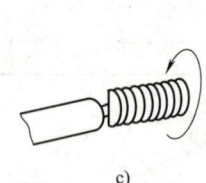

图 6-68　针孔接线桩

a) 独股导线　b) 多股导线线径合适　c) 多股导线线径较细

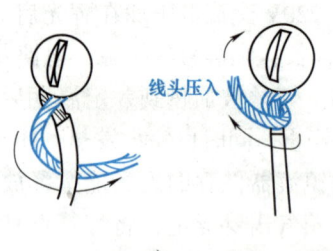
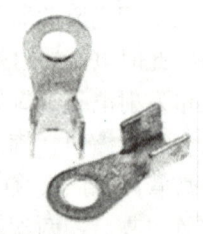

图 6-69　螺钉和瓦楞接线桩的接线方法

a) 螺钉压接接线桩　b) 瓦楞压接接线桩

图 6-70　接线鼻子

(3) 灯座的位置要合适　在安装灯座时，要比着灯管的长度安装，防止灯座安装好以后，因为距离不合适灯管装不下。安装灯座的螺钉同样要旋紧，不能松动。

3. 功率因数的测量

(1) 单相功率表　单相功率表是电动系仪表，有一个电压线圈和一个电流线圈。使用时电压线圈和电路并联,电流线圈和电路串联,不可接错。电压线圈分为125V、250V、500V等档位,使用时根据被测电压选用。如测量220V电压,可选用250V档。电流线圈有两个,串联时为小电流档(I)、并联时为大电流档($2I$),使用时根据被测电流的大小选择档位。

功率表的表盘上只有一条刻度线,刻度线不标明瓦数,只标明分格数,被测功率P等于指针偏转的格数$α$与功率表常数C的乘积,即

$$P = Cα$$

功率表常数C(W/格)可按下式求出

$$C = \frac{U_N I_N}{α_m} \tag{6-43}$$

式中　U_N——选择的电压量程,单位为V;
　　　I_N——选择的电流量程,单位为A;
　　　$α_m$——功率表满量程格数。

图6-71所示为单相功率表的面板及接线图。该表满量程为125格,电压分125V、250V、500V三档;电流分0.5A和1A两档。接线时注意将带"*"号的端子接相线,电流的另一端子接负载;电压的另一端子接中性线。例如,用该表测量功率,电压量程选择250V、电流量程选择1A,指针指示50格,此时电路的功率为

$$C = \frac{U_N I_N}{α_m} = (250×1/125) \text{ W/格} = 2\text{W/格}$$

$$P = Cα = 2×50\text{W} = 100\text{W}$$

(2)电容箱　图6-72所示是电容箱。电容箱内装一系列不同容量的电容器,通过转换开关按十进制的方法进行选择。本次实训电容器的电容量在1~5μF之间选择。

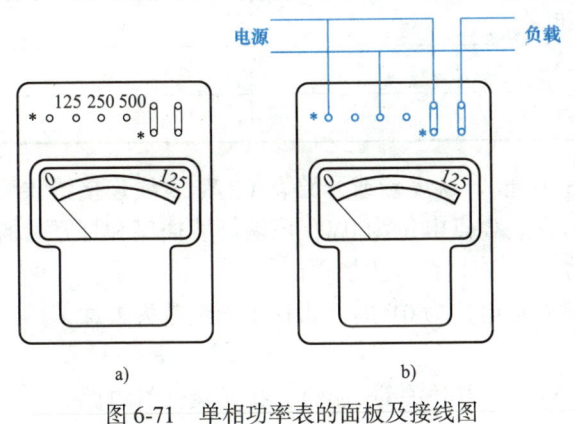

图6-71　单相功率表的面板及接线图
a)面板图　b)接线图

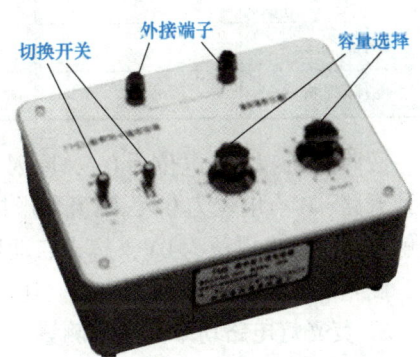

图6-72　电容箱

【实训内容与步骤】

荧光灯实验电路如图6-73所示。先进行荧光灯部分的安装,安装完毕,用万用表的电阻档对电路进行检测,主要检查电路有无虚接或短路情况。在确认无误后,可通电试机。通电后辉光启动器闪动1~2次灯管即可点亮,如果辉光启动器不闪动,可能是辉光启动器质量欠佳或电路没有通电,下面分几个步骤进行实操学习。

1. 电路通电

实验电路安装完毕，电容箱开关 S 打到断开状态，经检查无误后，闭合 QS，给电路上电。如果电路正常启动，说明电路安装没有问题。然后进行电压测量，将万用表打到交流 250V～700V 档位，对照图 6-73 所示测量点，分别测量 A-B、B-C、C-D、D-E 两端电压。将测量值填入表 6-11 中，并计算总电压。电阻串联电路总电压等于各个分电压之和，该电路总电压是否等于各个分电压之和？

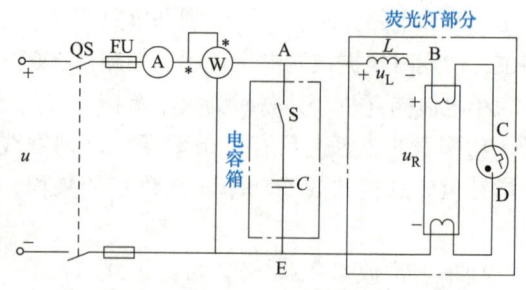

图 6-73 荧光灯实验电路

表 6-11 电压测量（外加电压 $u=$ 　　V）

测量点	A-B	B-C	C-D	D-E
测量值/V				
总电压/V				

2. 电路通电荧光灯不起动

当电路通电后，辉光启动器不闪动，灯管不亮。不要急着检查电路元件，此时是学习电路故障诊断的好时机，我们用测量的方法来进行故障诊断，这比估计判断要准确。在工程上，设备出现故障都是通过测量来判断故障的部位。

用万用表的交流电压档按照表 6-12 测量各点相对 E 点的电位，将测量的电位值填入表 6-12 中。

表 6-12 电位测量（外加电压 $u=$ 　　V）

测量点	A	B	C	D
测量值/V				
故障判断				

故障判断：A 点电位为 0V，原因有 QS 不通，FU 虚接或开路，A、W 表线连接错误而导致开路；B 点电位为 0V，镇流器虚接或开路；C 点电位为 0V，该端灯管插座和灯管管脚接触不良；D 点电位为 0V，辉光启动器接触不良或损坏，更换重试。

测量时，测量一步判断一步。比如测量 A 点电位为 0V 时，再往下测量就失去意义。

3. 荧光灯电路功率因数的测量

1）按图 6-73 连接电路，电容箱开关 S 断开，刀开关 QS 闭合，接通荧光灯电路。当荧光灯正常工作后，测量电路各电量，将测量的电压 U、U_L、U_R，电流表指示电流 I、功率表指示的功率（格数）填入表 6-13 中。

2）将电容箱电容器从小到大分别接入电路，观察电流、电压、功率的变化情况，并分别记入表 6-13 中。

【注意事项】

1）此实训为强电实训，要注意人身及设备安全。

2）实训电路中接入的仪表较多，不要接错线路，接线要规范、牢固、便于检查。

第6章 单相正弦交流电路

表 6-13 荧光灯电路实验数据

电容量	测 量 值					计 算 值		
	U/V	U_L/V	U_R/V	I/mA	P/W	S/V·A	Q/var	$\cos\varphi$
0								
1μF								
2μF								
3μF								
4μF								
5μF								

【实训报告要求】

1) 根据表 6-13 所测数据计算电路的视在功率 S、无功功率 Q 和功率因数 $\cos\varphi$。
2) 在表 6-13 测量数据中,当并联上电容器以后,哪些数据相同?哪些数据不同?为什么?
3) 通过本次实训,你有哪些收获?

【评价标准】

自评互评表见表 6-14。

表 6-14 自评互评表

班级		姓名		学号		组别		
项目	考核要求		配分	评分标准			自评分	互评分
元器件的识别	按要求对所有元器件进行识别和检测		20分	元器件含有质量问题没有发现,每错一个,扣4分				
电路安装	元器件按工艺要求进行安装		30分	器件和安装板安装位置不对,安装螺钉没有旋紧,错一处扣2分				
导线连接	导线和桩头连接牢固,绝缘层剥除长度适中,连接正确		20分	导线和桩头的连接不牢固,每个扣2分,导线剥长度过长,每个扣2分				
电路调试	要求电路一次通电成功		20分	电路通电灯管不亮扣2分,每调试一次加扣2分				
安全文明操作	工作台上工具排放整齐,严格遵守安全操作规程,符合"6S"管理要求		10分	违反安全操作、工作台脏乱、不符合"6S"管理要求,酌情扣3~10分				
	合 计		100分					

学生交流改进总结:

教师签名:

习 题

6-1 判断题

1. 交流电流表标尺是按其有效值进行刻度的。(　　)
2. RLC 串联交流电路中,电压一定超前电流一个电角度。(　　)

3. 周期性变化的电量称为交流电量。（　　）
4. 按正弦规律变化的电量称为正弦交流电。（　　）
5. 交流电的三要素是周期、频率和角频率。（　　）
6. 两个同频率的正弦交流电在任何时间其相位差不变。（　　）
7. 一个 7.07A 的直流电流和一个最大值为 10A 的正弦交流电流是等效的。（　　）
8. 两个正弦交流电，不论频率是否相同，都可以用矢量法进行相加计算。（　　）
9. 电阻、电感、电容，它们在电路中都有限流的作用，但其限流的本质不同。（　　）
10. RL 串联电路两端电压等于电阻和电感两端电压的代数和。（　　）
11. RL 串联电路两端电压总是超前电流一定的电角度。（　　）
12. RLC 串联电路在谐振时电感上的电压可以比总电压高出很多倍。（　　）
13. 不论 RL 串联还是 RLC 串联电路，电路中只有电阻消耗电能。（　　）
14. 为了提高电感电路的功率因数，可以在电感电路两端并联电容器，并联的电容器容量越大越好。（　　）
15. 并联谐振和串联谐振的共同特点就是都具有选频特性。（　　）
16. 当发生串联谐振时，$X_L = X_C$，$X = 0$，$|Z| = R$，这时电路的阻抗最小，电流最大。（　　）

6-2 选择题（多选或单选）

1. 在纯电阻电路中，下列各式正确的是（　　）。

   A. $i = \dfrac{U}{R}$　　B. $I = \dfrac{U}{R}$　　C. $I_m = \dfrac{U_m}{R}$　　D. $i = \dfrac{u}{R}$　　E. $i = \dfrac{U_m}{R}$

2. 在纯电感电路中，下列各式正确的是（　　）。

   A. $i = \dfrac{u_L}{\omega L}$　　B. $i = \dfrac{U_L}{X_L}$　　C. $I = \dfrac{U_L}{\omega L}$　　D. $I = \dfrac{U_{Lm}}{\omega L}$　　E. $I = \dfrac{U_L}{L}$

3. 在纯电容电路中，下列各式正确的是（　　）。

   A. $i = \dfrac{u_C}{X_C}$　　B. $i = \dfrac{u_C}{\omega C}$　　C. $I = \dfrac{U_C}{\omega C}$　　D. $I = \dfrac{U_C}{X_C}$　　E. $I = \omega C U_C$

4. 在纯电感电路中，已知电压的初相角为 30°，则电流的初相角为（　　）。

   A. 60°　　B. -60°　　C. 30°　　D. -30°

5. 在纯电容电路中，已知电压的初相角为 0°，则电流的初相角为（　　）。

   A. 30°　　B. 90°　　C. -90°　　D. 60°

6. 旋转矢量法可以对（　　）进行加法运算。

   A. 多个同频率正弦交流量　　B. 多个不同相位的正弦交流量
   C. 多个不同频率的正弦交流量　　D. 多个不同频率及相位的正弦交流量

7. 在 RL 串联电路中，总电压和电阻、电感上的电压的关系是（　　）。

   A. 总电压的有效值等于电阻和电感上电压有效值之和
   B. 总电压等于电阻和电感上电压的矢量和
   C. 总电压的瞬时值等于电阻和电感上电压的瞬时值之和
   D. 总电压超前电阻上的电压而落后电感上的电压，其超前和落后的电角度之和正好是 90°

8. 提高功率因数的目的是（　　）。
   A. 提高用电器的效率
   B. 减少无功功率，提高电源的利用率
   C. 增加无功功率，提高电源的利用率
   D. 以上都不是

9. 在并联谐振电路中，（　　）。
   A. Q 值越大，电感中的电阻越大
   B. Q 值越大，电感电容中的电流越大
   C. 电感电容中的电流是总电流的 Q 倍
   D. 电感中电流与电容中电流几乎大小相等

10. 在正弦交流电的波形图上，若两个正弦量正交，说明这两个正弦量的相位差是（　　）。
    A. 180°　　　　B. 60°　　　　C. 90°　　　　D. 0°

11. 下列关于无功功率的叙述（　　）说法正确。
    A. 电路与电源能量交换的最大规模
    B. 单位时间放出热量
    C. 单位时间所做的功
    D. 电感消耗的能量

12. 40W、60W 和 100W 三只灯泡串联后接在 220V 电源中，发热量由大到小的排列顺序是（　　）。
    A. 100W、60W、40W　　　　B. 40W、60W、100W
    C. 100W、40W、60W　　　　D. 60W、100W、40W

13. 提高功率因数可提高（　　）。
    A. 负载功率　　　　B. 负载电流
    C. 电源电压　　　　D. 电源的输电效益

14. 在纯电感电路中，自感电动势（　　）。
    A. 滞后电流 90°　　　　B. 超前电流 90°
    C. 与电流反相　　　　D. 与电流同相

15. 灯泡电压 220V，电路中电流 0.5A，通电 1h 消耗的电能是（　　）。
    A. 0.2kW·h　　B. 0.11kW·h　　C. 110kW·h　　D. 0.4kW·h

16. 已知正弦交流电流 $i = 100\pi\sin(100\pi t + \varphi)$ 则电流的有效值为（　　）。
    A. 70.7　　　　B. 100　　　　C. 70.7π　　　　D. 100π

17. 提高电网功率因数是为了（　　）。
    A. 增大有功功率　　　　B. 减少有功功率
    C. 增大无功电能消耗　　　　D. 减少无功电能消耗

18. 在一定的有功功率下，功率因数表指示滞后，要提高电网的功率因数，下列说法正确的是（　　）。
    A. 增大感性无功功率　　　　B. 减少感性无功功率
    C. 减少容性无功功率　　　　D. 都不正确

6-3 计算题

1. 已知一正弦电流为 $i = 28.28\sin(314t + 30°)$ A，请指出此正弦电流的三要素各为多少？

2. 已知 $u = 10\sin\left(314t - \dfrac{\pi}{3}\right)$ V，$i = 14.14\sin\left(314t + \dfrac{\pi}{2}\right)$ A。试求：电压和电流的最大值和有效值；频率和周期；电压和电流的相位角、初相角和它们的相位差。

3. 已知 $i_1 = 10\sin 100\pi t$ A，$i_2 = 10\sin\left(100\pi t - \dfrac{\pi}{2}\right)$ A。请用相量法求 $i = i_1 + i_2$，并写出 i 的瞬时表达式。

4. 在电压为 220V、频率为 50Hz 的交流电路中，接入一电阻性负载，其阻值是 11Ω，请绘出电路图；计算电阻中电流的有效值；绘出电压、电流的相量图。

5. 把 $L = 51$mH 的线圈（线圈的电阻很小，忽略不计）接在 $f = 50$Hz、$U = 220$V 的交流电路中，请绘出电路图；计算 X_L 和 I；绘出电流和电压的相量图。

6. 把 $C = 140\mu$F 的电容器接在 $f = 50$Hz，$U = 220$V 的交流电路中，请绘出电路图；计算 X_L 和 I；绘出电流和电压的相量图。

7. 有一荧光灯电路，额定电压为 220V，电路可等效为电阻和电感的串联电路。其等效电阻为 200Ω，等效电感为 1.66H。请计算总电流 I、电阻上的电压 U_R、电感上的电压 U_L 和总电压与总电流之间的夹角 φ，并按比例作出电压三角形。

8. 已知 RLC 串联电路，电路中电阻 R 为 8Ω，感抗 X_L 为 10Ω，容抗 X_C 为 4Ω，电路的总电压为 220V。求电路的总阻抗 Z、总电流 I、各元件上的电压以及总电压与总电流的相位差。

9. 已知 RLC 串联电路，在两端加上电压为 1V，频率为 1MHz 的信号电压，现调节电容器的电容量，使电路发生谐振。测得谐振时电路中的电流为 100mA，电容器两端的电压为 100V，求电路参数 R、L、C 及回路的品质因数 Q。

10. 电路参数同 7 题，求电路的有功功率 P、无功功率 Q、视在功率 S 和功率因数 λ。

11. 已知并联谐振电路中的电阻为 50Ω，电感为 0.25mH，电容为 10μF。求电路的谐振频率、谐振时的阻抗和品质因数 Q。

第7章 三相交流电路

本章导读

知识目标

1. 了解三相交流电的产生，熟悉三相交流电源的连接和我国低压供电制式。
2. 掌握三相负载的星形联结和三角形联结及简单的电路计算。
3. 了解保护接地的原理，掌握保护接零的方法，了解其各自应用。
4. 了解电气操作规程，掌握触电现场的处理方法。

技能目标

会根据电源和负载的情况正确地进行负载和电源的连接。

7.1 三相交流电的产生及三相电源的连接

 话题引入

在第6章我们学习了单相交流电及交流电路，在电力供电中，普遍采用的是三相交流电。

三相交流电是由频率相同、相位上互差120°电角度、幅值相等的三个相电压组成的供电系统。目前在电能的生产、输送和分配中几乎全都采用三相制，即使需要单相供电的地方，也是应用三相交流电中的一相。为什么在电力系统中都采用三相制供电呢？这是因为三相制供电有以下优点：

1. 三相发电机或变压器比同尺寸的单相发电机或变压器输出和传递的功率大。
2. 在输送功率相同、电压相同和距离、线路损失都相同的情况下，采用三相制输电可以比单相制输电节省约25%的线材。

3. 三相交流电可以在电动机绕组上产生旋转磁场，使转子平稳旋转；在输出功率相同的情况下，三相异步电动机比单相异步电动机具有结构简单、体积小、价格低、电磁噪声小、性能好、工作可靠性高等优点。

基于以上特点，全世界的交流供电系统中，采用的都是三相交流电。

在三相交流电的应用中，三相交流电源的连接方法及特点、三相负载的连接方法及特点应用得最多，本章就来学习电源和负载的连接方法及一些基本知识。

7.1.1 三相交流电的产生

【发电厂】 三相交流电是由发电厂发出的。发电厂分为火力发电厂、核能发电厂、风力发电厂、太阳能发电厂、水力发电厂等。图 7-1 所示是水力发电示意图。通过拦河大坝将河里的水位抬高，水位越高，水的位能越大。具有高位能的水经压力水管引向水轮机的叶轮，叶轮在高水压的作用下高速转动，将水的位能转化为水轮机的动能，带动发电机转子转动而发出电能。发电机发出的电能通过三相变压器升压后由高压输电线进行远距离输送，到达目的地时再通过变压器减压，将电能输送到用电单位。

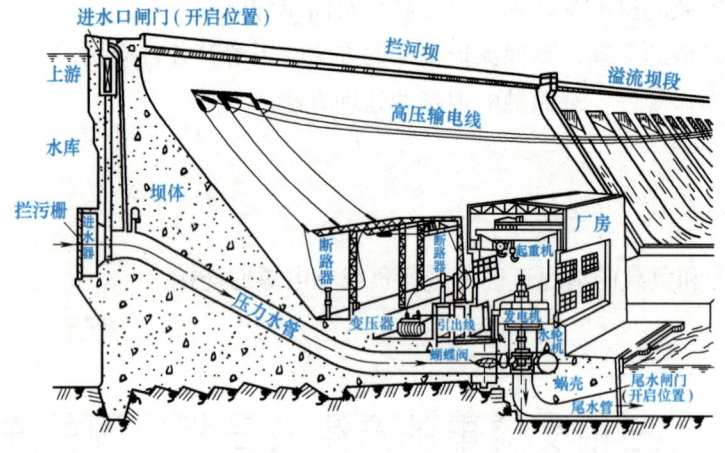

图 7-1　水力发电示意图

【三相发电机】 图 7-2 所示是三相发电机示意图，主要由定子和转子两大部分组成。

定子内圆周表面的槽内装有结构完全相同、在空间彼此相隔 120°机械角的三个绕组 U_1-U_2、V_1-V_2、W_1-W_2，分别称为 U 相绕组、V 相绕组、W 相绕组。U_1、V_1 和 W_1 是三个绕组的首端；U_2、V_2 和 W_2 是三个绕组的尾端。发电机转子具有一对 N、S 磁极，磁极的表面形状比较特殊，它使磁感应强度在转子表面按正弦规律分布。当转子在原动机的驱动下进行匀速转动时，定子绕组由于切割磁力线便产生一组频率相同、幅值相等、相位上互差 120°电角度的正弦交流电压，称为三相对称正弦交流电源。

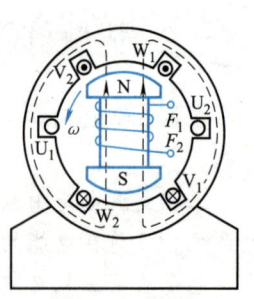

图 7-2　三相发电机示意图

【三相交流电压】 当发电机的转子逆时针旋转时，若以 U 相电压为参考相，则可写出

三个电压的瞬时表达式为

$$\begin{cases} u_U = \sqrt{2}U\sin\omega t \\ u_V = \sqrt{2}U\sin(\omega t - 120°) \\ u_W = \sqrt{2}U\sin(\omega t - 240°) = \sqrt{2}U\sin(\omega t + 120°) \end{cases} \tag{7-1}$$

三相正弦交流电压的波形图和相量图如图 7-3 所示。

【三相交流电的相序】 三相交流电压在相位上除了互差 120°电角度之外，还有一个先后顺序问题，取一相为参考，把三个电压到达正的最大值的先后顺序称为"相序"。正相序为：以 U 相为参考，V 相落后 U 相 120°，W 相又落后 V 相 120°，相序为 U→V→W；如将 V、W 的位置对调，相序为 U→W→V，则称为逆相序。在电路分析中，一般都是按正相序来分析，图 7-3 所示的波形图和相量图均为正相序。在供电电路中，相序一旦确定，不可随意改动，因为当工作在交流电路中的电动机相序改变后，电动机会反方向旋转，会造成重大事故。

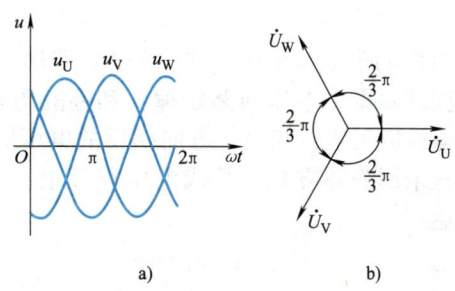

图 7-3 三相正弦交流电压的波形图和相量图
a) 波形图　b) 相量图

7.1.2 三相电源的星形（Y）联结及线电压和相电压

1. 三相电源的星形（Y）联结

如果将三相绕组的两端分别接上负载，就构成图 7-4 所示的三个互不相接的单相电路。显然，这种连接方式仍需 6 根导线，体现不出三相交流电的优点，因此不采用这种连接方式，而是把三相交流电源的三个绕组接成星形。

【三相电源星形联结的定义】 将发电机三个绕组的尾端 U_2、V_2、W_2 连接在一起的接法，称为星形联结。三个尾端的连接点 N 称为中性点，如图 7-5a 所示。如果将负载也接成星形联结，N'为连接点，并且将负载和电源如图连接，于是 N 和 N'之间的三根导线就可以用一根导线来代替，这样，就把互不相连的三个单相电路连接成了如图 7-5a 所示的三相四线制电路。这样的连接省去了两根导线，且对负载的工作毫无影响，因为负载上所承受的电压与图 7-4 所示相同。为了使中性线与大地电位相同，在低压供电中，N 点由接地体与大地相连。三相电源在接成星形联结时，绕组可省略不画出，而用图 7-5b 所示的简化电路来代替。

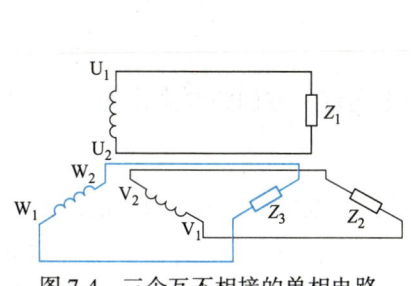

图 7-4 三个互不相接的单相电路

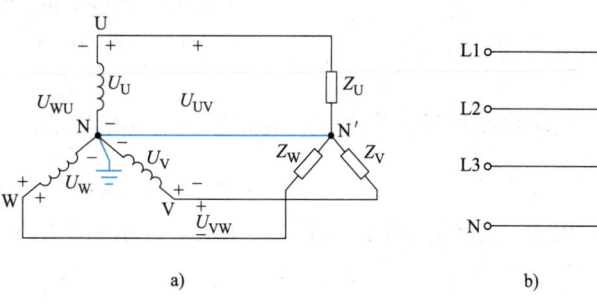

图 7-5 三相四线制电路
a) 电源和负载的星形联结　b) 简化电路

三相四线制是我国低压电网标准的供电制式。

2. 线电压和相电压

【线电压和相电压的概念】 在三相电路中，每相电源绕组的首端和尾端之间的电压称为相电压，瞬时值用 u_U、u_V、u_W 表示，有效值用 U_U、U_V、U_W 表示。三相电源任意两个端线之间的电压称为线电压，瞬时值用 u_{UV}、u_{VW}、u_{WU} 表示，有效值用 U_{UV}、U_{VW}、U_{WU} 表示。

【线电压和相电压的关系】 将图 7-5a 重绘如图 7-6 所示，图中 1、2、3 是回路巡行方向，根据基尔霍夫电压回路定律，和巡行方向一致的电压取正值，和巡行方向相反的电压取负值，对三个回路列方程，其线电压和相电压瞬时值表达式为

$$\begin{cases} u_{UV}=u_U-u_V \\ u_{VW}=u_V-u_W \\ u_{WU}=u_W-u_U \end{cases} \quad (7\text{-}2)$$

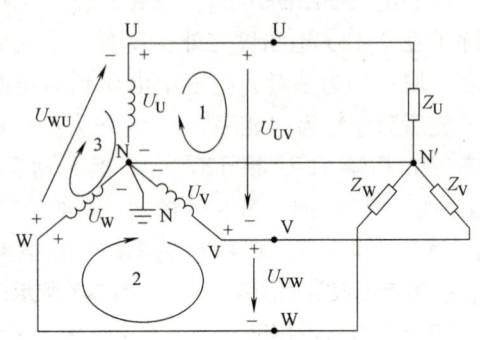

图 7-6 三相电压回路

将电压的瞬时值用相量表示，表达式为

$$\begin{cases} \dot{U}_{UV}=\dot{U}_U-\dot{U}_V=\dot{U}_U+(-\dot{U}_V) \\ \dot{U}_{VW}=\dot{U}_V-\dot{U}_W=\dot{U}_V+(-\dot{U}_W) \\ \dot{U}_{WU}=\dot{U}_W-\dot{U}_U=\dot{U}_W+(-\dot{U}_U) \end{cases} \quad (7\text{-}3)$$

根据相量表达式，可作出线电压和相电压的相量图如图 7-7a 所示。

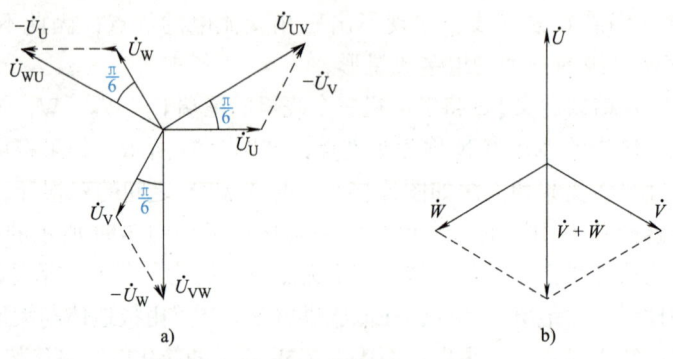

图 7-7 线电压和相电压
a) 相量图 b) 和相量

从相量图可见，线电压在相位上超前相电压 $30°\left(\dfrac{\pi}{6}\right)$ 电角度，它们的数值关系为

$$U_{UV}=2U_U\cos30°=\sqrt{3}\,U_U$$

用 U_L 表示线电压的有效值，用 U_P 表示相电压的有效值，根据上式可写出一般式为

$$U_L=\sqrt{3}\,U_P \quad (7\text{-}4)$$

【三相电压之和为 0】 三相交流电相量之和为 0，是三相交流电的重要特性。下面用相量相加的方法加以验证。如图 7-7b 所示，将 V 相相量和 W 相相量相加，得到与 U 相相量幅

第7章 三相交流电路

值相等、相位相反的和相量，和相量再与 U 相相量相加，互相抵消，三相相量之和为 0。

该特性在三相交流电的保护电路中得到广泛的应用，当检测到三相电流之和不为 0 时，三相电路必然出现了接地或开路等故障。

【分析结论】

1）当三相发电机接成星形联结时，线电压在数值上等于相电压的 $\sqrt{3}$ 倍，在相位上线电压超前相应的相电压 30° 电角度，三个线电压在相位上也是互差 120° 电角度，所以电源的线电压也是对称的。

2）因为三相交流电幅值相等，相位互差 120°，可证明三个相量之和为 0。

3）我国低压配电系统采用的供电制式为三相四线制（见图 7-8），三条相线（俗称火线）和一条中性线（俗称零线）。三条相线之间的电压（线电压）为 380V，三条相线到中性线之间的电压（相电压）为 220V。中性线在变压器的下面接到大地，但相电压上的负载必须接到中性线上，而不能直接接地。

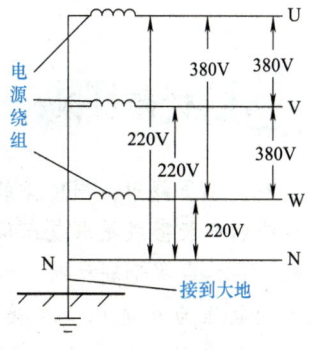

图 7-8 低压配电系统三相四线制接线图

4）相序为 U→V→W，是正相序；相序为 U→W→V，是负相序。相序的概念很重要，相序接反，电动机反转。

例 7-1 已知我国低压电网的相电压有效值为 220V，求线电压。

解： $U_L = \sqrt{3}\, U_P = \sqrt{3} \times 220V \approx 380V$

---

1. 你家中用的交流电是多少伏？频率是多少赫兹？
2. 你家中的家用电器额定电压是多少伏？是并联在电源上还是串联在电源上？
3. 采用什么方法判断相线和中性线？

我国的电压制式

发电机发出的电压为 3.15～26kV，这个电压通过变压器升高到 35～500kV 后，通过高压输电线向远方输送。到达用电目的地后，又通过减压变压器降为 6kV 或 10kV，这个电压称为高压配电电压，可供大型企业的高压电动机及高压电器使用。将高压配电电压通过低压变压器再次降压，变为 220/380V 的低压，供各种低压设备、生活照明等使用。

电压制式和用电器的选择密切相关。如我国的低压配电相电压为 220V，其用电器的额定电压也必须为 220V，否则不可接入。有的国家相电压为 110V，在这些国家应用的低压电器就不能直接在我国应用。

7.2 三相负载的连接

在三相负载中,用电量最大的是三相交流电动机,为了使电动机产生旋转磁场,电动机的三个绕组一般接成星形或三角形联结,如图7-9所示。电动机的三个绕组阻抗相同,称为对称负载。在接成星形联结时,加在电动机绕组上的电压为相电压;在接成三角形联结时,加在每个绕组上的电压为电源的线电压。

在生活用电中应用的都是相电压,即"一相、一中性"。某居民小区的供电电路图如图7-10所示。为了能正确地使用三相交流电,我们必须了解各种连接方法中电压、电流以及功率三者之间的关系。

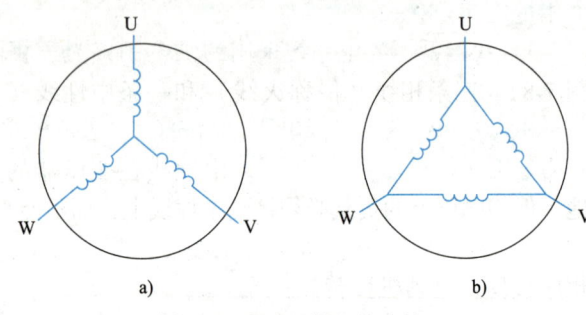

图7-9 电动机绕组的连接
a) 星形联结 b) 三角形联结

7.2.1 三相负载的星形 (Y) 联结

在图7-10所示的居民小区供电电路图中采用的是三相四线制,每条相线与中性线组成一相供电线路,为不同的楼层提供电源。由于各楼层负载不尽相同,用电时间也有区别,所以这是一种典型的不对称星形负载。下面就来分析负载中电压和电流的关系。

【三相不对称负载星形联结电路分析】
为了分析方便,将图7-10改画成如图7-11所示的一般原理图。从图7-11中可见,加在每相负载上的相电压分别等于电源的相电压 U_U、U_V、U_W。在各相电压的作用下负载中产生的相电流分别等于各自对应的线电流 I_U、I_V、I_W,即有

$$I_L = I_P \qquad (7\text{-}5)$$

虽然三相负载不对称,但由于电路具有中性线,当中性线的电阻忽略不计时,N、N′

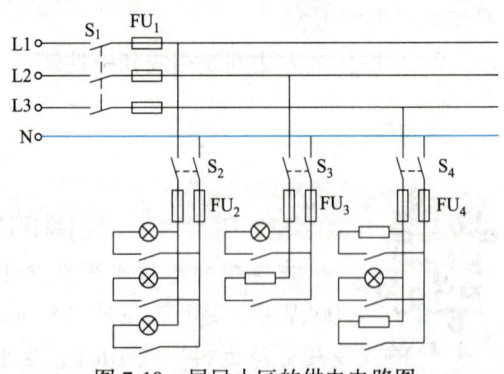

图7-10 居民小区的供电电路图

可看成一点,这样三相负载和与它对应的三相电源就可以看成互不影响的三个单相电路,即可应用单相电路的计算方法分别对各相电路进行独立计算。

【功率计算】 三相负载的总功率为

$$P = P_U + P_V + P_W \qquad (7\text{-}6)$$

【电流计算】 由于中性线为三相电路的公共回线，所以中性线电流的瞬时值应为三个相电流瞬时值的代数和，即

$$i_N = i_U + i_V + i_W$$

由此得出，中性线电流相量则为三个相电流的相量和，即

$$\dot{I}_N = \dot{I}_U + \dot{I}_V + \dot{I}_W \qquad (7\text{-}7)$$

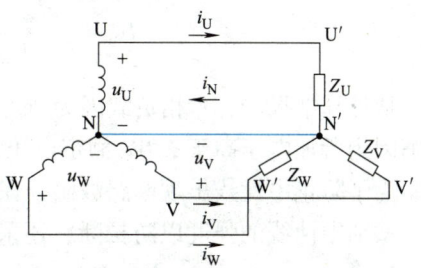

图 7-11 负载星形联结的一般原理图

例 7-2 已知工作在三相四线制电路中的三相星形负载分别为 $R_U = R_V = 20\Omega$，$R_W = 10\Omega$，电源的线电压为 380V，求相电流和中性线上的电流。

解： $I_U = I_V = \dfrac{U_P}{R_P} = \dfrac{U_L}{\sqrt{3}R_P} = \dfrac{U_L}{\sqrt{3}R_U} = \dfrac{380}{\sqrt{3}\times 20}\text{A} = 11\text{A}$

$I_W = \dfrac{U_L}{\sqrt{3}R_W} = \dfrac{380}{\sqrt{3}\times 10}\text{A} = 22\text{A}$

下面用相量画法求中性线中的电流。因为三相星形负载都为阻性，所以各相电流相量与电压相量同相位，如图 7-12 所示。根据平行四边形法则，可求得 U、V 相电流的和等于 11A，且与 I_W 的相位差为 180°，由此可得中性线中电流为

$$I_N = (22 - 11)\text{A} = 11\text{A}$$

且 $\dot{I}_N$ 与 $\dot{U}_W$ 同相位。

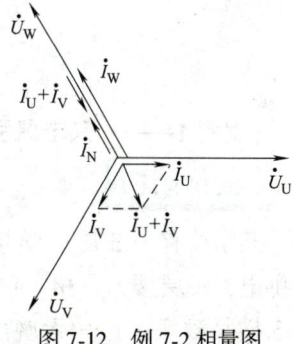

图 7-12 例 7-2 相量图

通过以上分析可知，当三相不对称负载接成星形联结时，中性线中有电流通过。由于中性线的作用，使三相负载成为互不影响的三个独立的电路，不论负载有无变动，加在每相负载上的电压是不变的。这对于需要单相供电的用电器来讲中性线是很重要的。如果中性线因为故障原因造成断路，将会使加在每相负载上的相电压不平衡。下面举例加以说明。

【中性线断开的危害】 电路如图 7-13 所示，三相不对称负载接成星形联结，为了分析方便，设负载为阻性，且 U 相负载没有投入工作。由于故障原因，中性线断开，R_V 和 R_W 变成了串联关系，此时加在 V 相和 W 相负载上的电压为线电压 U_{VW}。根据电阻串联电路的分压特点，阻值越大分得的电压越大。设 $U_{VW} = 380\text{V}$，$R_V = 10\Omega$，$R_W = 20\Omega$，则两相负载上的电压分别为

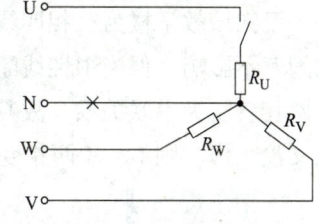

图 7-13 三相不对称电阻性负载中性线和 U 相断开

$$U_V = \dfrac{R_V}{R_V + R_W}U_{VW} = \dfrac{10}{10+20}\times 380\text{V} \approx 126.7\text{V}$$

$$U_\mathrm{W} = \frac{R_\mathrm{W}}{R_\mathrm{V}+R_\mathrm{W}} U_\mathrm{VW} = \frac{20}{10+20} \times 380\mathrm{V} \approx 253\mathrm{V}$$

从计算结果看，V 相负载因为所加电压低于 220V 额定电压，不能正常工作；而 W 相负载则因为所加电压高于 220V 额定电压，将会造成过电压损坏。

为了防止中性线出现断路故障，<u>在供电线路中不允许中性线接入熔断器或者开关</u>。有时为了增加中性线的强度以防拉断，还采用带有钢芯的导线。

活 学 活 用

学习理论的目的是为了更好地指导实践。

【案例 1——一只老鼠引发的事故】

案例叙述

某学校有一 3 层教学楼，采用三相四线制供电，每层楼为一相。1 楼是实验室；2 楼和 3 楼是教室。这一天晚上，1 楼没做实验（没用电），2 楼有 4 个教室开着灯，3 楼有 8 个教室开着灯。突然，2 楼的所有灯雪亮刺眼（用电的灯少），而 3 楼的灯昏暗无光（用电的灯多），电源出了问题。

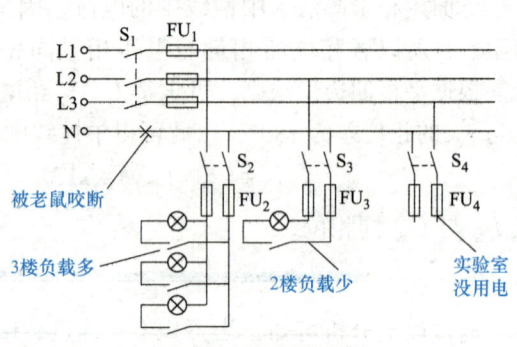

图 7-14 案例说明图

案例分析

已知该教学楼为三相四线制供电系统，根据三相四线制供电原理，在正常情况下，各相之间互不影响。但当中性线断路时，各相负载变为无中性线星形联结。当其中一相没用电，另两相就变为串联关系。故判定电路故障为中性线断路。由图 7-14 可见，中性线断路，W 相又没工作，则 U、V 两相变为串联关系。

结论

此中性线是埋入地下的塑料电缆，在挖电缆的端点时发现有一个鼠洞，鼠洞处的电缆外皮被大面积咬掉，露出铝线，铝线霉断造成了以上事故。

【案例 2——将电动机的接地端错接中性线造成电动机带电】

案例叙述

有一电动机放在 2 楼工作，由于 2 楼没有接地线，就将电动机外壳连接到了中性线上，如图 7-15 所示。造成电动机带电。

第 7 章 三相交流电路

案例分析

如图 7-15 所示，中性线是三相交流电源和负载总的回路线，图中 U 相和 V 相负载都是单相工作，电流都通过中性线 N。因为中性线电流在中性线导体电阻上产生电压降，造成中性线 N′端电位高于 N 端电位。由于 N 端接地，所以 N′端对地具有一定的电压。

三相电动机是对称负载，绕组没有接地端，绕组和外壳之间是绝缘的。为了防止电动机绕组

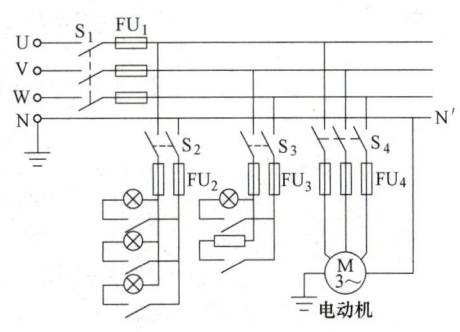

图 7-15 案例分析图

和外壳短路使外壳带电造成人身伤害，就要将电动机的外壳接地。因为楼上没有接地体，就把电动机外壳接到了中性线上。因为中性线的电位高于大地的电位，人触及电动机外壳时会遭受电击。

结论

在 380V 电压等级的电网中，当中性线接地良好且没有其他的电流通过中性线时，电动机的外壳是可以接中性线的；如果中性线有大的工作电流，设备的外壳就禁止和中性线连接。

2. 三相对称负载的星形联结

【电流及相位】 在三相四线制中，如果三相负载对称，则每相负载中的电流以及电流与电压的相位差均相等，这样在电路计算时，就可以只对一相电路进行计算，即

$$I_U = I_V = I_W = I_P = \frac{U_P}{|Z_P|} = \frac{U_L}{\sqrt{3}|Z_P|}$$

$$\varphi_U = \varphi_V = \varphi_W = \varphi_P = \arccos\frac{R_P}{|Z_P|}$$

因为三个相电流是对称的，其瞬时值之和为

$$i_U + i_V + i_W = 0$$

即中性线中无电流，因此可将中性线省略掉。三相对称负载的星形联结如图 7-16 所示。

【功率计算】 由于电路对称，每相负载取用的功率相等，所以电路的总功率为

$$P = 3P_P = 3U_P I_P \cos\varphi_P = 3\frac{U_L}{\sqrt{3}}I_L\cos\varphi_P$$

即

$$P = \sqrt{3}U_L I_L \cos\varphi_P \qquad (7-8)$$

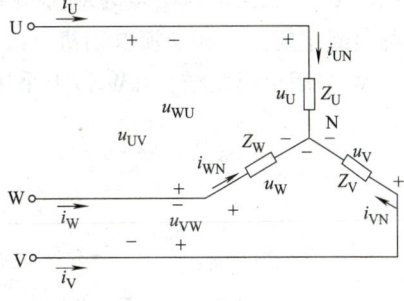

图 7-16 三相对称负载的星形联结

例 7-3 有一台三相电动机，三个绕组可视为三相对称负载。已知每相绕组的电阻为 6Ω，电感为 20mH，将三相绕组接成星形联结后接于线电压为 380V 的交流电路中，如图 7-17a 所示。求相电流 I_P、负载消耗的总功率 P、电路的功率因数 λ 并作出相量图。

解： $X_P = 2\pi f L = 2\pi \times 50 \times 0.02\Omega \approx 6.28\Omega$

$$|Z_P| = \sqrt{R_P^2 + X_P^2} = \sqrt{6^2 + 6.28^2}\ \Omega \approx 8.69\Omega$$

$$I_P = \frac{U_L}{\sqrt{3}\ |Z_P|} = \frac{380}{\sqrt{3} \times 8.69}A \approx 25.3A$$

$$\lambda = \cos\varphi_P = \frac{R_P}{|Z_P|} = \frac{6}{8.69} \approx 0.69$$

$$\varphi_P \approx 46°22'$$

$$P = \sqrt{3}\ U_L I_L \cos\varphi_P = 1.732 \times 380 \times 25.3 \times 0.69W \approx 11.49kW$$

电路相量图如图 7-17b 所示。

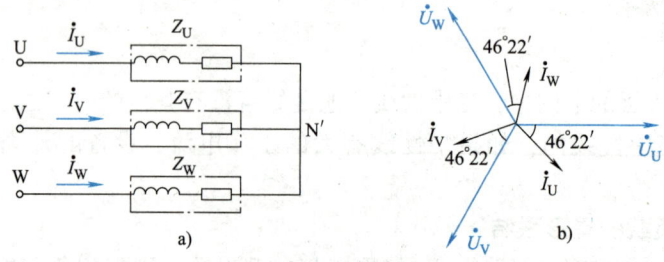

图 7-17 电动机绕组图
a) 电路图 b) 相量图

7.2.2 三相对称负载的三角形（△）联结

如图 7-18a 所示，将负载连接成一个闭合的三角形，每相负载上所加的电压均为电源的线电压 U_L。三角形联结多为对称负载，以下讨论只限于对称负载的情况。在三相电网中，对称负载主要是三相交流电动机，因为电动机三相绕组的阻值和感抗都相等。电动机功率小于 4kW 采用星形联结，4kW 以上采用三角形联结，三角形联结在工程中应用广泛。

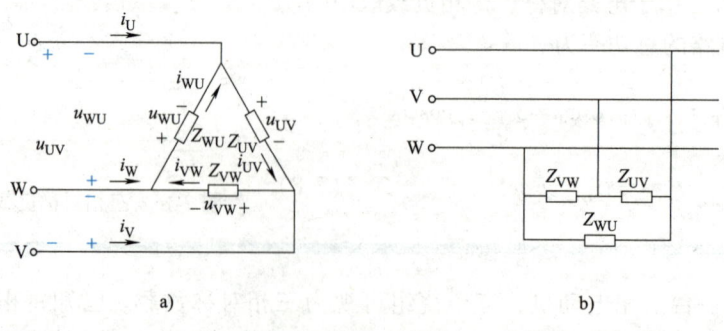

图 7-18 三相负载的三角形联结电路图
a) 三角形联结图 b) 电路图

【电流及相位】 由图 7-18 可见，由于负载对称，各相阻抗相等、性质相同，因此各相负载电流也是对称的，即

$$I_{UV} = I_{VW} = I_{WU} = \frac{U_P}{|Z_P|} = \frac{U_L}{|Z_P|}$$

$$\varphi_U = \varphi_V = \varphi_W = \arccos\frac{R_P}{|Z_P|}$$

【线电流与相电流】 按图 7-18 中给出的电流参考方向，根据基尔霍夫电流定律可写出线电流和相电流的瞬时值关系式为

$$i_U = i_{UV} - i_{WU}$$
$$i_V = i_{VW} - i_{UV}$$
$$i_W = i_{WU} - i_{VW}$$

根据瞬时值关系式可写出相量表达式为

$$\dot{I}_U = \dot{I}_{UV} - \dot{I}_{WU}$$
$$\dot{I}_V = \dot{I}_{VW} - \dot{I}_{UV}$$
$$\dot{I}_W = \dot{I}_{WU} - \dot{I}_{VW}$$

以线电压为参考相量，假设负载对称并为感性，作电流相量图。因为负载上的相电压就是电源的线电压，又已知负载为感性，即各相电流滞后相电压（即电源线电压）相位 φ。又根据线电流的相量表达式 $\dot{I}_U = \dot{I}_{UV} + (-\dot{I}_{WU})$，$\dot{I}_V = \dot{I}_{VW} + (-\dot{I}_{UV})$，$\dot{I}_W = \dot{I}_{WU} + (-\dot{I}_{VW})$，作出如图 7-19 所示的相量图。从图中可见，由于三个相电流分别滞后相电压相位 φ，因此三个相电流也是互差 120° 的对称相量。而三个线电流分别滞后三个相电流相位 30°，在数值上线电流是相电流的 $\sqrt{3}$ 倍，即

$$I_L = \sqrt{3} I_P \qquad (7-9)$$

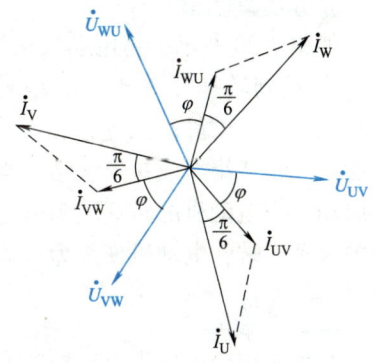

图 7-19 对称负载三角形联结时的相量图

【分析结论】 通过以上分析，得出如下结论：
1）各相负载所加电压为电源的线电压。
2）当负载对称时，线电流等于负载相电流的 $\sqrt{3}$ 倍。

如果负载对称，同星形联结的情况一样，电路取用的总功率为

$$P = 3P_P = 3U_P I_P \cos\varphi_P = 3U_L \frac{I_L}{\sqrt{3}} \cos\varphi_P$$

即

$$P = \sqrt{3} U_L I_L \cos\varphi_P \qquad (7-10)$$

因此，三相对称负载不论接成星形联结还是三角形联结，均可用式（7-10）来计算电路的总功率。

综上所述，三相负载可以连接成星形或三角形联结，采用哪种接法，应根据负载的额定电压和电源的线电压而定。如果负载的额定电压等于电源的线电压，应接成三角形联结；如果负载的额定电压等于电源的相电压，应接成星形联结。例如，我国低压供电制式为线电压380V，相电压220V。若三相电动机的每相绕组额定电压为380V，则三个绕组应接成三角形联结；如果电动机的每相绕组额定电压为220V，则三相绕组应接成星形联结。

活 学 活 用

学习理论的目的是为了更好地指导实践。

【案例3——电动机Y-△减压起动】

案例叙述

三相交流异步电动机在起动时，起动电流为额定电流的4~7倍，为了降低起动电流过大造成的危害，7kW以上的交流异步电动机都要采用减压起动。最简单的减压起动方法就是Y-△减压起动。

案例分析

如图7-20所示，将电动机三相绕组的首端U、V、W连接到相线，三相绕组的尾端u、v、w连接到转换开关S_2。起动时，S_2扳到下面，三个动触点和三个短路的静触点连接，即将三个尾端u、v、w连接在一起，三相绕组组成星形联结。当S_1闭合时，电动机开始星形起动。当电动机的转速达到额定转速的70%左右时，将S_2开关扳到上端，电动机恢复为三角形联结，转入正常运行。

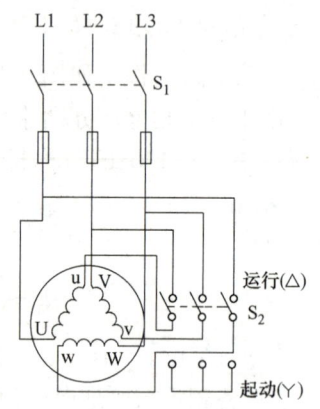

图7-20 Y-△减压起动控制电路

结论

因为三相交流异步电动机三角形联结绕组的相电压是星形联结的$\sqrt{3}$倍，其流过绕组的电流也是星形联结的$\sqrt{3}$倍。起动时因为起动电流是额定工作电流的4~7倍，如果仍然用三角形联结直接起动，起动电流会很大。改为星形联结，起动电流为三角形联结时的$1/\sqrt{3}$，即起动电流降为工作电流的2.3~4倍，大大降低了对设备的危害。为了适应电动机的Y-△起动，超过4kW的电动机都连接成Y-△两用电路。

【案例4——电动机选择导线】

案例叙述

在工程中，当电动机选定后，还要核算电动机的供电导线截面积是否符合电流要求，以

第 7 章 三相交流电路

避免因为线径不合适造成电动机不能正常工作。电动机的参数可以从电动机铭牌上读取，表 7-1 是 Y2 系列电动机铭牌数据，铭牌中电流为 11.7A（线电流），根据该电流选择导线的截面积。电动机的铭牌是正确使用电动机的依据，要学会读取。

表 7-1　Y2 系列电动机铭牌数据

型号	Y2-132S-4	功率	5.5kW	电压	380V
电流	11.7A	频率	50Hz	转速	1440r/min
接法	△	工作方式	连续	绝缘等级	F
防护方式	IP54（封闭式）	质量	××kg	产品编号	
××××电机厂制造					

案例分析

根据电动机铭牌中的额定电流选择导线的截面积。导线截面积的大小与选用的导线材料有关，还与明装、暗装有关，一般要通过查电工手册来进行选择。如电动机的额定线电流为 11.7A，导线为明线安装，查电工手册，选用铝导线，载流量为 3~5A/mm²。取载流量为 4A/mm²，导线截面积为

$$S = (11.7/4)\,\text{mm}^2 = 2.9\,\text{mm}^2$$

2.9mm² 是一个非标准导线截面积值（市场上买不到），可选取标准值 4mm²。图 7-21a 所示是 Y2 系列电动机外形，图 7-21b 所示是内部接线方法，按图 7-21c 所示接成△联结。

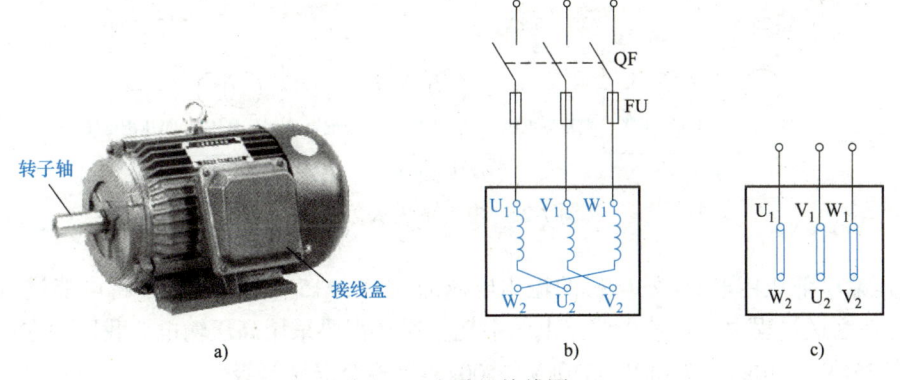

图 7-21　电动机接线图
a) Y2 系列电动机外形　b) 内部接线方法　c) △联结

7.3　保护接地与安全用电

话题引入

在现今社会中，我们每个人都会和电打交道，正确地应用电能并确保用电安全，是我们

每个人应具备的生活常识。为此，我们必须了解电能的输送、接地、防触电的一些基本常识。

7.3.1 电力系统的组成

【电能的产生】 电能是由发电厂中的发电机产生的，发电机将其他形式的能转换为电能。发电方式按能源的不同主要分为火力发电、水力发电、风力发电、原子能发电、潮汐发电、天然气发电、地热发电和太阳能发电等。

【电能的传输】 一般情况下，大的发电厂都建在远离城市的地方，所以，发电厂发出的电能还要通过一定距离的输电线路输送到用户。这就构成了输配电系统。

【电力系统的组成】 由发电设备、输配电设备以及用电设备等组成的总体系统称为电力系统。随着电能用量的不断增大，发电厂的数量和规模也在不断扩大，供电范围也越来越广阔。为了合理利用资源，电力部门把几个地区性的电力系统连接起来组成更大的电力系统，称为联合电力系统。目前我国已形成东北、华北、华中、西北、华东五个跨省联合电力系统，为下一步构成全国联合电力系统打下了基础。

在电力系统中，联系发电和用电设备的配电系统，称为电力网，简称电网。图 7-22 所示为一简单的电力系统示意图。

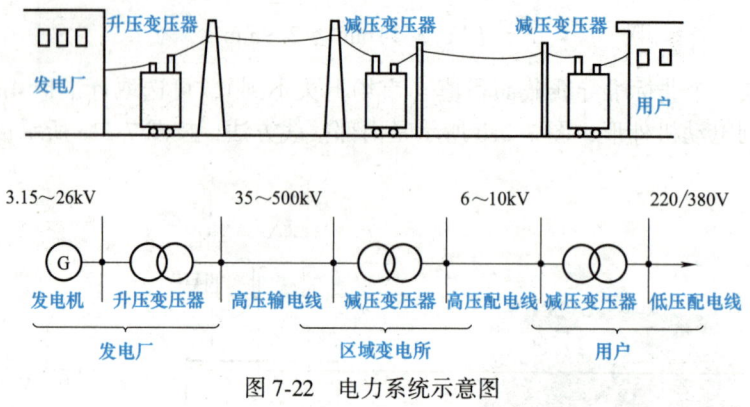

图 7-22 电力系统示意图

【高压输电低压用电】 发电机的输出电压通常是 3.15~26kV，为了将电能进行远距离输送，并在输送过程中尽量减少线路上的损耗，通常都要采用高压输电。我国现在的交流输电电压有 35kV、110kV、220kV、330kV、500kV 等多个电压等级。

发电厂的电能经高压输电线输送到用电区，在用电区通过区域变电所的减压变压器将电压降低到 6kV 或 10kV。降压后的电能再输送到各用电区。

【电能的分配】 电能输送到厂矿用电区后，厂矿都要进行变电和配电。只装有小容量电动机的车间由地方或本厂变电所直接配给 380/220V 的低压电；装有 100kW 以上大容量电动机的车间则需先用高压配电，然后再由车间变电所降为所需的电压供给各负载使用。在车间内部，配电方式主要有两种：一种是放射式配电，另一种是干线式配电。放射式配电，即每一个独力负载都用单独配电线路供电，这种配电方式的优点是供电可靠、维修方便，某一处发生故障不会影响其他线路，但缺点是线路较复杂，投资较大；干线式配电是将每个独立负载按其所在的位置一次连接到同一配电干线上，这种方式虽然比较经济，但当干线发生问题时，与之相连接的所有负载都会受到影响。

7.3.2 保护接地

正确地利用电能可造福人类，但使用不当也会造成设备损坏及人身伤亡。对于从事工程技术的人员来说，一定要懂得一些安全用电的常识和技术，工作中要采用相应的安全措施，正确地使用电器，以防人身伤害和设备损坏，避免造成不必要的损失。

1. 触电

【触电的概念】 人体因接触带电体而引起死亡或局部受伤的现象称为触电。

按人体受伤害的程度不同，触电可分为电伤和电击两种。电伤是指人体外部由于电弧或熔丝熔断时飞溅的金属末等造成的烧伤现象；电击是指因电流通过人体而使内部受伤的现象，它是最危险的触电事故。触电的伤害程度取决于人体所触及的电压高低、通过人体电流的大小和触电时间的长短等因素。当通过人体的电流超过 50mA 时，就会使人难以独自摆脱电源；当通过人体的电流为 50mA、持续时间为 1s（50mA·s）时，心脏会高频颤动，失去泵血功能，如不马上抢救，会造成人体触电死亡。通过人体的电流大小还与人体的皮肤电阻有关，人体的皮肤电阻干燥时为 10~100kΩ，出汗或受潮时阻值变小。一般按 1000Ω 估算，因此，当人体触及 65V 以上的电压就会产生触电伤害。我国规定 36V、24V 和 12V 为安全电压，在人们可能触及的（指电压）地方应用。

【两种触电情况】 我国三相四线制供电系统，变压器的三相输出绕组采用星形联结，每相绕组电压为 220V，三个绕组的尾端连接到一起，称为中性点 N。中性点接到大地，并且引出中性线 N，如图 7-23a 所示。由图中可见，每条相线对地就具有了 220V 的交流电压。

一种触电情况是人站在大地上，手触摸到了相线（见图 7-23b），人体就加上了 220V 的交流电，引起触电事故。另一种触电情况是人站在大地上，两手分别触摸到两条相线（见图 7-23c），电流通过两手构成回路，这是最危险的触电形式。

在电工操作中，要穿绝缘鞋，戴绝缘手套，脚底踩在干燥的木板上。

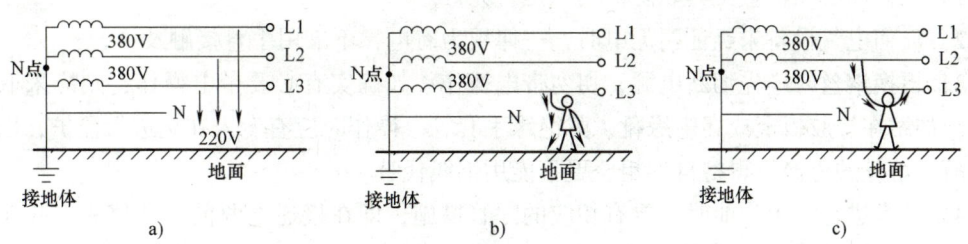

图 7-23 两种触点方式

a) 三相一地接线 b) 单相触电 c) 双线触电

2. 保护接地

正常情况下，电气设备的金属外壳是不带电的，若因绝缘损坏而使带电体接触金属外壳（碰壳），则会使电气设备带电，此时如果有人体接触该设备的金属外壳就可能发生触电事故。为防止此类触电事故发生，可采取保护接地措施。

【保护接地的应用】 如图 7-24 所示，将电动机的外壳连接到接地体上，根据第 4 章空腔屏蔽原理可知，电动机外壳和大地为等电位，当电动机绕组绝缘损坏碰壳时，剩余电流通过接地线入地。当人体碰触到电动机的外壳，不会造成触电事故。如果电动机外壳不接地，一旦电动机绕组碰壳漏电，外壳对地就有 220V 相电压，当人体碰触到电动机的外壳就会造成触电事故。

3. 三相五线制

建筑的高层化给接地设备的使用造成了困难，人们在生活中应用了大量的电器，这些能被人体接触到电器外壳需要接地，由此出现了三相五线制。三相五线制就是在三相四线制的基础上多出一根接地线，如图 7-25 所示。图中采用三孔插座连接，中间孔接地线，当插头插入插座后，通过插座将设备外壳与保护接地线相连。当设备外壳漏电时人体触及不会有触电危险。这里需要指出的是不允许把接地线和中性线互换使用，因为中性线平时是带电的。

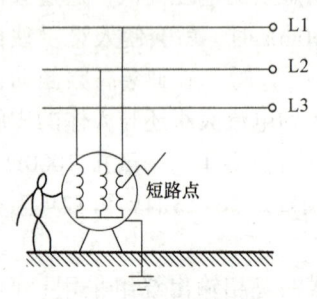

图 7-24　电动机保护接地

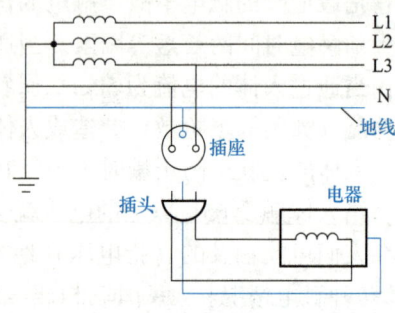

图 7-25　三相五线制

7.3.3　安全用电规程

为了保证人身及设备的安全，国家颁布了一系列规定和规程，工作人员应认真遵守。为了避免发生触电事故，在工作中要特别注意以下几点：

1) 工作前必须检查工具和防护用具是否完好。

2) 任何电气设备未经证明无电时，一律视为有电，不准用手直接触及。

3) 更换熔丝时应先切断电源，切勿带电操作；如确实有必要带电操作，则应采取安全措施，如站在橡胶板上或穿绝缘靴、戴绝缘手套等。操作时应有专人在场进行监护，以防发生事故。熔丝的更换不得擅自加粗，更不能用铜线代替。

4) 数人进行电工作业时，要有相应的呼答措施，即在接通电源前告知他人，并在确定对方已经知道的情况下才能送电。

5) 遇到有人触电时，应立即切断电源；对低压电路，如附近无开关，则应尽快地用干燥的木棍、竹竿等绝缘棒打断导线，或用绝缘棒把触电者拨开，切勿亲自用手去接触触电者。

6) 电气设备发生火灾时，应先切断电源，并使用 1211 灭火器[⊖]或二氧化碳灭火器灭火，严禁使用水或泡沫灭火器。

⊖　1211 灭火器的灭火剂为液体，喷出后遇到高温变成气态，具有不导电、无腐蚀性、灭火后不留痕迹的特点，应用范围广，但价格较贵。

第 7 章 三相交流电路

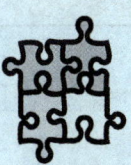

生活用电和动力用电

我国的低压供电制式为 380/220V。220V 为单相交流电，俗称一相一地，主要用于生活用电。那么工作在这个电压上的用电器其额定电压均为 220V，例如电视机、家用空调器、计算机、各种灯具等。380V 为线电压，工作在这个电压上的用电器多为电动机、电阻炉等大功率负载，因此人们又称为动力用电（简称动力电）。由于电动机为三相对称负载，中性线可以不用，因此有些场合的动力电只提供三条相线而没有中性线，这时电动机的辅助控制电路就得接在线电压 380V 上。即企业中应用的交流低压电器，如接触器、时间继电器、中间继电器等就有 220V、380V 两种电压规格，这在选用时要加以注意。

实验 三相负载的星形联结

【实验目的】

1) 对称负载电压电流的测量。
2) 非对称负载电压电流的测量。
3) 加深对三相四线制供电系统中性线作用的理解。

【实验仪器与设备】

交流电压表 1 块，交流电流表（配接入插头）1 块，三相灯箱实验板 1 块，三相刀开关 1 块，电流表接入插座 4 只，插入式熔断器 4 套，单极开关 2 只。

【实验内容与步骤】

实验电路如图 7-26 所示。

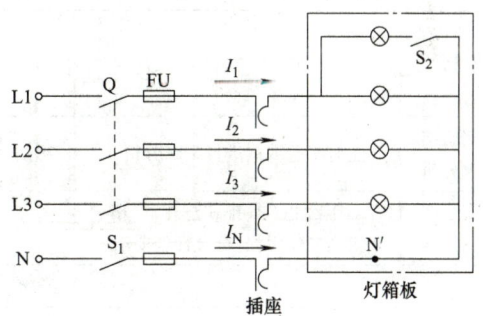

1. 负载对称有中性线

将开关 S_1 闭合，开关 S_2 断开，分别用电压表（万用表电压档）测量线电压 U_{12}、U_{23}、U_{31}；相电压 U_1、U_2、U_3；用电流表分别测量线电流 I_1、I_2、I_3 及中性线电流 I_N，将各测量值填入表 7-2 中。

图 7-26 实验电路

2. 负载对称无中性线

将 S_1、S_2 两开关断开，分别测量以上各量，将测量值填入表 7-2 中。

3. 负载不对称有中性线

将 S_1、S_2 两开关闭合，分别测量以上各量，将测量值填入表 7-2 中。

4. 负载不对称无中性线

将 S_1 开关断开，S_2 开关闭合，分别测量以上各量，将测量值填入表 7-2 中。

【实验结果分析】

1) 根据表 7-2 中测量结果，计算有中性线时线电压、相电压的比值，由此得出三相四线制线电压、相电压之间的关系。

电工技术基础与技能 第3版

表 7-2 三相四线制测量数据

项目		线电压/V			相电压/V			线电流/A			中性点间电压/V	中性线电流/mA
		U_{12}	U_{23}	U_{31}	U_1	U_2	U_3	I_1	I_2	I_3		
负载对称	有中性线											
	无中性线											
负载不对称	有中性线											
	无中性线											

2)根据负载不对称时有无中性线的测量数据,说明三相负载不对称时中性线的主要作用,由此得出中性线不允许加装熔断器的原因。

【评价标准】

自评互评表见表 7-3。

表 7-3 自评互评表

班级		姓名		学号		组别		
项目	考核要求		配分	评分标准			自评分	互评分
仪器的使用	能正确使用交流电压表、电流表和灯箱实验板		20 分	能正确连接电压表和电流表,能正确读取被测量的有效值,不能正确连接或不会读书扣 4 分				
电路连接	按要求连接电路,要求连接正确、牢固		20 分	电路连接错误、不牢固,每错一个,扣 4 分				
测量记录	要求及时、正确做好实验记录		30 分	在实验过程中,要求及时做好实验记录,不做记录不给分,不及时记录扣 4 分,测错一个数据扣 2 分				
实验结果分析	能对实验数据进行正确分析		20 分	要求会对实验数据进行分析,对实验结果不会分析,酌情扣 4~8 分				
安全文明操作	工作台上工具排放整齐,严格遵守安全操作规程,符合管理要求		10 分	违反安全操作、工作台脏乱、不符合管理要求,酌情扣 3~10 分				
	合计		100 分					

学生交流改进总结:

教师签名:

实训 照明电路的安装

【实训目的】

1)掌握照明电路配电板组成,了解电能表的用途和安装方法。

2)了解开关、熔断器的结构、用途和安装方法。

3)会安装照明电路配电板,训练电气安装技能。

【实训器材】

万用表 1 块,试电笔 1 支,电工安装工具 1 套,单相交流电能表 1 块,剩余电流断路器 1 块,插入式熔断器 2 套,配电板 1 块,拉线开关 2 个,螺口灯头 1 个,单相插座 1 个,导线、线卡若干。

【实训指导】

本次实训是安装照明电路。在实际工程中,照明电路有的安装在室内的墙壁上,有的安装在室外的电线杆上,有的走地线安装地灯。不论是哪种安装,都有一个共同的要求,就是接线正确、连接牢固。接线正确是照明电路正常工作的前提;连接牢固能保证日后工作中不出问题,接线不牢固是电工工作的大忌。

在走明线时,布线要规矩、美观,看上去像是艺术品。图 7-27 是明线安装图,图中的共同特点是:①横平竖直,不走斜线。②同向线并排走线,交叉线采用正交。③拐角处用圆角,一是不伤导线,二是防止尖端放电。④没有特殊要求,开关、插座要平行安装。⑤在规定的空间安装,元器件要摆放均匀,符合人的审美观。

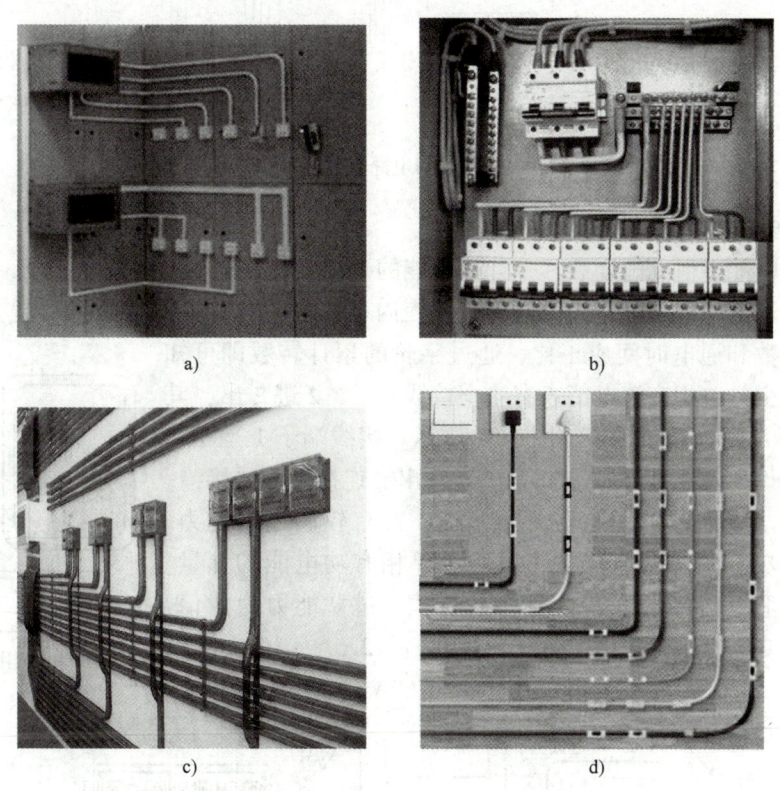

图 7-27 明线安装图

a)线管安装 b)平面配电箱安装 c)墙面线管安装 d)平面线卡安装

【实训内容与步骤】

照明电路是低压配电常用电路之一,应用广泛。本次实训内容包括单相交流入户控制电路和插座、灯座等应用电路。安装图如图 7-28 所示。该控制电路由剩余电流断路器、熔断

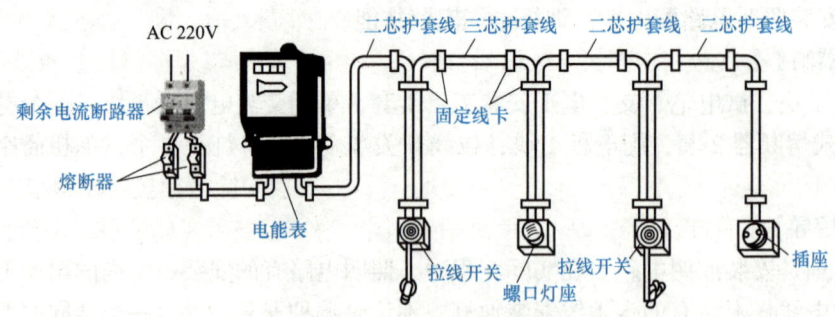

图 7-28 照明电路安装图

器和电能表组成入户控制电路；用 1 只拉线开关控制 1 只白炽灯和用 1 只拉线开关控制 1 个单相插座。配线采用护套线，护套线为二芯和三芯，护套线的接头都在拉线开关、灯头、插座内。连接原理如图 7-29 所示。

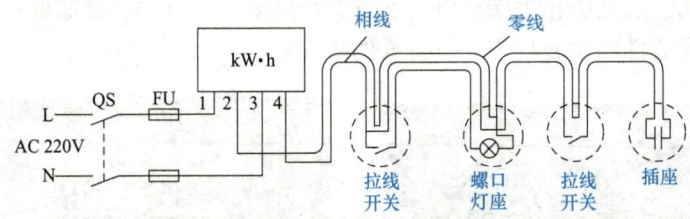

图 7-29 照明电路接线原理图

1. 单相交流电能表

单相交流电能表俗称度表，是计量电能的电工仪表，配电有直流电能表、单相交流电能表和三相交流电能表。电能表的原理是：表内有一字轮，字轮的转速和用电功率成正比，字轮累计的转数和通电时间成正比，通过字轮的累计转数即可知电路耗电的多少。单相交流电能表有 4 个接线端子，2 进 2 出，其外形如图 7-30 所示，接线端子如图 7-31 所示。接线端子 1 是相线入，2 是相线出；3 是中性线入，4 是中性线出。连接时不要接错。

单相电能表以通过的相电流为额定值，并有较高过载能力。例如，DD862 单相感应式电能表，适用于单相有功电能的计量。有直接接入式和互感器接入式两种接入方式，过载能力为 4 倍，过载时精度为 2 级。型号规格为：1.5A（6A）、2.5A（10A）、3A（12A）、5A（20A）、10A（40A）、15A（60A）、20A（80A）、

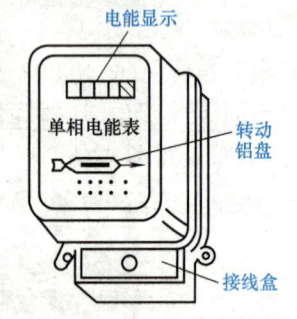

图 7-30 单相电能表外形

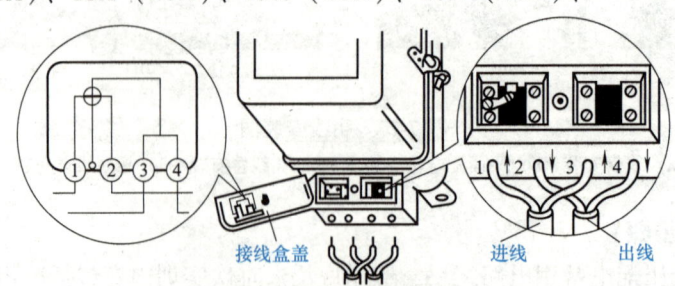

图 7-31 单相电能表接线

30A（100A）。选用时根据电路的额定电流选取，一般电能表不作过载应用。

2. 剩余电流断路器

单相剩余电流断路器外形图如图 7-32a 所示。将手柄扳到上边，开关接通；手柄扳到下面，开关断开。断路器具有漏电、过电流跳闸功能，当负载漏电、过电流或短路时，断路器跳闸。剩余电流断路器的漏电起跳保护电流是根据用电户数的多少选择的，开关控制的用电户数多，漏电起跳保护电流设置得就大，反之，设置得就小。入户剩余电流断路器称为第三级漏电保护装置（又称末级保护），用于保护用电设备及人身安全，被保护线路短，泄漏电流小，一般不超过 10mA。漏电动作电流应按人体触电能摆脱的电流值（10～20mA）选择，一般取 15～30mA。剩余电流断路器的保护原理：按照电流连续性原理，流出的电流等于流入的电流，当流入的电流和流出的电流不相等时，就出现了剩余电流，剩余电流断路器根据剩余电流的大小对电路进行保护。剩余电流断路器的结构原理图如图 7-32b 所示，A 绕组是由相线和中性线并联绕制而成；B 绕组是检测线圈，连接开关 S，对电路进行保护。

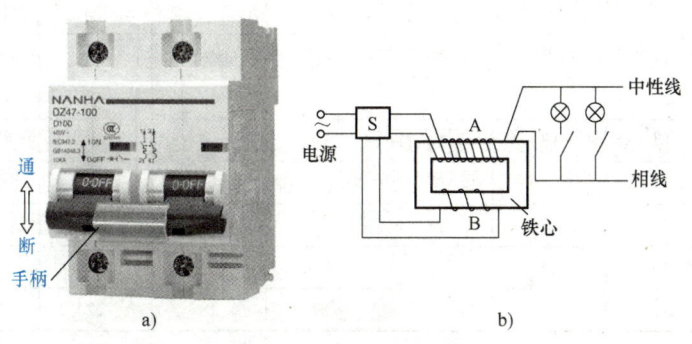

图 7-32　单相剩余电流断路器
a）外形图　b）结构原理图

3. 插入式熔断器

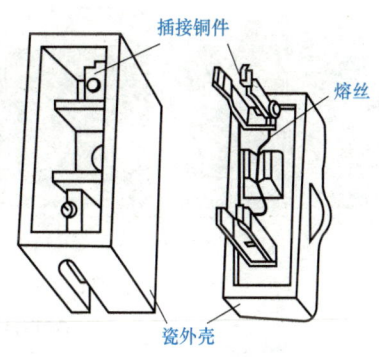

熔断器的功能是在电路短路时起保护作用。当电路上出现过大的电流或短路故障时，熔丝熔断，切断电路，避免事故的发生。家用配电板多用小容量插入式熔断器，由瓷底座和插件两部分组成，如图 7-33 所示。熔丝的选择根据用电器电流总量的大小而定。一般熔断器的额定电流为工作电流的 1.2 倍左右。熔断器在电路中都是作短路保护用，不能作为过电流或过载保护，因为一般的熔断器熔断时间较长，使负载得不到有效的保护。

图 7-33　插入式熔断器

4. 护套线和线卡

护套线由两根或多根聚氯乙烯绝缘导线外加一个护套绝缘层组成。护套线具有防水、绝缘等功效。多用于低压室内配电中。护套线的线芯分为单股或多股，图 7-34 所示是二芯多股护套线结构。护套线在使用中，要根据通过的电流大小选择导线的截面积。表 7-4 是 BVV、BLVV 聚氯乙烯护套线的安全载流量，在选用中，负载的额定电流不要超过护套线的安全载流量。例如，负载的额定电流为 6A，可选线芯截面积为 $0.5mm^2$ 的双根护套线。

线卡的作用是将导线固定在建筑物上或配电箱上。有粘贴式、塑料拉紧式、钢钉压紧式等。粘贴式和钢钉压紧式可以将护套线固定在建筑物或木制材料上；塑料拉紧式可将护套线绑扎在一起或将护套线绑扎在支撑物上。图7-35所示是几种线卡的外形，图7-36所示是线卡的安装位置，直线段线卡的间距为150～200mm，弯角、开关的根部为50～100mm。

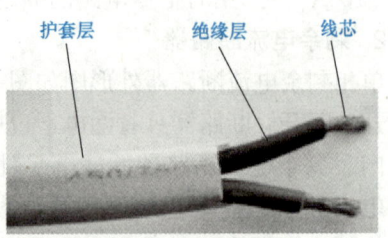

图7-34 二芯多股护套线

表7-4 BVV、BLVV聚氯乙烯护套线的安全载流量（选自《电工手册》）

导线截面积 /mm²	双根绝缘				三根或四根绝缘			
	塑料绝缘		橡胶绝缘		塑料绝缘		橡胶绝缘	
	铜/A	铝/A	铜/A	铝/A	铜/A	铝/A	铜/A	铝/A
0.5	7		7		4		4	
0.75								
0.8	11		10		9		9	
1.0	13		11		9.6		10	
1.5	17	13	14	12	10	8	10	8
2.0	19		17		13		12	12
2.5	23	17	18	14	17	14	16	16
4.0	30	23	28	21.8	23	19	21	
6.0	37	29			28	22		

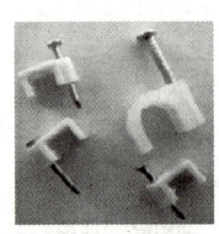
a)

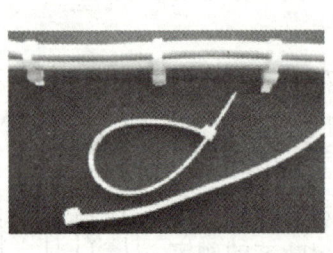
b)

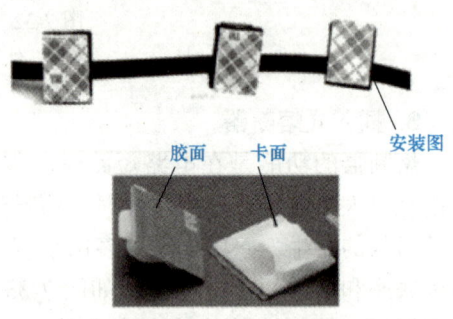
c)

图7-35 几种线卡的外形

a) 钢钉线卡 b) 拉紧式线卡 c) 粘贴式线卡

5. 开关、插座

应用在低压电路中的开关、插座根据用途不同，种类繁多。开关的内部结构为一组动、静触点，动触点与静触点闭合，电路接通；动触点与静触点断开，电路切断。拉线开关一般用在人不能触及的高处，暗装开关多用在室内墙体。插座有双极和三极，明装和暗装之分。双极插座的两个电极分别接相线和中性线；三极插座的三个电极分别接相线、中性线和地线。开关和插座如图7-37所示。

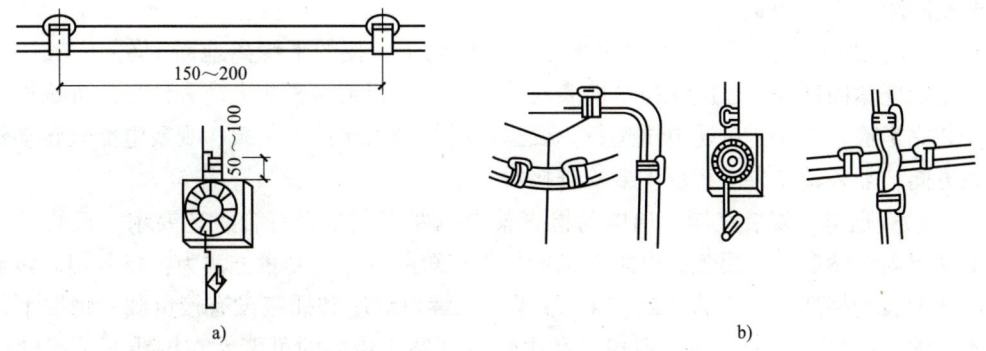

图 7-36 线卡的安装位置
a) 线卡间距 b) 线卡位置

灯座

拉线开关

插座

图 7-37 开关和插座

6. 实训安装

电路安装可以在网孔实训台上进行，也可以在自制的实训板上进行。在网孔实训台上护套线用拉紧式线卡；在实训板上护套线用钢钉线卡或铝片线卡固定。

按照工艺要求，将电能表、开关、熔断器等位置确定之后，用铅笔做上记号，然后根据实训板的固定要求，先进行安装固定护套线。线头与接线桩的连接、配电板上元器件的安装、线路敷设等按下列工艺要求进行。

（1）元器件安装工艺要求

1）在配电板上要按预先的设计进行安装，元器件安装位置必须正确，倾斜度不超过 1.5~5mm，同类元器件安装方向必须保持一致。

2）元器件安装要牢固，用手摇晃无松动感。

3）文明安装、小心谨慎，不得损伤、损坏器材。

（2）线路敷设工艺要求

1）照图施工、配线完整、正确，不多配、少配或错配。

2）配线长短适度，线头在接线桩上压接不得压住绝缘层，压接后裸线部分不得大于1mm。

3）线头的剖削与接线桩的连接参考前面的实训指导，线头压接要牢固，稍用力拉扯不应有松动感。

4）走线横平竖直，分布均匀。转角圆成 90°，弯曲部分自然圆滑，全电路弧度保持一致；转角控制在 90°±2° 以内。

5）长线沉底，走线成束。同一平面内不允许有交叉线。必须交叉时应在交叉点架空跨越,两线间距不小于2mm。

6)上墙。配电板应安装在不易受振动的建筑物上,板的下缘离地面1.5~1.7m。安装时除注意预埋紧固件外,还应保持电能表与地面垂直,否则将影响电能表计量的准确性。

安装完毕检查无误,可通电试运行。试运行时在输出端接上负载,观察电能表转动铝盘的转动方向,如果转动方向相反,要检查接线。

(3)检查通电 安装完毕,通电前检查整个电路安装是否符合工艺要求,接线是否正确、美观牢固。然后用万用表的电阻档测量是否有短路故障。测量方法为:将万用表转至电阻档,两个表笔接到电能表的"2""4"端子,在螺口灯座和插座没有接负载的情况下,电路是不通的。如果万用表导通,则相线和中性线短路,错接的可能性在拉线开关或螺口灯座,要查清后再通电,否则会烧掉熔断器。

检查无误后可通电,观察漏电保护断路器、电能表的工作情况。按下漏电保护断路器的试跳按钮,断路器应动作,否则断路器有问题;电能表应正转,如反转,则应为进线和出线接错。拉线开关、螺口灯座、插座等,通电后检查功能是否正常,如不正常,查找原因。

【实训总结】

1)本次实训为照明电路安装实训,在该实训中,电能表、漏电保护断路器、熔断器、护套线以及线卡等是根据什么参数选择的?

2)在安装过程中,是否按照工艺要求进行操作,安装的电路是否整洁、美观?

3)通过本次实训,有哪些收获,在技能上得到哪些提高?

【评价标准】

自评互评表见表7-5。

表7-5 自评互评表

班级		姓名		学号		组别		
项目	考核要求		配分	评分标准			自评分	互评分
器件的识别	按要求对电能表、断路器、熔断器等进行识别和检测		20分	检查元器件的外观、用万用表检查各器件的通断情况,元器件含有质量问题没有发现,每错一个,扣4分				
电路安装	按元器件安装工艺要求和线路敷设工艺要进行安装		30分	元器件安装倾斜、松动,每一处扣2分,布线不美观,扣2分,导线和桩头连接不牢固,每一处扣2分				
导线连接	导线要连接正确,不可有错		20分	导线接错,每一处扣4分,				
电路调试	要求电路一次通电成功		20分	电路通电不成功,扣4分,每调试一次加扣2分				
安全文明操作	工作台上工具排放整齐,严格遵守安全操作规程,符合"6S"管理要求		10分	违反安全操作、工作台脏乱、不符合"6S"管理要求,酌情扣3~10分				
合计			100分					

学生交流改进总结:

教师签名:

第7章 三相交流电路

习 题

7-1 判断题

1. 三相交流电是三个频率相同、幅值相等、相位上互差120°电角度的电流、电压、电动势的统称。（   ）
2. 我国的低压供电制式是三相四线制，线电压为380V，相电压为220V。（   ）
3. 三相负载有两种接线方法。（   ）
4. 三相对称负载是指三个负载体积相等、通过的电流有效值相等的三相负载。（   ）
5. 三相负载星形联结时可以不接中性线。（   ）
6. 电动机每相绕组的额定电压为220V，在接入线电压为380V的三相电路中时，必须接成三角形联结。（   ）
7. 高压输电是为了减少输电时的电路功率损失。（   ）
8. 鸟落在电线上而不触电，是因为鸟的体电阻大不导电。（   ）
9. 保护接地，实际上就是使用电器的外壳和大地保持等电位，当电器漏电时人体触及用电器的外壳才不会触电。（   ）
10. 电气设备发生火灾时，可以用水灭火。（   ）

7-2 计算题

1. 已知电动机的三相绕组如图7-38所示。每相绕组的额定电压为220V，当电源的线电压为380V时，三个绕组怎样连接？当电源的线电压为220V时，三个绕组怎样连接？请画出连接图。

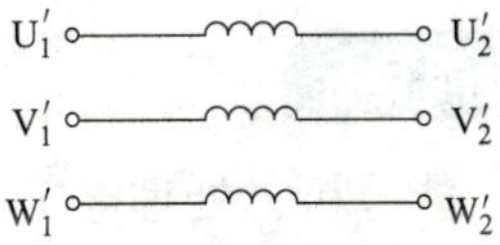

图7-38 三相绕组

2. 有一三相交流电动机接成三角形联结，已知线电流 $i_V = \sqrt{2}10\sin(314t+40°)$ A，请写出线电流 i_U、i_W；相电流 i_{UV}、i_{VW} 及 i_{WU} 的数学表达式。

3. 已知对称三相负载，每相的电阻 $R = 12\Omega$，感抗 $X_L = 16\Omega$。如果负载接成星形联结后接于线电压为380V的三相对称电源上，试求：负载上的相电压、相电流和线电流；三相负载的有功功率。

4. 一台功率为10kW的三相异步电动机，绕组接成三角形联结后接于线电压为380V的三相交流电源上，线电流为20A。试求：电动机的相电流、功率因数及每相的阻抗。

电工技术基础与技能

第8章 非正弦周期电量的应用

 本章导读

知识目标

1. 理解非正弦周期电量谐波的概念，能用此概念解释非正弦周期电量的谐波干扰等现象。
2. 了解非正弦周期电量的工程应用。

技能目标

能分析、处理电工电路中的谐波干扰问题。

8.1 谐波的概念

 **话题引入**

在工程中，除了按正弦规律变化的周期电量之外，更多的是不按正弦规律变化的周期电量。如我们熟悉的语言、音乐等电信号就是非正弦电量。图8-1给出了几种常见的非正弦电量波形，图8-1a所示是矩形波，在数字电路中作为数字信号；图8-1b所示是锯齿波，在电视机、示波器的扫描电路中应用；图8-1c所示是尖脉冲，可作为晶闸管的触发信号；图8-1d所示是全波整流电路的输出电压波形。图中的非正弦电量各有各的用途，是正弦交流电所不能替代的。

严格地说，真正按正弦规律变化的电量是比较少的，大部分电量都是非正弦电量。这些非正弦电量有的是工作需要（如以上提到的几种波形），有的是工作中产生了干扰，使正弦波形发生了畸变。如三相工频交流电，因电路中接入了大功率整流设备，使波形发生畸变，由正弦波变为了非正弦波。非正弦周期电量有什么特点呢？和正弦周期电量有什么关系呢？

第 8 章 非正弦周期电量的应用

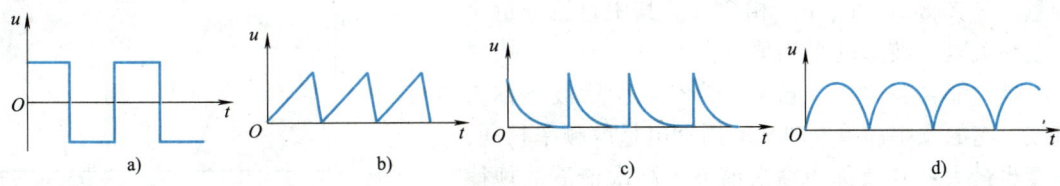

图 8-1 常见非正弦电量波形

a) 矩形波　b) 锯齿波　c) 尖脉冲　d) 全波整流电路的输出电压波形

这些都是我们应该知道的。

8.1.1 谐波的产生

下面看一个实验，将两台低频正弦波信号发生器的输出端串联后接到示波器的输入端，连接电路如图 8-2a 所示。将其中一台的输出电压调整为 1V，频率调整为 50Hz；另一台的输出电压调整为 0.3V，频率调整为 150Hz，此时示波器上的显示波形如图 8-2b 所示。由图中可见，此波形是一非正弦电压波形，它是由 50Hz 和 150Hz 两个正弦交流电压叠加而成的。50Hz 和 150Hz 这两个正弦交流电压称为这个非正弦电压的谐波。

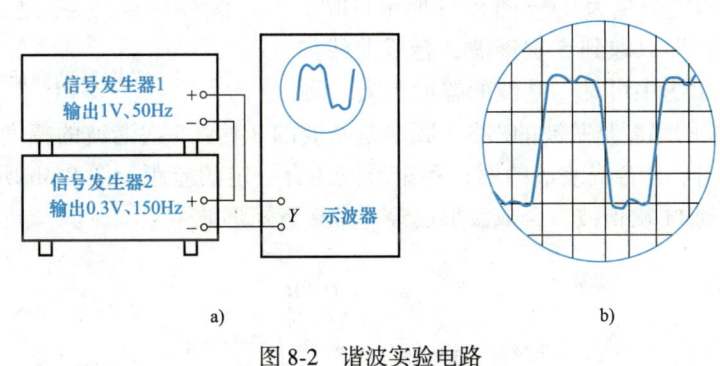

图 8-2 谐波实验电路

a) 连接图　b) 叠加波形

通过以上实验，我们由此设想：两个（或多个）正弦电量可以叠加出一个非正弦周期电量，那么一个非正弦周期电量，是否可以分解为多个正弦电量相叠加呢？由理论和实验均可以证明：任何一个非正弦周期电量，都可以分解为多个不同频率正弦周期电量相叠加的形式，即任何一个非正弦周期电量都可以看作是由多个不同频率正弦周期电量相叠加的结果，从而建立起非正弦周期电量和正弦周期电量之间的联系。

由以上分析可知，除去标准的正弦波之外，其他任何波形都含有谐波。在现代的各个用电领域，真正的正弦波是很少的，更多的是含有谐波的非正弦波，因此，我们了解谐波的概念是非常有意义的。

8.1.2 谐波的分解

1. 单方向脉动周期电量的分解

图 8-3a 所示是一个单向半波整流电压波形，它在一个周期内只有半个正弦波形，是一个单方向脉动周期电量。它可以分解为直流分量（见图 8-3b）和一系列不同频率正弦交流

分量（见图 8-3c、d、e）相叠加。其中直流分量是半波整流电压波形的平均值（凡是单方向流动的周期电量，都含有直流分量）。图 8-3c 所示波形称为基波，它的频率和单方向脉动周期电量的频率相同，幅度也最大；其余称为高次谐波，高次谐波的规律是：谐波的频率越来越高，幅度越来越小。图 8-3e 所示波形是 4 次谐波，频率是基波的 4 倍，它的幅度已下降到 $\frac{2}{15\pi}U_m$。而 6 次谐波的幅度仅为 $\frac{2}{35\pi}U_m$，在图中已经表示不出来了。由此可见，虽然一个非正弦波可以分解为无穷多项正弦量相叠加，但起主要作用的是分解后的前几项。

2. 交流周期电量的分解

图 8-4 所示是交流周期矩形波分解和叠加的情况，由图中可见，交流周期电量分解后没有直流分量（也可以认为直流分量为 0）。图 8-4a 所示是取了叠加量的前 3 项，即只取到 5 次谐波，合成曲线如图中虚线所示。由图中可见，基波的幅度最大，频率最低；3 次谐波的幅度是基波的 1/3，频率是基波的 3 倍；5 次谐波的幅度是基波的 1/5，频率是基波的 5 倍。其合成波形的形状和矩形波还有一定的差距。图 8-4b 所示是取了叠加量的前 6 项，取到 11 次谐波，合成波形已经非常接近矩形波了。

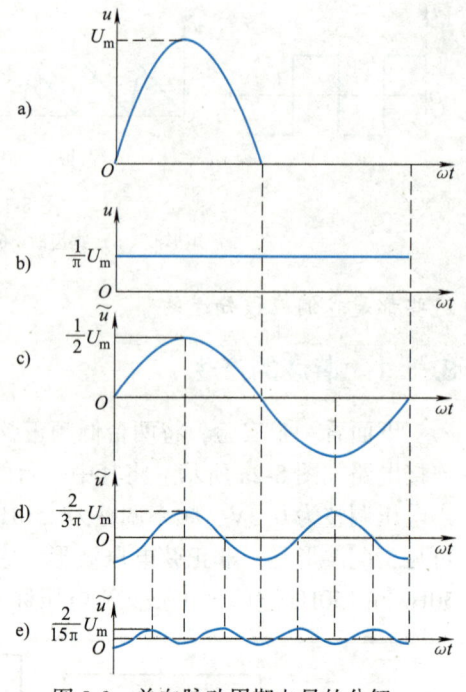

图 8-3 单向脉动周期电量的分解

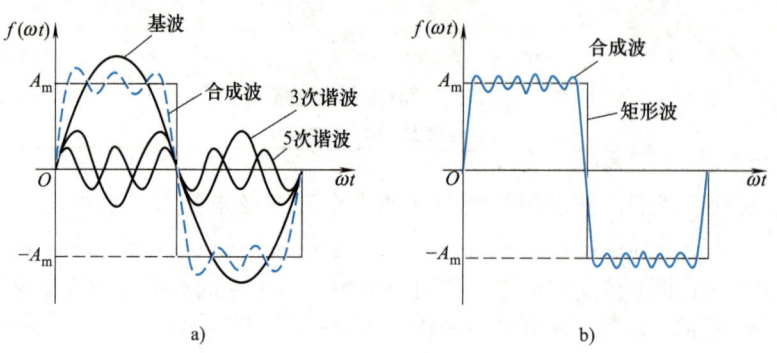

图 8-4 谐波合成示意图
a) 由前 3 项合成的波形　b) 由前 6 项合成的波形

通过以上分析，应建立起以下概念：

1) 任何一个非正弦周期电量，都是由基频正弦波和多个高次谐波电量相叠加的结果。

2) 单方向脉动周期电量含有直流分量和交流分量；而交流周期电量只含有正弦交流分量而不含有直流分量。

3) 非正弦周期电量的谐波频率越高，其幅度越小，即起主要作用的是谐波的前几项。

4) 非正弦电量的波形和正弦电量的波形差别越大，这个非正弦电量的谐波越丰富，在电路中占用的频带越宽。

8.1.3 高次谐波的用途和危害

1. 高次谐波的用途

在自然界中,人们用耳朵听就能区分出来刮风、下雨还是电闪雷鸣。为什么能够区分呢?是因为这些声音的频率不同。它们的基波相同,而高次谐波不同,高次谐波是区分不同物理量的主要依据。

图8-5是几种不同用途的电压波形,图8-5a是电子琴发出的钢琴的声音的电压波形图;图8-5b是电子琴发出的长笛的声音的电压波形图。当两个图的基波频率相同时,就可以和弦演奏;当单独演奏时,钢琴的声音或长笛的声音我们是分得很清楚的,这就是因为两个波形的高次谐波不同。如果将它们的高次谐波滤除,只剩基波,这两种乐器的声音就是单一的正弦波的声音,钢琴和长笛就分不出来了。当要用电子电路处理声音、图像信号时,信号中谐波成分保留得越多就越逼真。图8-5c是数字电路信号电压波形图,数字信息量就是"有"或"无",用矩形波信号表示非常恰当,但矩形波信号中也含有大量的高次谐波,如果将高次谐波滤除,变成正弦信号,就会使电路出现误动作。图8-5d是正弦信号电压波形图。

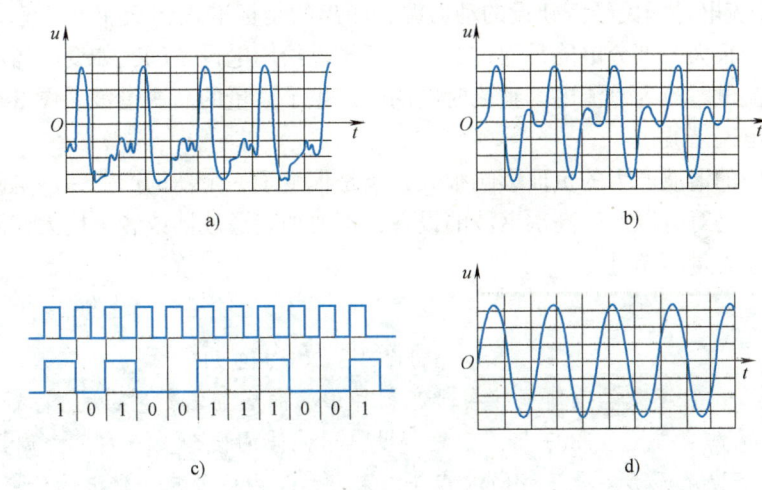

图 8-5 电压波形

a) 钢琴的电压波形图　b) 长笛的电压波形图　c) 数字电路信号电压波形图　d) 正弦信号电压波形图

2. 高次谐波的危害

高次谐波的危害主要由无用的噪声和不需要的谐波成分产生的,我们这里单指三相交流电网中的高次谐波成分。我国三相电网中交流电量是按50Hz正弦规律变化的,所有工作在电网上的电器都要按照50Hz进行设计,如电动机、变压器、电磁铁、电抗器、功率因数补偿器等。这些交流电器都是由电路三大元件(电阻、电感、电容)组成的,电感的感抗和电容的容抗都是频率的函数,都对高次谐波很敏感,当电路中的高次谐波达到一定值时,感性设备和容性设备就会工作不正常。图8-6是三相交流电受到干扰后的波形图,由波形图可见,在50Hz正弦波中叠加了很大的高次谐波成分。

高次谐波会使电动机铁心中的磁偶极子振动加剧而发热，绕组中电流出现趋肤效应使绕组发热加剧；电容器中流过的电流增加，引起电容发热鼓包，严重时发生爆炸。高次谐波对电子电器干扰更为严重，会造成动作失误、死机或控制精度下降等。

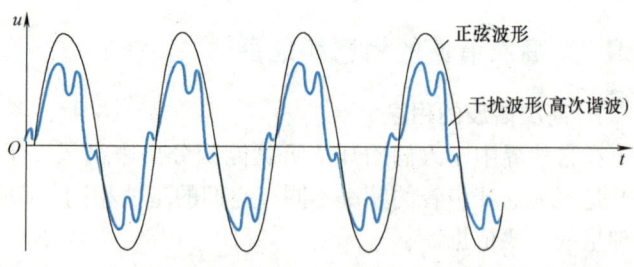

图 8-6　三相交流电受到干扰后的波形图

三相交流电网中的高次谐波成分不能超过 5%，超过了就要采取措施将其滤除。

【分析结论】

1) 自然界中的交流周期电量除了单一的正弦周期电量之外，更多的是非正弦周期电量。非正弦周期电量是由基波和高次谐波组成的，高次谐波表示非正弦周期电量的性质。图 8-5 中的钢琴和长笛的波形图，基波相同，但高次谐波不同。当将这些非正弦交流周期电量转换为电信号时，应尽量将谐波全部保留（声音用话筒转换，图像用录像机来转换，振动用压力传感器来转换），才能不失真地反映原始非正弦周期电量的全貌。

2) 三相交流电是国民经济建设的动力源，输出的是标准正弦交流电。随着科技的发展和社会的需要，很大一部分电能是通过二次处理再供给用电设备的，如变频器和各种充电器等，它们将交流电整流为直流电，整流时电网中产生了大量的高次谐波。图 8-6 所示为由整流电路造成的电网谐波。

由于电网中的谐波产生的负面影响很大，于是催生了一个新的产业——电磁滤波和无谐波整流技术。凡是对电网产生高次谐波的设备，都要加装滤波器或者采用无谐波整流，从而确保电网的谐波含量不超过 5%。

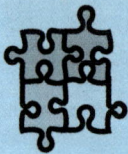

高次谐波的应用

法国数学家傅里叶在研究各种形状的周期函数时，力图找到一种通用的解决方法。1807 年，傅里叶提出了谐波的概念：任意一个周期函数，都可以用无穷多个正弦函数相叠加来表示。由此开启了谐波的研究和应用。

在自然界中，按照周期性变化的物理量太多了，凡是人耳能听到的声音，都是周期性变化的物理量，当然还有人耳听不到的超声波和次声波。一个周期函数，除了基波外，都是高次谐波。高次谐波是周期函数的组成部分，没有好坏之分。

声音是物体振动发出的，振动的频率和物体的惯性、形状有关，不同惯性和形状的物体发出的声音是不同的。同一种物体因为结构形状不完全相同，发出的声音不是单一的正弦波，而是一个频率范围，称为频带。频率分布和幅度的关系，称为频谱。研究物体波形的频带和频谱，有着广泛的应用价值。

在工业生产中，各种生产设备都会发生振动。振动幅度和频率反映了设备的工作状态，设备是否正常都可以从振动中反映出来。对设备的振动进行检测是既古老又现代的一门应用技术，现在采用智能化检测，将检测传感器直接安装在机体上，检测出的振动信号通过计算机显示屏显示出来，进行实时监控，相当于给设备增加了一个贴身保健医生。

8.2 谐波的工程应用

活 学 活 用

学习理论的目的是为了更好地指导实践。

【案例 1——B 超的检测原理】

案例叙述

医院的 B 超诊断仪是探测人体内部器官结构形状有无异常的仪器。人体的内部器官用肉眼是看不到的，医生借助于 B 超可以将人体的内部器官显示在计算机的显示屏上，供医生进行医学诊断，如图 8-7 所示。

案例分析

B 超是应用声音的反射原理工作的，当声音接触到物体时会发生反射，反射声音的幅度和频率与物体的结构形状有关系。B 超的探头发出含有高次谐波的超声波，同时探头又接收返回的超声波。人体内部器官结构形状不同，返回的超声波频率和幅度也不同，根据返回的超声波幅度和频率在计算机显示屏上形成图像，这个图像就是当前器官的形状，医生将形成的图像和正常器官进行比较，做出医学诊断。

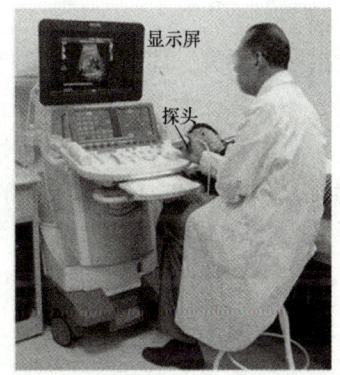

图 8-7　B 超测量

【案例 2——助听器】

案例叙述

人的听力出现衰退时可佩戴助听器。助听器是一种电子产品，随着电子技术的数字化、智能化，助听器的补偿频率可以分为多段，按听力损失的不同程度进行针对性的补偿，可以使佩戴效果发生很大的变化。图 8-8a 所示是助听器外形。

案例分析

人的正常听力在 20Hz～20kHz 之间，声音的频率在 100Hz～4kHz 之间。声音的大小和声音的功率成正比（用分贝 dB 表示）。图 8-8b 是听力频谱图，听力的频率和幅度按"香蕉图"分布，即图 8-8b 中的正常听力区。当人的听力低于正常听力区，有些频率就听不到了，影响正常的交流。声音的低频段超出正常听力区，表现为小的声音听不见；高频段低于正常听力区，表现为小的声音听不清。图 8-8b 中的实测听力线的 1.5kHz 以上部分出现了比较严

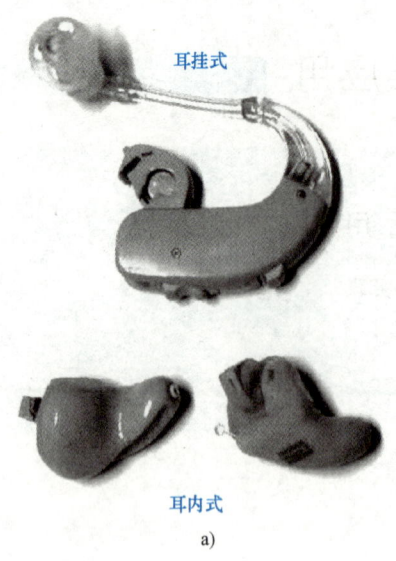
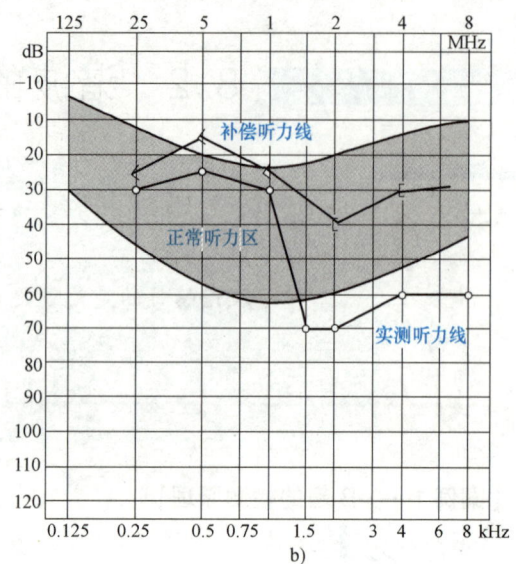

图 8-8 助听器
a) 助听器外形   b) 听力频谱图

重的听力损失,即造成听音时有些字听不清。图 8-8b 中的补偿听力线是助听器将损失听力部分的声音放大,使听者达到正常的听力水平。

听力测试检测的是声音的频率点(谐波),由多个谐波组成了听力域,即听力频谱,依据听力频谱进行听力补偿。佩戴助听器前首先要进行听力测试,调配师根据听力的测试线进行听力补偿,如果不进行听力测试,盲目地佩戴助听器有可能达不到改善听力的效果。

【案例 3——J2459 学生示波器校准信号的取得】

案例叙述

在一个非正弦波形中,除了基波之外,就是高次谐波。如果我们想得到标准的正弦基波,可以采用滤波的方法将高次谐波滤除。有一种 J2459 学生示波器,如图 8-9a 所示,该

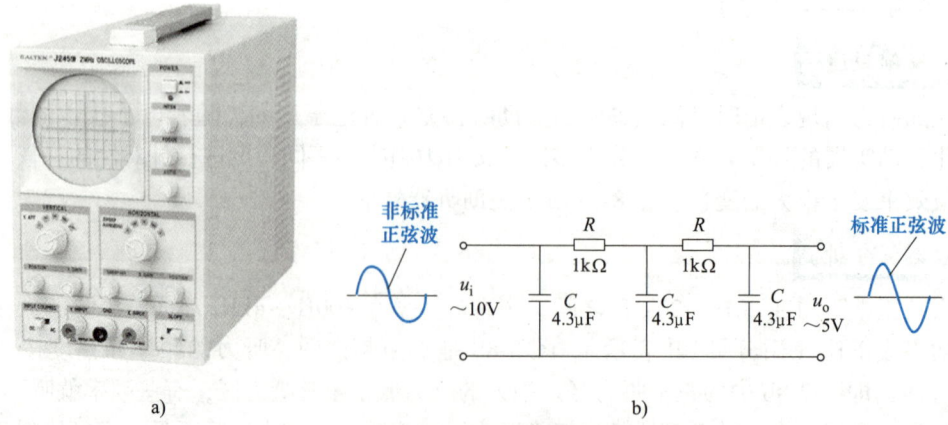

图 8-9 谐波滤除
a) J2459 学生示波器   b) 低通滤波电路

第 8 章　非正弦周期电量的应用

示波器的校准信号是取自工频交流电，因工频交流电的波形中含有大量的谐波，通过图 8-9b 所示低通滤波电路将高次谐波滤除。

> **案例分析**

图 8-9b 是一个 RC 分压电路，通过两级分压，将 10V 降为 5V，通过电容器将高次谐波滤除。

电阻的阻值和频率无关，而电容器的容抗是频率的函数，$X_C = 1/(2\pi fC)$，$U_C = X_C I_C$，$f\uparrow \to X_C\downarrow \to U_C\downarrow$，即频率越高，电容器上分得的电压越低。根据此原理，由 RC 组成串联减压滤波电路。

电网中的高次谐波主要来自整流电路，整流电路产生的最低谐波为 5 次谐波，即频率为 250Hz，幅值为基波的 20%。滤波电路只要将 5 次谐波滤除，高于 5 次的谐波就没有问题了。如图 8-9b 所示，滤波电路设计为输入电压为 10V，输出电压为 5V 的二级减压滤波电路。电阻 $R = 1k\Omega$，电容 $C = 4.3\mu F$，50Hz 时容抗为 750Ω；250Hz 时容抗为 150Ω。

因为 5 次谐波电容器的容抗是基波的 1/5（150/750 = 1/5），则一级滤波后谐波电压幅度降为 20%×1/5 = 4%，二级滤波降为基波的 0.8%，即输出端只有 0.8%的谐波成分，波形比较理想。

> **结论**

一般电容滤波要连接成 RC 串联形式。但 R 有电损，在大电流应用时损耗太大，人们就把 R 去掉，更换为电感。在直流电路中，不用串联电阻，在电路上并联电容器，就会得到很好的滤波效果。

【案例 4——变频器交流滤波】

> **案例叙述**

工业变频器是用于三相交流异步电动机调速的电器。三相交流异步电动机是性能非常优秀的电动机，但因为不能调速，限制了其应用范围。变频器的出现，改变了三相交流异步电动机的命运，将电动机和变频器组合应用取代了直流电动机，在电动机应用领域一统天下。变频器在协助三相交流异步电动机一统天下的同时，存在一个软肋，就是输入端的整流电路会使电网产生大量的高次谐波；输出端输出的是 PWM 脉宽调制波，调制频率在 10kHz 以上。大量的高次谐波，除了对电动机产生干扰外，对周围的弱电电器也产生辐射和感应干扰。消除变频器应用中出现的电磁谐波，是应用变频器的一项重要任务。

> **案例分析**

消除三相交流电流中的高次谐波，最简单的方法就是加装交流电抗器。第 6 章介绍了电抗器的滤波作用，现在借变频器的应用，再分析一下滤波过程。如图 8-10 所示，在变频器的输入端，根据电流的连续性，即电抗器流入的电流等于流出的电流，输入电抗器加装前电流波形和输入电抗器加装后电流波形是一样的，但从加入电抗的滤波效果看，并不是很满意，要想将高次谐波完全消除，就得改进整流电路。

在变频器的输出端，变频器输出的是脉冲电压，电抗器输出的却是正弦电流，如图 8-10 所示。这是因为脉冲波的宽度是按正弦波的规律进行调制的，电抗器按照法拉第电磁感应定律进行充电和放电，就得到了平滑的正弦交流电流。因为变频器输出端的高次谐波被电抗器滤除了，也就没有了电磁干扰。

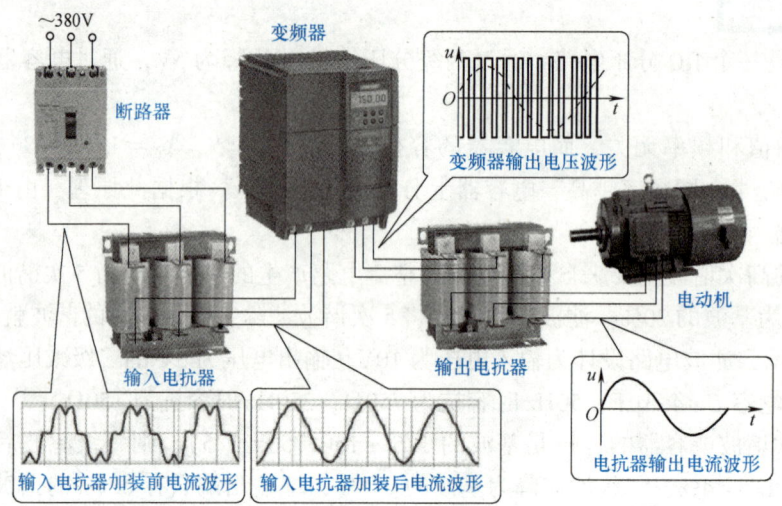

图 8-10　变频器控制系统连接图

习　题

简答题

1. 严格地说，工程中应用的各种正弦波形，是否或多或少地都含有谐波成分？
2. 什么是直流分量、交流分量、基波、高次谐波？
3. 研究非正弦交流电有什么实际意义？你能举出几种非正弦交流电的例子吗？
4. 在开关荧光灯时（电感镇流器），收音机中会产生"咔咔"的响声，你能解释这种现象吗？

电工技术基础与技能

低压电器与控制电路

 本章导读

知识目标

1. 了解常用低压电器的结构及应用。
2. 掌握电动机的起动控制、顺序控制和正反转控制等控制电路的结构原理及选用。
3. 熟悉低压电器控制电路的维护和维修方法。

技能目标

1. 掌握电器电路的安装要点。
2. 能进行电动机正反转控制电路的安装调试。

9.1 常用低压电器

 **话题引入**

在低压电路（DC 1500V，AC 1000V 以下）中，电动机、用电负载的通断，或对运行中的负载进行检测或保护，都是通过控制低压电器实现的。低压电器广泛应用于输配电系统和电力拖动与自动控制设备，其品种繁多，新品种不断涌现。常用低压电器有熔断器、低压开关、主令电器、接触器、继电器等。由低压电器和用电负载组成控制电路，实现用电设备的控制运行。

9.1.1 刀开关

刀开关俗称闸刀开关，它的极数有单极、二极和三极。图 9-1a 所示为刀开关的结构图，瓷底座上装有进线座、静触点、熔体、出线座和刀片式的动触点，上面还有两块胶盖。安装时，应将电源线接到刀开关的进线座上，将用电器接到刀开关的出线座上。这样当闸刀打开时闸刀和熔体上不会带电,以保证装换熔体和维修电器时的人身安全。同时要注意垂直安装,以防平装时瓷柄受振动落下而接通电源。

刀开关的电气图形符号如图 9-1b 和 9-1c 所示。QS 是刀开关的文字符号。

刀开关易被电弧烧坏,适用于接通或断开小负载电路,多应用在一般照明电路和功率小于 5.5kW 电动机的控制电路中。

二极刀开关的额定电压为 250V,三极刀开关额定电压为 500V。常用瓷底座刀开关的额定电流有 10A、15A、30A、60A 四种规格,型号有 HK1、HK2。

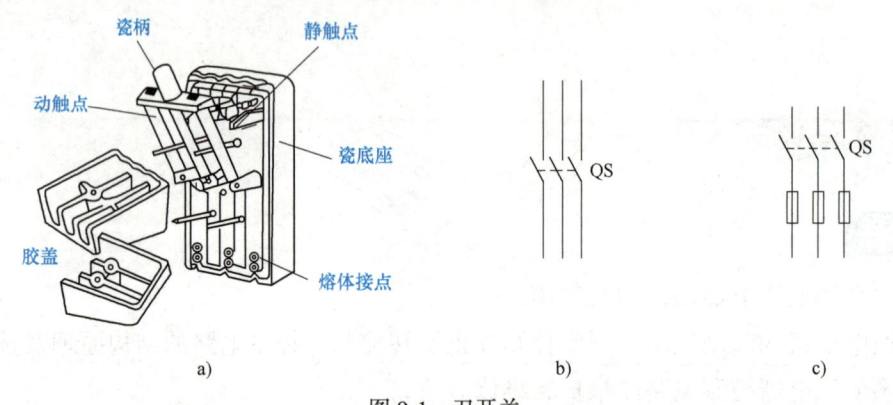

图 9-1 刀开关

a) 刀开关的结构图 b) 刀开关的电气图形符号 c) 带熔断器刀开关的电气图形符号

9.1.2 组合开关

1. 组合开关的结构

组合开关又称转换开关,是一种多触点、多位置、可控制多个回路的电器。组合开关常用于机械设备的电源引入,也可用于不频繁起动小容量电动机的正反转控制。

图 9-2 所示为 HZ10-25/3 型三极组合开关。三极组合开关共有 6 个静触点和 3 个动触片。静触点的一端固定在胶木边框内,另一端则伸出盒外并附有接线螺钉,以便与电源及用电器相连接。从图 9-2b、c 可知,3 个动触片装在绝缘垫板上并套在绝缘方轴上,通过手柄可使方轴作 90°正反向转动,从而使动触片与静触点保持接通或分断。在开关顶部还装有扭

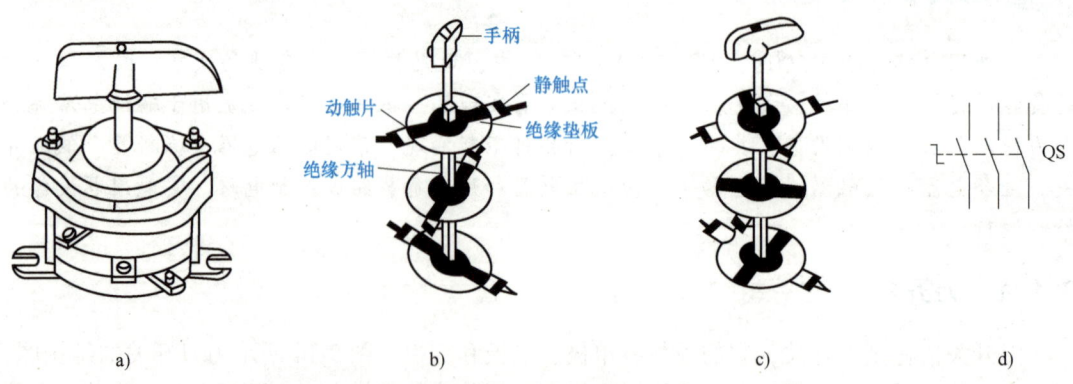

图 9-2 HZ10-25/3 型三极组合开关

a) 外形 b) 接通位置 c) 分断位置 d) 电气图形符号

簧储能机构,使开关能快速闭合或分断。

2. 组合开关的选用

组合开关应根据电源种类、电压等级、所需触点的数目和额定电流进行选用。常用的 HZ10 系列组合开关的额定电压为交流 380V,额定电流有 10A、25A、60A 和 100A 4 种,极数有 1~4 极 4 种。

组合开关多用作隔离开关或控制信号切换。用作隔离开关,其额定电流等于被隔离电路中各负载电流的总和;用于电动机控制时,其额定电流一般取电动机额定电流的 1.5~2.5 倍。

9.1.3 按钮

按钮用来接通和断开控制电路,主要用于发布控制命令,故又称主令按钮。按钮的外形如图 9-3a 所示,结构及电气图形符号如图 9-3b 所示,文字符号为 SB。

按照按钮的用途和触点的配置情况,可把按钮分为动合按钮、动断按钮和复合按钮三种。复合按钮有两对触点,桥式动触点和上部两个静触点(1、2)组成一对动断触点,两个下部静触点(3、4)组成一对动合触点,停按后,在弹簧的作用下自动复位。复合按钮如果只使用一对触点,即可成为动合按钮或动断按钮。

按钮主要根据使用场合、触点个数和颜色等因素进行选用。

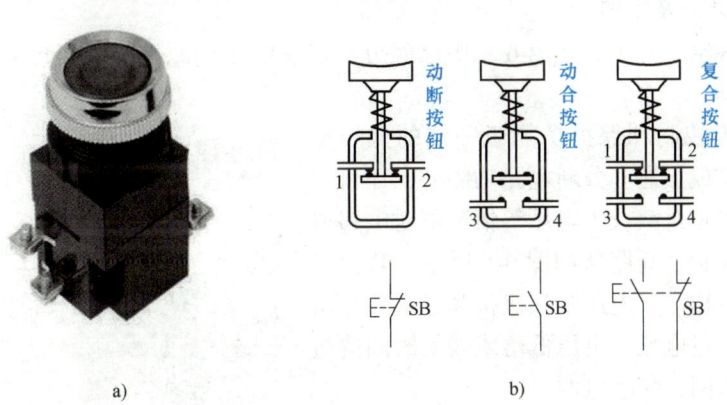

图 9-3 按钮

a) 外形 b) 结构及电气图形符号

9.1.4 行程开关

行程开关又称限位开关,也属于主令电器,是一种根据运动部件的行程位置而切换电路的电器,它的作用主要是限定运动部件的行程。

行程开关应用

行程开关的种类很多,常见的有 LX、HL、WL 等系列,有单滚轮、双滚轮等结构。图 9-4a 所示为行程开关的外形。行程开关是自动复位式组合电器,内装有微动开关。微动开关是一种反应很灵敏的开关,只要它的推杆有微量位移,就能使触点快速动作,电气图形符号如图 9-4b 所示。行程开关主要根据应用场合所需的触点数、触点形式和操作方法进行选择。

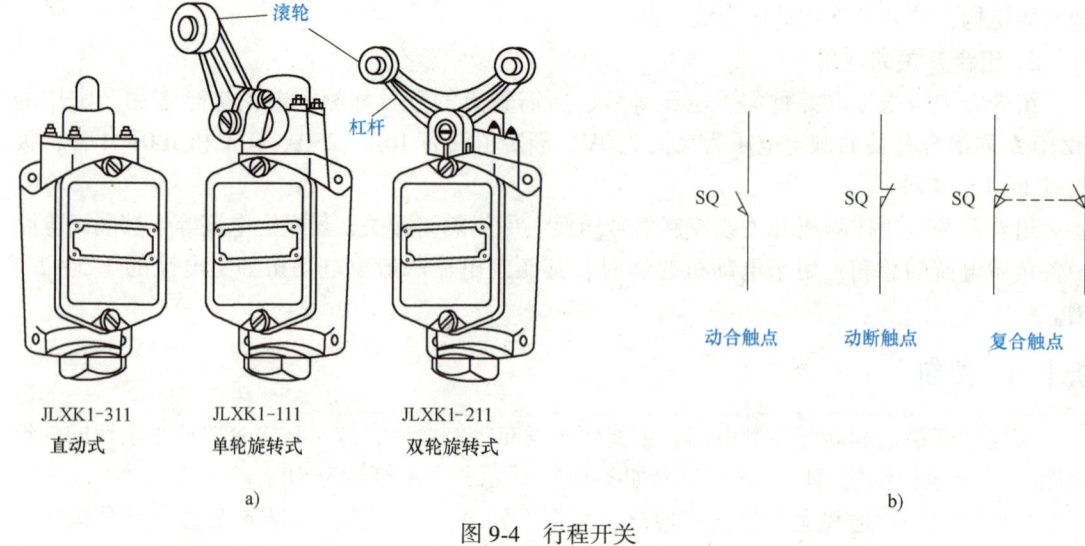

图 9-4 行程开关
a) 外形 b) 电气图形符号

9.1.5 断路器

1. 断路器外形及功能

断路器又称空气开关,在第 6 章中已经分析过它的工作原理,下面再介绍其应用和选择。

断路器是集控制和保护功能于一体的低压电器,它除了能完成接通和分断电路功能外,还可以在发生短路、严重过载及失电压等情况下对电路或电气设备进行保护。断路器如图 9-5 所示,其内设有过电流脱扣机构、欠电压脱扣机构和过载脱扣机构,当电路严重过电流、电压低落或较长时间的过载时,会自动跳闸,切断电源。

断路器常作为隔离开关用于接通、分断电路以及不频繁起动电动机的场合。

断路器

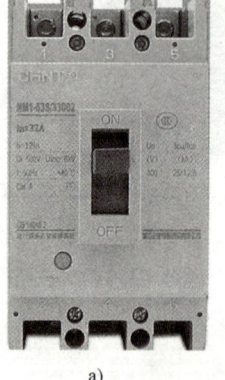
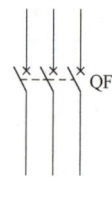

图 9-5 断路器
a) 外形 b) 电气图形符号

2. 断路器的选择

目前国内常用的塑料外壳式断路器有 DZ5、DZ10、DZ15、DZ20、DZ10X 等系列。因为断路器除了接通和分断功能外,还有过载和短路保护功能,所以断路器的额定电流选择很重要。额定电流选小了,会产生不必要的跳闸;选大了,没有保护功能。DZ20 系列断路器的额定电流有 16A、20A、25A、32A、40A、50A、63A、80A、100A、125A、160A、180A、200A、225A 等。

断路器原理

熔断器的安装

断路器按下述条件进行选择:

1) 断路器做隔离开关用,因为不直接切断电路,断路器的额定电流按负载的额定电流选取。

2)电动机负载并进行通断控制,因为电动机起动电流为额定电流的 4~7 倍,一般断路器的额定电流按电动机额定电流的 1.7~2 倍进行选择。例如三相电动机额定功率为 75kW、额定电压为 380V、额定电流为 150A,选择断路器时取额定电流的 1.5 倍即 225A,选择型号为 DZ20Y-225 断路器。

9.1.6 接触器

接触器是一种应用广泛的自动切换电器,工作原理在第 6 章已经做了分析,下面介绍接触器的选择与应用。接触器的电气图形符号如图 9-6 所示。

国内常用的交流接触器型号有 CJ20、CJ24、CJX1、CJX2 等,CJ20 系列主要用于三相异步电动机的起动、停止等;CJ24 系列主要用于冶金、矿山及起动设备上的绕线转子异步电动机的起动、停止和转子电阻电路的切换。

交流接触器控制线圈的额定电压分为 36V、110V、220V、380V 几种规格,选用时,线圈的额定电压要和电路的实际电压相同。

交流接触器触点的额定电压分为 127V、220V、380V、500V 几种规格,触点的额定电流分为 5A、10A、20A、40A、60A、110A、150A、250A、400A、600A 等,在选用时接触器触点的额定电压要等于或大于负载电压,触点的额定电流要等于或大于负载的工作电流。

因为电动机起动电流是额定电流的 4~7 倍,接触器的额定电流按电动机额定电流的 1.2~1.6 倍选取。例如,有一型号为 Y180M-2 的三相交流异步电动机,工作电压为 380V、输出功率为 22kW、额定电流为 42.2A,长期工作,选配接触器。因为长期工作,取额定电流的 1.5 倍即 63.3A,选择 CJ20-63 接触器。该接触器额定电流 63A,上限工作电流 80A。

图 9-6 接触器电气图形符号
a) 线圈 b) 主触点 c) 动合触点 d) 动断触点

接触器工作原理

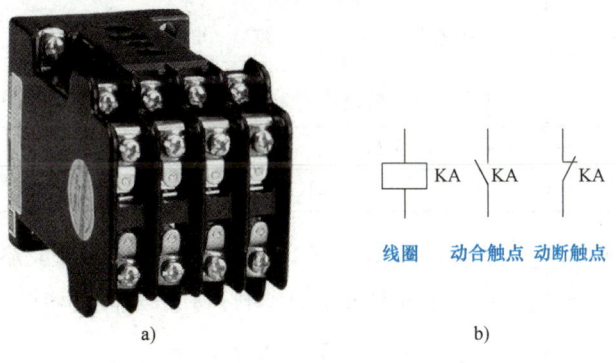

图 9-7 中间继电器
a) 外形 b) 电气图形符号

9.1.7 中间继电器

中间继电器的结构和工作原理与接触器基本相同,外形和电气图形符号如图9-7所示,主要功能是进行触点个数的扩展放大。中间继电器有4个以上动合和动断触点,当接触器等触点的个数不够用时,采用中间继电器扩展放大。中间继电器型号有 DZJ10、DZJ30、DZB10、DZS10、DZ200、DZJ1~DZJ4 等。

9.2 保护电器和时控电器

9.2.1 熔断器

熔断器俗称保险,是一种简单而有效的保护电器,主要用于短路保护。熔断器串联在被保护电路中,正常情况下相当于一根导线,当发生短路或过电流时熔断、切断电路使电路得到保护。熔断器主要部件是熔体。常用的熔体材料有铅锑合金、铅锡合金和铜等,将其制成熔丝或熔片,并标以额定电流以便选用。常用的熔断器有 RL 和 RLS 等系列。RL 系列是螺旋式熔断器,如图9-8a所示。图9-8b所示为安装式熔断器,可对晶闸管整流电路进行过电流保护。

熔断器可根据用电器的额定电流和要求熔断的快速程度进行选择。表9-1为熔断器的熔断安秒特性,它反映了熔断器的熔断电流和熔断时间的关系。表中 I_N 为熔断器的额定电流。

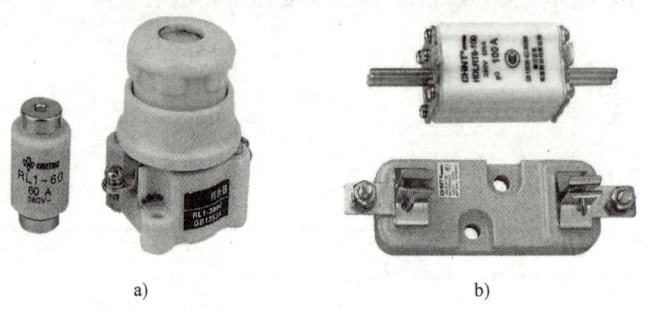

图 9-8 熔断器
a) 螺旋式熔断器 b) 安装式熔断器

表 9-1 熔断器的熔断安秒特性

熔断电流/A	$(1.25\sim1.30)I_N$	$1.6I_N$	$2I_N$	$2.5I_N$	$3I_N$	$4I_N$
熔断时间/s	∞	3600	40	8	4.5	2.5

用于阻性负载短路电流保护,选择熔断器的熔体额定电流等于或略大于电路的工作电流;用于电动机负载,考虑起动和冲击性负载的影响,对于单台电动机,按下式选择

$$I \geqslant (1.5\sim2.5)I_N \tag{9-1}$$

式中 I——熔体电流,单位为 A;

I_N——电动机额定电流,单位为 A。

对于多台电动机，熔体电流为

$$I \geqslant (1.5 \sim 2.5)I_{N\max} + \sum I_N \tag{9-2}$$

式中　$I_{N\max}$——容量最大的一台电动机的额定电流，单位为 A；

　　　$\sum I_N$——其他电动机的额定电流的总和，单位为 A。

9.2.2　热继电器

热继电器是利用电流的热效应而使触点动作的保护电器。

热继电器工作原理

1. 热继电器的工作原理

图 9-9 所示为热继电器，其由双金属片和绕在上面的发热元件、动静触点、传动机构、复位按钮及电流调整装置等组成。当发热元件通入电流，双金属片受热膨胀，因其热膨胀系数不同而向右弯曲。当电流超过了整定电流，弯曲加大，通过绝缘导板顶动传动机构（推杆）使动触点与静触点断开，切断被保护电路。断电后通过一段时间，双金属片冷却返回复位，也可以通过复位按钮进行复位。表 9-2 为热继电器的保护特性。

表 9-2　热继电器的保持特性

序号	整定电流倍数	动作时间	试验条件
1	1.05	>2h	冷态
2	1.2	<2h	热态
3	1.6	<2min	热态
4	6	>5s	冷态

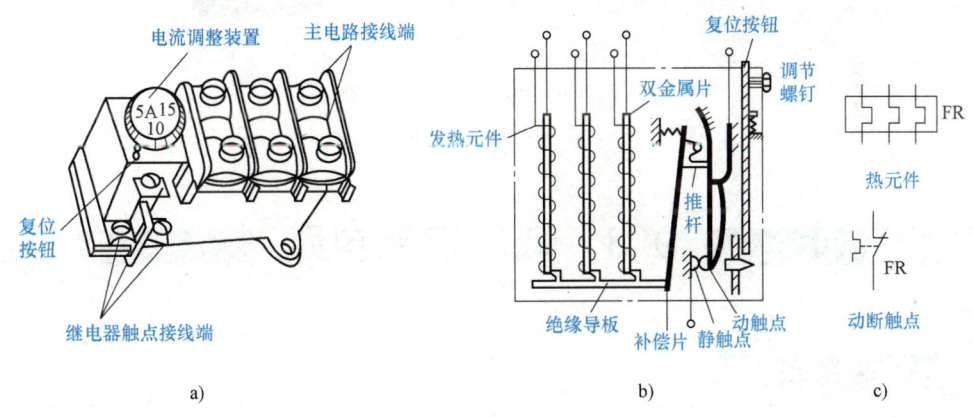

图 9-9　热继电器

a) 外形　b) 结构　c) 电气图形符号

2. 热继电器的选择与调整

目前国内常用的热继电器型号有 JR0、JR15、JR16、JR20 等系列。热继电器在选用时其额定电流要大于被保护电动机的额定电流，整定电流一般按电动机的额定电流进行调整。

9.2.3　时间继电器

1. 时间继电器的用途

从得到输入信号（线圈的通电或断开）开始，经过一定的延时后才输出信号（触点的闭合或断开）的继电器称为时间继电器。时间继电器主要用于设备的定时控制，其延时方式有两种：

（1）通电延时　接受输入信号后延时一定的时间，输出信号才发生变化；输入信号消失后输出瞬时复原。

（2）断电延时　接受输入信号后瞬时产生相应的输出信号；当输出信号消失后，延时一定的时间输出才复原。

时间继电器的种类很多，常用的有电磁式、空气阻尼式和电子式等。图 9-10 所示是电子式时间继电器，电子式时间继电器是通过调节延时电容器的充放电时间来达到延时目的的。调整定时器的定时开关（见图 9-10b），可改变电容器的充电电阻阻值，即可改变电容器的定时时间。

2. 时间继电器的选择与调整

电子式时间继电器常用型号有 JS20、JS13、JS14、JS14P 和 JS15 等系列。它具有体积小、延时范围大、精度高、寿命长等优点，并且调整方便，应用十分广泛。

电子式时间继电器调整非常简单，将定时开关扳到需要的时间即可；旋钮式时间继电器将旋钮的指针对准需要的时间即可。

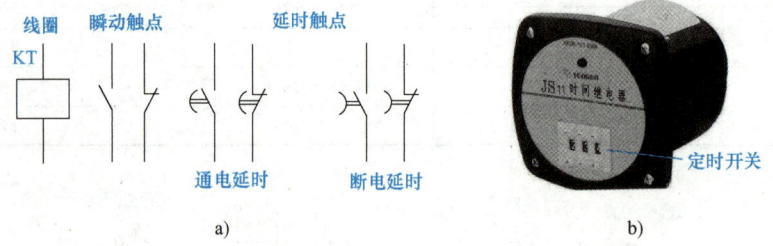

图 9-10　电子式时间继电器
a) 符号图　b) 外形图

9.3　低压控制电路

话题引入

用三相笼型异步电动机拖动负载工作的过程称为电力拖动，电力拖动系统要根据实际需要完成各种动作，这些动作是由低压电器组成的控制电路控制完成的。电气控制电路是电工技术的一门应用知识。

下面以三相异步电动机的典型应用为例，介绍低压电器控制的核心知识。先介绍电气原理图的绘制方法和遵循的规则。

1）电气控制电路分为主电路和控制电路。用电气符号进行绘制时，一般主电路画在左侧，而控制电路画在右侧。

2）电气控制电路中，同一电器上的各导电部件（线圈和触点）常常不画在一处，但要用同一文字表示。

3）电气控制电路中的全部触点都按常态绘出。常态是指接触器、继电器等线圈未通电时的触点状态；按钮、行程开关等没有操作时的触点状态；多位置开关的手柄置于"零位"时的各触点状态。

9.3.1 连续控制与点动控制

1. 连续控制

电动机运行控制电路如图 9-11 所示，图 9-11a 是主电路，三相交流电通过隔离开关 QS、熔断器 FU_1、接触器 KM 和热继电器 FR 连接到电动机。QS、FU_1、KM 三者是低压控制电路最基本的连接方式，缺一不可。

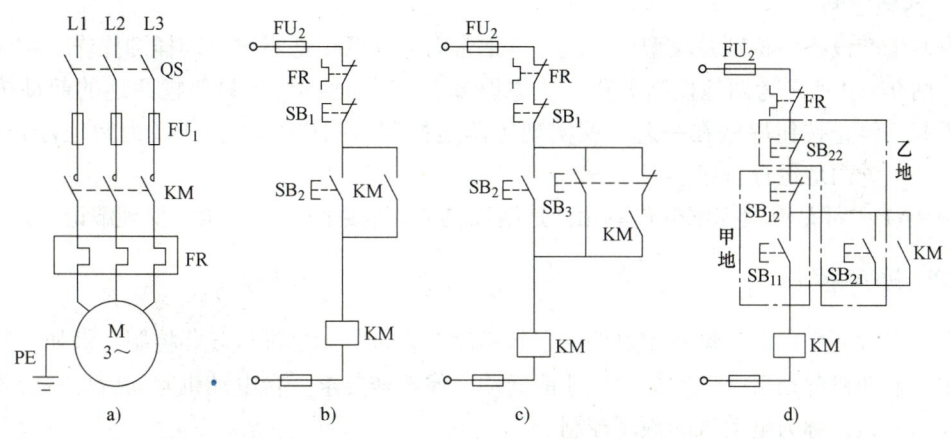

图 9-11　电动机运行控制电路
a）主电路　b）连续运行控制电路　c）带点动控制的连续控制电路　d）两地控制电路

QS 一般采用刀开关或低压断路器，主要作用是设备长期不用或维修时断开总电源，该开关要有明显的断点，防止因误判造成电气事故。这个开关称为隔离开关，因为不带电操作，触点没有灭弧功能。

熔断器 FU_1 作为短路保护，当电路发生短路时，熔断器熔断，从而使电路得到保护。

接触器 KM 是工作开关，带电控制负载的通断，触点电流超过 20A 就要加装灭弧装置。接触器有两个作用：一是控制作用，利用 KM 控制电动机的运行、停机；二是失压保护，当电动机运行中遇到临时停电时，KM 自动释放，当恢复供电后不会自动吸合，防止因来电重启造成事故。

热继电器 FR 为电动机过载保护，当电动机工作中超过了额定电流，会引起电动机发热，时间长了会烧坏电动机。FR 是通过双金属片的弯曲检测温度，当电流超过了设定电流（电动机额定电流），双金属片动作跳闸，对电动机进行过载保护。

图 9-11b 是连续运行控制电路，在控制电路中，FU_2、SB_1、SB_2、FR、KM 均为串联关系，有一个元件断开，KM 线圈就失电释放，只有都闭合时，KM 线圈才得电工作。当按下 SB_2（运行按钮）时，KM 得电吸合，此时 KM 的动合触点 KM 亦闭合，实现自锁，当 SB_2 断开时，控制电路仍通电工作。当需要停机时，按下停止按钮 SB_1，切断控制回路，KM 失电释放，电动机停机。

该控制电路称为"起、保、停"控制,因为指令开关只给出一个点动信号,要靠自锁保持,需要停机时通过动断触点断开。停电后因为自保消失,再来电时电路不工作。

"起、保、停"是低压电路的基本控制模式,凡是具有"起动、停机"功能的控制电路,都是以该电路为基础,再添加一些辅助功能,构成新的控制电路。

2. 带点动控制的连续控制电路

电动机带点动控制的连续控制电路如图9-11c所示。图中在运行按钮 SB_2 两端并联了一个复合点动按钮 SB_3,用它来进行点动控制。当按下 SB_3 时,动合触点接通,电动机运行,此时 SB_3 的动断触点将KM自锁支路切断,失去自锁功能。当 SB_3 按钮弹起时,KM线圈即断电停机。

3. 两地控制

有些生产设备,特别是大型生产设备,常常需要在两个地点进行同样的操作,称为两地控制。图9-11d所示为两地控制电路(主电路如图9-11a所示),只要把两地的起动按钮并联在一起,停止按钮串联在一起,就实现了两地控制。图中 SB_{12}、SB_{22} 为两地停止按钮,SB_{11}、SB_{21} 为两地运行按钮。

图9-11中都是典型控制电路单元,是组成更复杂电路的基本元素,要理解记忆。

9.3.2 顺序控制

在生产过程中,有些设备需要按一定的顺序对多台电动机进行起停控制。例如,铣床上要求主轴电动机起动后,进给电动机才能起动。像这样要求一台电动机起动后另一台才能起动的控制方式,称为电动机的顺序控制。

图9-12所示为两台电动机M1和M2的顺序控制电路,图9-12a为主电路,图9-12b、c为控制电路。要求M1起动后M2才能起动。在图9-12b控制电路中,SB_2 为M1起动按钮,SB_3 为M2起动按钮,将 KM_1 的一个动合触点串联在 SB_3 控制支路中,只有在 KM_1 吸合后,按下 SB_3 才有效,这就保证了M1起动后M2才能起动。图9-12c是将 KM_1 的动合触点串联在M2的起动按钮 SB_4 上,也是当 KM_1 吸合后按下 SB_4 才有效。两种控制电路的不同点是图9-12b为两台电动机同时停机,图9-12c为可以通过 SB_1 和 SB_3 使两台电动机分别停机。

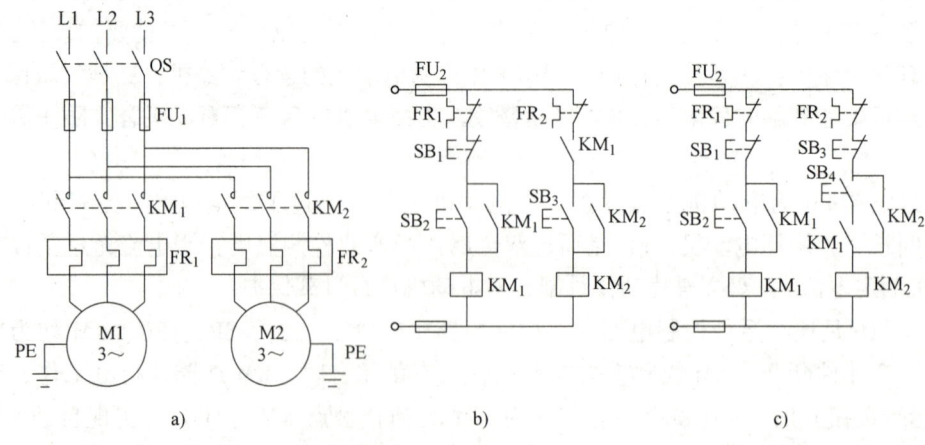

图9-12 顺序控制电路

a) 主电路　b) 顺序一控制电路　c) 顺序二控制电路

第 9 章 低压电器与控制电路

图 9-12b 和图 9-12c 都是在"起、保、停"基础上增添了顺序控制元素。

9.3.3 电动机正反转控制

工程上许多生产设备都要求电动机能正反转控制,如机床的主轴、龙门刨床往返运动的工作台、起重设备重物的提升和下放等,都要求电动机能正反转。

改变电动机的三相电源相序,就可改变电动机的旋转方向。小功率电动机可以用倒顺开关进行控制,频繁往复运动的电动机用两个接触器控制。

图 9-13a 是电动机正反转控制主电路,图中采用了 KM_1 和 KM_2 分别控制电动机的正转和反转,从图中可见,KM_1 和 KM_2 主触点所接通的电源相序不同,所以能改变电动机的转向。

图 9-13b 是接触器互锁控制电路,由按钮 SB_2 和线圈 KM_1 等组成正转控制电路;由按钮 SB_3 和线圈 KM_2 等组成反转控制电路。因为 KM_1 和 KM_2 决不允许同时闭合(同时闭合会造成电源短路),故在电路中接入互锁控制。互锁控制就是将 KM_1 的动断触点串联在 KM_2 的控制支路中;将 KM_2 的动断触点串联在 KM_1 的控制支路中。这样当其中一条支路通电工作时,另一条支路被切断。这种互锁控制的不便之处是:当需要反转时,必须按下 SB_1 停机后再按下反转按钮才有效。

图 9-13c 为双重互锁控制电路,SB_2、SB_3 采用了复合按钮,将动断触点串联在另一支路中,当需要反转时,按下反转按钮,动合触点接通反转控制支路,同时动断触点切断另一支路,使反转操作和停机同时进行。

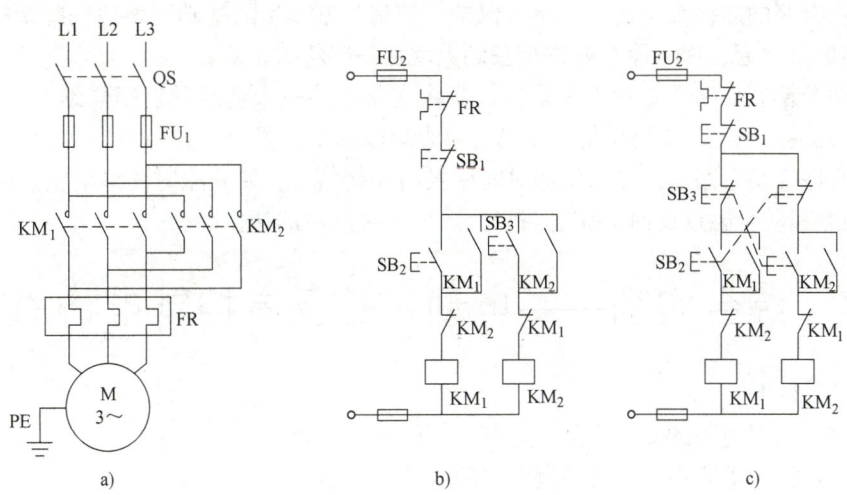

图 9-13 电动机正反转控制电路
a) 主电路 b) 接触器互锁控制电路 c) 双重互锁控制电路

9.3.4 Y-△减压起动控制

因为 Y-△减压起动是 Y 联结工作一段时间再切换到△联结,中间这一段起动时间要求比较准确,需采用时间继电器控制。图 9-14 所示为时间继电器自动切换的 Y-△减压起动控制电路,它由 3 个接触器、1 个热继电器、1 个通电延时型时间继电器和 2 个按钮组成。

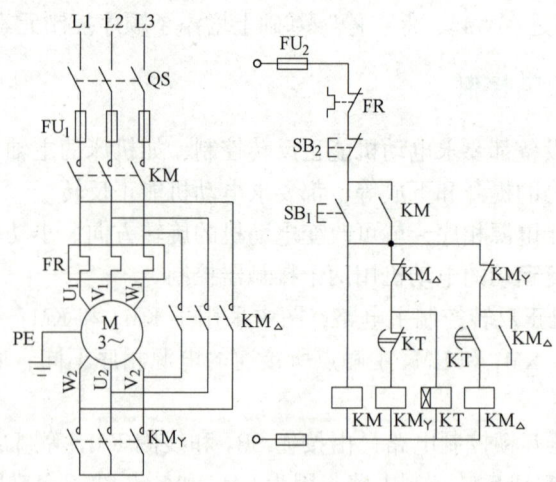

图 9-14 时间继电器自动切换的Y-△减压起动控制电路

其工作原理是：合上电源开关 QS，按 SB_1，KM 线圈通电并自锁，同时 KM_Y 线圈与时间继电器 KT 线圈通电（定时器计时开始），电动机 M 在Y联结下起动；当时间继电器 KT 延时时间到，其动断触点断开，KM_Y 线圈断电，延时动合触点闭合，$KM_△$ 通电并自锁，电动机 M 按△联结运行。

9.3.5 总结

1) 主电路的连接都是在"隔离、保护、控制"基本型的基础上增加一些新的元素；控制电路都是在"起、保、停"基本型基础上增加一些新的元素。

2) 两个控制支路要是互锁关系，就要将支路中的一个动断触点串联到另一条支路中；要是主从关系，就将主支路中的一个动合触点串联到从支路中。

3) 时序控制电路是经过一定的时间后发出控制信号，要采用时间继电器。时间继电器的动断触点和动合触点反向180°，可以完成两个接触器的切换。

9.4 综合实训——电动机正反转控制电路的安装

【实训目的】

1) 学习电器电路的安装方法，训练电工的操作技能。
2) 学习接触器联锁正反转控制电路的安装和应用。
3) 熟悉电工理论的具体应用和对实践的指导作用。
4) 培养认真负责、一丝不苟的敬业精神。

【实训工具及器材】

1. 实训工具

试电笔、螺钉旋具、尖嘴钳、斜口钳、剥线钳、电工刀、5050 型绝缘电阻表、T301-A 型钳形电流表、MF47 型万用表。

2. 实训器材

控制板 1 块（500mm×400mm×20mm）。动力电路导线：BV1.5mm^2 和 BVR 1.5mm^2 黑色

第 9 章 低压电器与控制电路

塑铜线；控制电路导线：BVR 1mm² 红色塑铜线；接地线：BVR1.5mm² 黄绿双色塑铜线。紧固螺钉、编码套管等其数量按需要而定，详见表 9-3。

表 9-3 实训器件明细表

代号	名称	型号	规格	数量
M	三相异步电动机	Y112M—4	4kW、380V、8.8A、△联结、1440r/min	1
QS	组合开关	HZ10—10/3	三极、10 A	1
FU_1	熔断器	RL1—60/5	500V、60A、配熔体 25A	3
FU_2	熔断器	RL1—15/2	500V、15A、配熔体 2A	2
KM_1、KM_2	交流接触器	CJ0—20	20A、线圈电压 380 V	2
FR	热继电器	JR16—20/3	三极、20A、整定电流 8.8A	1
$SB_1 \sim SB_3$	按钮	LA10—3H	保护式、380V、5A、3 个按钮	1
XT	端子板	JX2 1015	380V、10 A、15 节	1

【实训指导】

电路原理图如图 9-15 所示。

该电路为电动机正反转控制电路。我们知道，改变电动机电源的相序，就可以改变电动机的转向。改变相序就是将两个相线互换连接。图中主电路的 KM_1 和 KM_2 是两个三相接触器，当 KM_1 接通时，电源的 U_{12}、V_{12}、W_{12} 分别和电动机的 U_{13}、V_{13}、W_{13} 接通；当 KM_2 接通时，电源的 U_{12} 和电动机的 W_{13} 接通，W_{12} 和电动机的 U_{13} 接通，相序改变，电动机反转。

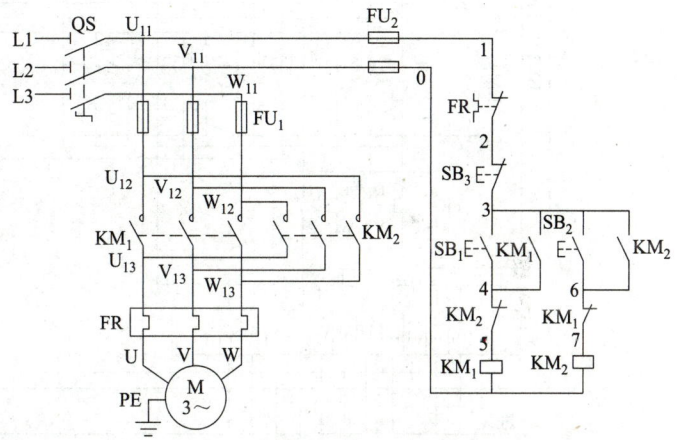

图 9-15 电动机正反转控制电路

图中，QS 组合开关是电路的总开关，起隔离和通断电作用。在控制电路中，SB_1 是正转按钮，将此按下，KM_1 线圈通电，与此同时，KM_1 的辅助触点将 SB_1 自锁，当 SB_1 断开后 KM_1 线圈仍然通电，电动机正转。当此时按下 SB_2，由于 KM_1 的一个动断触点串联在 SB_2 支路的 6、7 点之间，已经断开，因此按下 SB_2 不起作用。当按下 SB_3 停止按钮，电动机停止后，再按下 SB_2，KM_2 得电吸合，电动机反转。

图中，FR 是热继电器，当电动机工作时超过了额定电流过热时，该继电器动作，切断电动机的控制电路，电动机停止转动。

【实训内容与步骤】

1) 按表 9-3 配齐所用元器件，并进行质量检验。各元器件应完好无损，各项技术指标符合规定要求，否则要予以更换。

2) 在控制板上按图 9-16 所示安装所有的元器件，并贴上醒目的文字符号。安装时，组合开关、熔断器的受电端子应安装在控制板的外侧；元器件排列要整齐、匀称、间距合理，且便于元器件的更换;紧固元器件时用力要均匀,紧固程度适当,做到既要使元器件安装牢固,又不使其损坏。

3)按图 9-17 所示接线图进行板前明线布线,并按原理图 9-15 和接线图 9-17 所示在导线的两端套编码套管。布线要保持横平竖直、整齐、分布均匀、紧贴安装面、走线合理;套编码套管要正确;严禁损伤线芯和导线绝缘;按接线桩要求的接线方法接线,接点牢靠,不松动;不压绝缘层,不露铜过长等。导线安装完毕,根据原理图 9-15 所示,认真检查布线是否完全、正确。

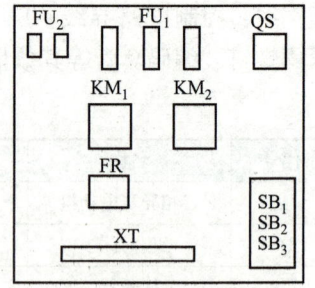

图 9-16 确定元器件安装位置

控制电路连接正确无误后,安装电动机。电动机要放在平稳的地方,以防止在换向时产生滚动而引起事故。电动机和按钮的金属外壳要保护接地。

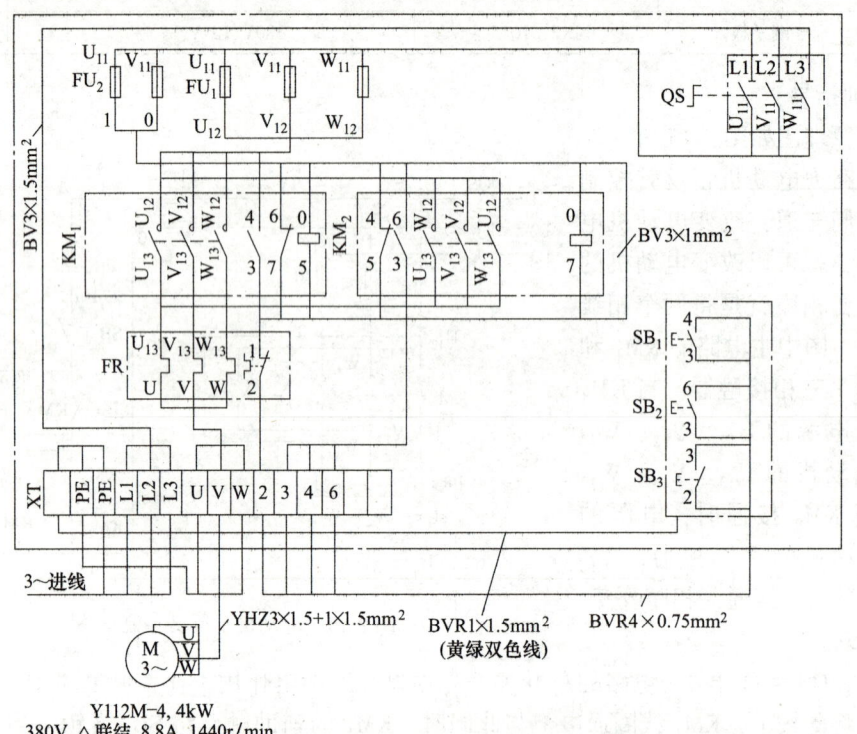

图 9-17 接线图

4)连接电源,试运行。通电前,必须经指导教师同意后,由指导教师接通电源,并在现场进行监护。出现故障后,学生应独立进行检修。若需带电检查时,也必须有教师在现场监护。

通电试车完毕,切断电源。先拆除三相电源线,再拆除电动机负载线。

【实训注意事项】

1)螺旋式熔断器的接线要正确,以确保用电安全。

2)接触器联锁触头接线必须正确,否则将会造成主电路中两相电源短路事故。

3)通电试车时,先合上 QS,再按下 SB_1(或 SB_2)及 SB_3,看控制是否正常,并在按

下 SB_1 后再按下 SB_2，观察有无联锁作用。

4）实训应在规定的时间内完成，同时要做到安全操作和文明生产。

【实训总结】

1）本综合实训为电动机正反转控制，正反转控制的原理是什么？为什么两个接触器要互锁？

2）在安装实训中，给出了元器件参数表（见表 9-3），表中给出了元器件具体的电流、电压参数，请计算接触器、热保护器、熔断器的额定电流是电动机额定电流的多少倍（电动机是电路的负载），以此作为以后工作中估算电路参数的参考。

3）总结本次实训有哪些收获，在技能上有哪些提高。

【评价标准】

自评互评表见表 9-4。

表 9-4 自评互评表

班级		姓名		学号		组别		
项目	考核要求		配分	评分标准			自评分	互评分
元器件检查	对每个元器件在安装前都要进行检查		15 分	元器件质量检查，每漏一处扣 5 分，元器件漏检或错检，每处扣 2 分				
电路安装	要求规范安装		45 分	不按电路图安装扣 15 分；元器件安装不紧固，每只扣 4 分；安装元器件时漏装木螺钉，每只扣 2 分；元器件安装不整齐、不匀称、不合理，每只扣 3 分；损坏元器件，扣 15 分				
电路调试	要求电路一次通电成功		30 分	热继电器未整定或整定错，扣 5 分；熔体规格配错，主、控制电路各扣 5 分；第一次试车不成功扣 10 分；第二次试车不成功扣 20 分；第三次试车不成功扣 30 分				
安全文明操作	工作台上工具排放整齐，严格遵守安全操作规程，符合"6S"管理要求		10 分	违反安全操作、工作台脏乱、不符合"6S"管理要求，酌情扣 3～10 分				
	合计		100 分					

学生交流改进总结：

教师签名：

习 题

简答题

1. 什么是低压电器？低压电器工作电压的上限为多少伏？

2. 电动机控制电路中一般都装有熔断器，为什么还要装热继电器？

3. 交流接触器由哪些部分组成？

4. 什么是自锁？在图 9-11b 电路中，如果起动时自锁触点接触不良，电路会出现什么现象？电动机运行过程中，自锁触点因熔焊而不能断开，电动机又会出现什么现象？

5. 什么是互锁？在图 9-13b 中，如果将两个互锁触点交换位置，会出现什么现象？

6. 接触器线圈的额定电压根据什么选取，触点额定电流根据什么选取？熔断器的额定电流怎样选取？

7. 说明 QS、QF、FU、FR、KM、KT、SB、SQ 所代表的电器名称，画出它们的电气图形符号。

8. 简述断路器在电路中短路和过载保护的原理。

9. 简述交流接触器的工作原理。

10. 在图 9-12 电路中，电路能实现哪些保护？说明其原理。

11. 设计一个能在两地操作一台电动机的控制电路，两地控制电动机既能点动又能连续运转。

12. 简述三相异步电动机接触器互锁的正、反转控制原理。

13. 简述三相异步电动机用时间继电器控制丫-△减压起动控制原理，说明这种起动方法的应用场合。

参 考 文 献

[1] 王兆义. 电工电子技术基础 [M]. 4版. 北京：高等教育出版社，2020.
[2] 陈雅萍. 电工技术基础与技能 [M]. 3版. 北京：高等教育出版社，2018.
[3] 祝瑞花. 电工电子技术 [M]. 北京：高等教育出版社，2014.
[4] 强生泽. 电工技术基础与技能 [M]. 北京：化学工业出版社，2019.